사진 1. 청량사에서 바라본 하늘. 사진 중심부에 오리온자리의 허리띠에 해당하는 삼태성이 일렬로 줄지어 있고, 허리띠를 기준으로 양쪽에 있는 두 쌍의 별까지 합치면 장구 모양의 오리온자리가 그려진다. 아래쪽에 가장 밝게 빛나는 별은 큰개자리의 시리우스이다.

사진 2. 사자자리 유성우

사진 3. 북쪽 하늘의 일주운동

사진 4. 킬리만자로에서 본 서쪽 하늘의 일주운동

사진 5. 킬리만자로에서 본 남쪽 하늘의 일주운동

사진 6-1. 북쪽 하늘

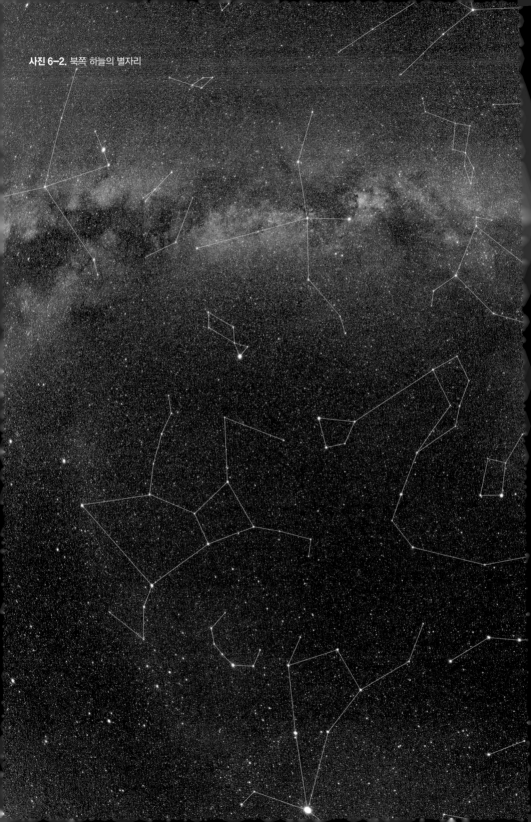

사진 6-2. 북쪽 하늘의 별자리

사진 7-1. 봄철 하늘

사진 7-2. 봄철의 별자리

사진 8-1. 여름철 하늘

사진 8-2. 여름철의 별자리

사진 9-1. 가을철 하늘

사진 9-2. 가을철의 별자리

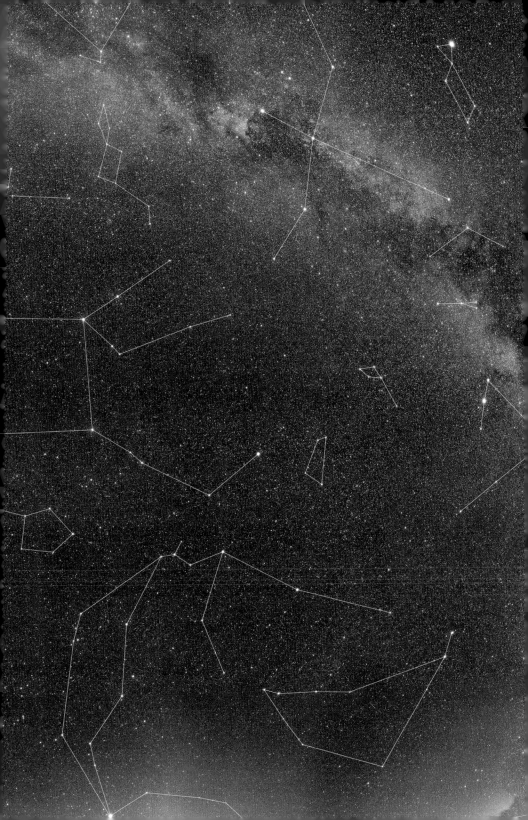

사진 10-1. 겨울철 하늘

사진 10-2. 겨울철의 별자리

⬆ **사진 11.** 한국 소백산에서 본 여름 하늘. 흐르는 물 같은 은하수가 가장 먼저 눈에 띄고, 가운데에 여름의 대삼각형이 뚜렷이 보인다. 이 길잡이별을 따라 거문고자리, 백조자리, 독수리자리를 찾아보자.

⇓ **사진 12.** 한국 태기산에서 본 여름 하늘. 왼쪽 아래에 궁수자리, 그 오른쪽의 넓은 영역에 뱀주인자리가 있다. 뱀주인자리의 오른쪽에 헤르쿨레스자리, 또 그 오른쪽에 용자리가 있다.

⇑ **사진 13.** 적도 부근의 킬리만자로에서 본 여름 하늘. 은하수 가운데에서 약간 오른쪽에 전갈자리가 있다. 사진 왼쪽에 보이는 가장 밝은 별이 직녀(베가), 그 오른쪽 약간 아래로 내려온 것이 견우(알타이르)이다. 사진 중앙 은하수 아래에 궁수자리가 있다. 사진 오른쪽에서 가장 밝은 별은 태양계와 가장 가까운 항성인 켄타우루스자리 알파별이며, 그 오른쪽에 남십자성이 보인다.

↓ **사진 14.** 남반구에서 본 봄 하늘. 이때 한국의 계절은 가을이다. 견우(알타이르), 직녀(베가), 데네브가 이루는 여름의 대삼각형이 왼쪽 아래 하늘에 보인다. 중앙에서 약간 오른쪽에 W자 모양의 카시오페이아자리가, 그 오른쪽에 페르세우스자리가 있다. 그 위로 별이 번진 것 같은 모양을 한 것이 안드로메다은하이고, 그곳에서 안드로메다자리도 찾을 수 있다. 그 오른쪽에는 양자리가 있다.

⇑ **사진 15.** 호주 울룰루에서 본 여름 하늘. 이때 북반구에 있는 한국은 겨울이다. 가운데에 보이는 삼태성으로 오리온자리를 찾을 수 있다. 그 왼쪽에 황소자리가, 오른쪽에 큰개자리가 있다. 사진의 맨 오른쪽에 보이는 것이 대마젤란은하이다.

⬇ **사진 16.** 바오밥나무와 함께 본 호주의 겨울 하늘. 이때 북반구에 있는 한국은 여름이다. 왼쪽 은하수 근처에 궁수자리가 보인다. 바오밥나무 위에 뜬 밝은 별은 견우(알타이르)이고, 오른쪽 아래에 보이는 것은 직녀(베가)이다. 그 오른쪽에 백조자리가, 사진 맨 오른쪽 지평선 바로 위에 W자 모양을 한 카시오페이아자리가 떠오르고 있다.

사진 17. 사진 아래쪽 붉은 성운이 있는 부분에 남쪽 하늘의 별자리인 용골자리가 있다. 가장 밝은 별은 켄타우루스자리의 알파별이다.

사진 18. 미국 유타의 여름 하늘. 버섯바위를 기준으로 오른쪽에 붉은 별을 중심으로 한 전갈자리가, 왼쪽에 궁수자리가 보인다.

사진 19. 헤일밥 혜성이 있는 여름 하늘. 사진 정중앙 위쪽에서 가장 밝게 빛나는 별이 거문고자리의 직녀(베가)이고, 헤일밥 혜성 약간 위쪽에서 밝게 빛나는 별이 백조자리의 데네브이다. 데네브에서 오른쪽 수평으로 쭉 가면 보이는 밝은 별이 견우(알타이르)이다. 견우 왼쪽에 있는 화살자리, 돌고래자리도 찾아보라.

사진 20. 캐나다 에노다 롯지의, 오로라가 있는 별하늘.

사진 21. 우유니 사막에서 본 하늘. 지평선 왼쪽에서 올라가다가 처음 만나는 가장 밝은 별이 태양계와 가장 가까운 항성인 켄타우루스자리의 알파별이다. 그 위쪽으로 남십자성이 보인다.

사진 22. 역시 우유니 사막에서 본 하늘. 사진 왼쪽 중앙에 전갈자리가 보인다.

재미있는 별자리 여행

일러두기

• 별자리에서 별에 붙이는 그리스어 문자는 각 장에서 처음 나올 때만 우리말 음가를 적었다.

재미있는 별자리 여행

1판 1쇄 발행 2023. 9. 15.
1판 3쇄 발행 2024. 10. 25.

지은이 이태형

발행인 박강휘
편집 임솜이 디자인 지은혜 마케팅 정희윤 홍보 강원모
발행처 김영사
등록 1979년 5월 17일 (제406-2003-036호)
주소 경기도 파주시 문발로 197(문발동) 우편번호 10881
전화 마케팅부 031)955-3100, 편집부 031)955-3200   팩스 031)955-3111

값은 뒤표지에 있습니다.
ISBN 978-89-349-5639-6 03440

홈페이지 www.gimmyoung.com   블로그 blog.naver.com/gybook
인스타그램 instagram.com/gimmyoung   이메일 bestbook@gimmyoung.com

좋은 독자가 좋은 책을 만듭니다.
김영사는 독자 여러분의 의견에 항상 귀 기울이고 있습니다.

계절 따라
이야기 따라
밤하늘로 떠나는

재미있는
별자리 여행

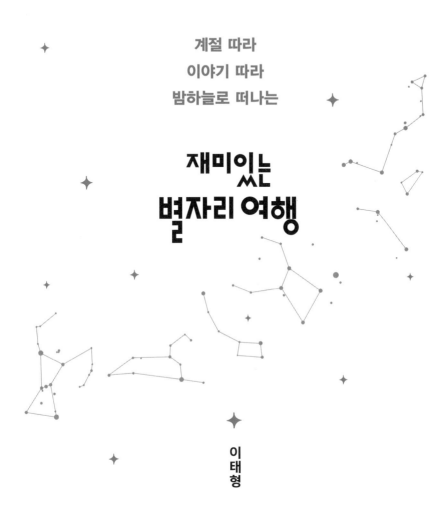

이
태
형

김영사

내 인생을 바꾼 책

한 권의 책이 인생을 바꾼다는 말이 있습니다. 1989년에 출간된 우리나라 최초의 별자리 안내서인 《재미있는 별자리 여행》은 적어도 두 사람의 운명을 바꾸어놓았습니다. 우선 책을 쓴 사람의 운명이 바뀌었죠. 이 책의 저자 이태형 님은 서울대학교 재학 시절, 별에 빠져서 전공 공부보다 '아마추어 천문회' 활동으로 더 많은 시간을 보냈습니다. 동아리 신입회원을 위한 교재인 〈별따라 꿀따라〉를 만들었고, 여기에 살을 붙여 《재미있는 별자리 여행》을 썼습니다. 이 책이 너무 많이 팔린 덕분에 다시는 전공 분야로 돌아가지 못했습니다. 이후 평생을 별과 관련된 일을 하며 오늘에 이르렀습니다.

이 책은 읽은 사람의 운명도 바꾸어놓았습니다. 이 책이 출간되었을 때 저는 고등학생이었습니다. 친구 녀석이 밤하늘의 북두칠성을 알려주더라고요. 밤하늘에 일곱 별이 정말 국자 모양으로 배열되어 있었습니다. 너무 신기했죠. 그 녀석이 아는 체를 할 수 있었던 건 《재미있는 별자리 여행》 덕분이었습니다. 그 책에 푹 빠진 별 소년들은 별 보는 동아리를 만들어 야간자습이 끝나면 운동장으로 나가서 밤하늘을 올려다보곤 했습니다. 그리고 저는 저자가 활동했던 동아리 '아마추어 천문회'의 후배가 됩니다. 저 역시 전공 공부보다 동아리 활동으로 더 많은 시간을 보냈습니다. 전공을 따라 잠수함을 만드는 것으로 직장생활을 시작했지만 결국 돌고 돌아 천체사진가가 되었습니다.

《재미있는 별자리 여행》은 처음 출간된 당시 전국에 천체 관측 붐을 일으켰습니다. 많은 학교에 천체 관측 동아리가 생겨났죠. 알게 모르게 운명이 바뀐 사람이 꽤 있을 겁니다. 그런데 아쉽게도 오랜 기간 절판되어 다시 보고 싶어도 구하기 힘들었습니다. 그 뒤로 많은 별자리 책이 나왔지만 《재미있는 별자리 여행》의 강렬했던 인상과 재미를 따라오는 책은 만나지 못했습니다. '구관이 명관'이었습니다. 오랫동안 개정판을 내달라고 졸랐던 후배의 바람이 드디어 이루어졌습니다. 삼십 년이 넘는 세월을 건너 다시 출간되는 개정판은 또 얼마나 많은 이들의 운명을 바꾸어놓을까요?

권오철(천체사진가)

《재미있는 별자리 여행》을 다시 펴내며

사람들은 내게 왜 별을 보느냐고 묻는다. 오늘 본 별이나 어제 본 별이 특별히 다르지 않을 텐데 수십 년간 별을 보는 이유가 무엇이냐는 것이다. 나는 멀리 있는 별을 보며 역사 속 사람들과 만나고, 어딘가 있을 외계의 존재를 상상하며, 떠나간 사랑하는 사람들을 기억한다.

지난 40년간 진심으로 별을 사랑했고, 별에 빠져 살았다. 그동안 오랜 시간 밤하늘을 올려다보면서 가장 아름답다고 느낀 것은 오로라가 춤추는 극지방의 하늘이나 쏟아질 것처럼 많은 별이 떠 있던 남반구의 하늘이 아니었다. 수천 개의 별똥별이 동시에 떨어지던 어느 새벽 하늘이나 남태평양 하늘에서 본 불타는 검은 태양도 아니었다. 별을 보면서 가장 절실히 느꼈던 것은 별이 보이는 곳은 어디나 우리의 고향이 된다는 것, 그렇게 별을 볼 수 있는 지구가 정말 아름답고 소중하다는 것이었다.

1989년에 《재미있는 별자리 여행》을 발간한 것이 계기가 되어 30여 년을 별밤지기로 살았다. 그동안 많은 일이 있었다. 천체사진

공모전에서 대상을 받기도 했고, 국내 최초로 소행성을 발견해서 '통일'로 명명하기도 했다. 신윤복의 그림 〈월하정인〉의 제작 연대를 천문학적으로 고증하고, 여러 천문대를 기획하고 운영하기도 했다. 우여곡절 끝에 새로 천문대를 개관까지 했으나, 1년 뒤 군수가 바뀐 후 수익이 적다는 이유로 어느 비 오는 여름날 아침에 쫓겨난 일도 있었다. 하지만 이 모든 소란한 일들 중에도 하늘의 별은 변하지 않고 언제나 그곳에 머물러 있으면서 위안을 주었다.

《재미있는 별자리 여행》이 서점에서 사라진 지 꽤 오랜 세월이 흘렀다. 지금으로부터 약 10년 전 다른 출판사에서 《이태형의 별자리 여행》이라는 이름으로 개정판을 내기도 했지만, 출판사의 사정으로 독자들을 만나기 어려웠다. 하지만 지금까지도 많은 분들이 《재미있는 별자리 여행》을 기억하고 있다는 걸 알게 되어, 다시 용기를 내 출간 34주년 기념 개정판을 출간한다. 이번 개정판에서는 별에 관한 정보를 최근 관측 자료를 토대로 수정하였다. 각 부의 시작 부분에는 각 계절의 별자리를 쉽게 기억할 수 있도록 주요 별자리의 주인공들이 등장하는 이야기를 만들고, 그 내용을 일러스트로 그려넣었다. 또한 천상열차분야지도와 민담에 등장하는 한국의 별자리에 대해서도 자세한 설명을 추가하였다. 책의 가이드를 따라 직접 별을 찾아볼 수 있는 밤하늘 사진과 가지고 다니기에 좋은 한 장짜리 전천 성도를 별도의 화보로 첨부한 것 또한 특징이다. 별을 좋아하는 독자들에게 이 책이 좋은 길잡이가 되기를 바란다.

지난 30여 년 동안 《재미있는 별자리 여행》을 기억하고 사랑해준 독자들께 가장 큰 고마움을 전하고 싶다. 그리고 지난날 이 책을 쓸 수 있는 기회를 주고, 다시 개정판 발행을 흔쾌히 수락해준 김영사에 감사의 인사를 전한다. 또한 《재미있는 별자리 여행》으로 인연이 되어 지난 30여 년간 별 보는 동지로 지내온, 이 책에 귀한 사진들을 흔쾌히 제공해준 권오철 후배에게 특히 감사드린다. 장 표제지의 일러스트를 그려준 정은규 님께도 감사드린다. 20여 년 동안 별 보는 일을 함께해준 심재현, 김경민에게도 이 자리를 빌려 고맙다는 말을 전한다. 사진 성도를 제공해준 조상호, 자료 조사를 도와준 박솔, 그 외에 충주고구려천문과학관과 강서별빛우주과학관의 직원들께도 감사드린다. 수십 년째 별에 미쳐 밖으로만 도는 못난 필자를 이해하고 사랑해주는 가족들에게 미안한 마음과 고마움을 전한다.

끝으로 순간순간 지은이에게 큰 의지가 되어주신, 그러나 지금은 저 하늘 어딘가의 별로 돌아가신 조경철 아폴로 박사님께 다시 한번 감사드린다. 박사님이 떠나신 지 십여 년이 흘렀지만 언제나 그립고 보고 싶다고 이야기하고 싶다.

은하수 마을에서 밤새워 별 이야기 하는 날을 기다리며
2023년 9월 충주고구려천문과학관에서
이태형

별이 저자에게 특별한 관심의 대상으로, 더할 수 없는 친구로 친해진 것은 대학 2학년 때 교내 천문 써클에 가입하고부터이다. 물론 그 이전의 별이 전혀 무관심의 대상이었다는 것은 아니다. 단지 막연하게 동경의 대상으로, 꿈의 세계쯤으로 느끼던 별이 본격적으로 생활의 일부가 되었다는 것이다.

별빛이 내리는 야외에서 별자리를 그리며 별 이름을 부르는 것은 너무도 멋진 일이었다. 가슴에 스며드는 설렘과 정겨움은 무엇으로도 표현하기 힘들다. 가끔씩 유성이 하늘을 가르면 그 감동은 더욱 나를 들뜨게 한다. 별 그 자체가 좋고 별을 통해 만나는 옛사람들의 이야기 또한 좋은 것이다.

별에 대한 낭만이나 감동은 시인이나 작가들만의 전유물은 아니다. 밤 별들을 바라보며 우주에의 꿈을 키우고 사랑을 속삭이는 일들은 누구나의 가슴속에 남아 있는 소망이다. 다만 별하늘을 바라볼 여유가 없어서, 또는 도시의 별이 너무 멀리 있기 때문에 이런 일들이 쉽게 포기되고 만다.

그러나 정작 하늘을 바라볼 기회가 있어도 뭔가 친해질 수 있는 자료가 없어서 아쉬워하고 그냥 지나쳐버리는 경우도 많다. 아직까지 우리나라에 별자리를 전문적으로 정리해 놓은 책이 없었다는 것은 이런 면에서 매우 안타까운 일이었다.

　이 책을 쓰려고 마음먹었던 것은 이런 사람들에게 저자가 느꼈던 별하늘의 감동을 전하고 별과 친해질 수 있는 자료를 알려주고 싶었기 때문이다. 비록 자랑할 만한 책은 아니지만 별을 바라보고 낭만과 꿈을 키우는 사람들에게 작은 길잡이가 될 수 있을 것을 믿고 앞으로 나올 다른 책들의 재촉이 될 것을 기대함이다.

　이 책에는 독자들이 별에 흥미를 가질 수 있도록 가급적 많은 나라의 별 이야기와 전설을 실으려고 노력했다. 별에 좀 더 관심 있는 사람들을 위해서는 부록과 퀴즈에서 아마추어들이 알아둘 만한 내용을 모아 정리했다. 본문과 부록과 퀴즈를 적절히 이용한다면 별밤에 관심 있는 일반 독자들은 물론 천문학에 첫발을 들여놓는 학생들에게도 이 책이 유용하게 이용될 수 있을 것이다.

　아무쪼록 이 책이 바쁜 현대인들에게 별하늘의 아름다움을 전해주는 작은 디딤돌이 될 수 있길 기대하며 독자 여러분들의 많은 격려와 충고를 바란다.

　책이 출간되기까지 자료 수집과 정리에 도움을 주신 정창훈 선배님, 이호석 선배님, 그리고 그림을 그려주신 김민수, 최한우 선배님의 고마움은 언제라도 잊지 못할 것이다. 아울러 선배의 재촉에 귀한 휴일을 빼앗겼던 구미정, 김문정, 김병철, 박은준, 이영미, 정재

호, 최진호, 하서용, 한혜리, 그 밖에 김규태 군을 포함한 서울대학교 아마추어 천문회와 전국 대학생 아마추어 천문회의 모든 후배들에게 감사한다.

끝으로 출간을 위해 많은 조언과 협조를 아끼지 않으셨던 김영사 여러분께 감사의 말씀을 전하고 멀리서 이 책을 기다리고 있을 조민식 선배님과 김제춘, 김종대, 꼬마들에게 이제는 축하의 박수를 받고 싶다.

1989년 10월 1일
이태형

차례

부록

여행을 떠나기 전에

1. 별자리의 유래

인간이 밤하늘에 보이는 별을 연결하여 이름을 붙인 것을 별자리라고 한다. 인간의 문명이 생겨난 이래 민족마다, 나라마다 수많은 별자리가 만들어졌고, 또한 사라졌다. 아라비아인에게는 아라비아인의 별자리가, 아메리카 원주민에겐 또 그들만의 별자리가 있었다. 우리에겐 조선 시대에 국가에서 정리한 천상열차분야지도天象列次分野之圖의 별자리가 있었고, 일반 백성들 사이에서 입으로만 전해지던 별자리도 있었다. 북반구 사람들은 주로 별을 연결해서 별자리를 만들었으나 남반구의 잉카제국 사람들이나 호주 원주민은 어두운 성운을 연결하여 별자리를 만들었다. 그중에서는 호주 원주민이 은하수의 어두운 성운을 연결하여 만든 에뮤(날지 못하는 거대한 새) 별자리가 많이 알려져 있다. 조금 과장해서 하루의 절반이 밤이고 그동안 하늘에 보이는 것이 별이므로 별자리는 아주 자연스럽게 만들어졌다. 해와 달, 그리고 금성을 포함한 밝은 행성은 모두 하늘의 신으로 여겨졌고, 그 신들의 위치를 기억하는 데 가장 좋은 방법이 별자리를 만드는 것이기도 했다. 사실 많은 별의 위치를 기억하는 데 별자리만큼 좋은 안내판도 없었을 것이다.

인류 역사에 존재했던 많은 별자리 중에서 현재 공식적으로 쓰이는 것은 서양의 별자리이다. 이것은 서양의 천문학이 널리 보급되면서 자연스럽게 서양 사람들이 정리한 별자리가 일반화되었기 때문이다. 서양 별자리는 주로 별이 만드는 모양으로 이름을 정했으므로 천문학을 공부하지 않은 일반인도 쉽게 찾고 익힐 수 있다는 장점이 있다. 이들 서양 별자리는 아주 오랜 세월 동안 입에서 입으로 전해지면서 모양이 정리된 것이어서 그 기원을 정확히 알 수 없는 것이 대부분이다.

고대부터 있어왔던 별자리는 지금으로부터 대략 1만 년 전에 아라비아반도에서 시작되었다는 것이 일반적인 추측이다. 그 시절 아라비아반도는 지금과 달리 푸른 초원이었고, 그 초원에 정착을 시작했던 유목민, 즉 목동에 의해 별자리가 만들어지기 시작했다. 어두운 밤 가축을 지키던 목동은 밤하늘의 별을 바라보며 많은 생각을 했을 것이다. 그곳에서 사랑하는 사람의 모습이나 전설에 등장하는 주인공, 혹은 무서운 동물을 상상했을 것이다. 그런 상상이 입에서 입으로 전해지면서 별자리가 하나둘 구체화되었다.

고대 바빌로니아 시대를 거쳐 보다 정교하게 만들어진 별자리는 지중해를 건너 그리스로 전해졌고, 그리스인은 신화에 등장하는 인물로 별자리의 주인공을 바꾸었다. 당시 그리스 천문학자 **클라우디오스 프톨레마이오스**Claudius Ptolemy, 100~170는 《알마게스트》라는 책에 총 48개의 별자리를 정리했는데, 이것이 바로 우리가 아는 서양의 고대 별자리이다. 48개 별자리 중 아르고자리라고 알려진 별자리가

18세기 무렵에 용골자리, 고물자리, 돛자리로 나뉘어 현재까지 전해지는 고대 별자리는 모두 50개로 본다.

고대 로마제국이 멸망하고 암흑시대로 알려진 약 1,000년의 중세 시대 동안 별자리는 사람들의 기억 속에서 대부분 사라져버렸다. 기독교 교리가 지배하던 중세 시대에 그리스 신화와 관련된 별자리 이야기는 거의 미신과도 같은 존재로 여겨졌기 때문이었다. 중세가 끝나고 르네상스 시대가 오면서 유럽에서는 그리스 문화를 복원하는 차원에서 다시 고대의 별자리가 등장하게 되었다.

그래서 이때부터 **성도**星圖(별 지도)가 그려지고 별자리 목록도 본격적으로 만들어지기 시작했다. 우리가 아는 고대 별자리 그림도 모두 이 시기에 그려진 것이다. 이 시기의 별자리는 그 이름만 라틴어로 전해지고 있었을 뿐, 별 하나하나의 이름은 사라지고 거의 남아 있지 않은 상태였다. 결국 별자리 이름은 라틴어로 정해졌지만 각각의 별 이름은 다시 아라비아반도에서 가져와 아라비아어를 근간으로 하게 되었다.

성도가 제작되면서 새로운 별자리도 많이 만들어지기 시작했다. 밤하늘에 자신이 발견한 별자리를 올린다는 것은 엄청난 명예였으므로 밤하늘을 관측하는 사람들은 너도나도 별자리를 만들어 알리기 시작했다. 그리고 항해술이 발달하면서 기존에 없던 남반구의 별자리도 추가되기 시작했다. 남반구 별자리의 대부분은 뱃사람에 의해 만들어져 전해졌는데, 주로 새로 발명된 과학 기구나 신비한 동물 이름이 붙거나 북반구에 있는 별자리의 아류로 생겨났다.

이런 과정에서 재미있는 일이 벌어지기도 했다. 한 유명한 천문학자가 양자리 옆에 희미한 별로 이루어진 파리자리를 만들었다. 파리자리가 생기자 그 아류로 남반구에 남쪽파리자리라는 별자리가 생겼다. 남반구에는 이름이 붙지 않은 밝은 별이 많았는데, 남쪽파리자리는 남극성 근처에서 굉장히 뚜렷한 별자리로 만들어졌다. 그런데 이후 북반구의 파리자리가 사람들 사이에서 인정받지 못하고 사라지자, 남쪽파리자리는 남쪽이란 말을 빼고 원조 파리자리가 되었다.

별자리가 너무 많이 생기면서 혼동을 일으키자, 1922년 **국제천문연맹**IAU, International Astronomical Union은 미국 천문학자 **헨리 러셀**Henry Russell, 1877~1957의 주도 아래 가장 널리 알려진 별자리를 기준으로 하여 총 88개의 별자리를 확정하였다. 이 88개의 별자리에는 황도를 기준으로 황도 별자리 12개, 북반구 별자리 28개, 남반구 별자리 48개가 포함되었다. 1930년 국제천문연맹은 1875년의 춘분점을 기준으로 이 별자리들의 경계선을 적경(수직)과 적위(수평)를 따라 직선으로 확정하여 발표했다. 이 작업은 1930년에 벨기에 천문학자 **외젠 델포르트**Eugène Delporte, 1882~1955가 했으며, 이때 별자리는 '기존의 별자리를 포함한 밤하늘의 일정 영역'으로 정의되었다. 그 이후로 더 이상 새로운 별자리를 만들 수 있는 공간은 없어졌다.

천문학에서 별자리를 이용하는 가장 중요한 이유는 별들의 영역을 구분하고 그 위치를 기억하기 위해서이다. 따라서 성도에 나오는 별자리의 모양이나 이름에 얽매이기보다는 각자의 눈에 보이는 모습대로 별자리를 익히는 편이 별자리를 찾기에 좋다. 이 책에서는 사계절의 하늘과 북쪽 하늘의 별자리를 조금은 쉽게 익힐 수 있는 방법을 소개해보겠다. 이것은 필자가 정리한 하나의 예시이고, 여러분이 하늘에 익숙해지면 보다 좋은 방법을 찾을 수도 있을 것이다.

2. 계절별 별자리

별자리가 계절마다 다르다는 사실은 많은 사람들이 알고 있다. 하지만 각 계절마다 그 계절의 별자리만 보인다고 생각하는 사람도 의외로 많다. 어느 계절의 별자리라고 할 때는 그 계절의 한밤중(자정 무렵)에 남중南中하는, 즉 가장 높이 뜨는 별자리를 말한다. 그러니까 봄철의 별자리라고 하면, 봄철 밤 12시 무렵에 천정과 남쪽 하늘에 보이는 별자리를 말한다.

해가 지고 별이 보이기 시작하는 저녁 시간에는 천정과 남쪽 하늘에 어떤 별이 있을까? 밤하늘의 모든 별은 동쪽에서 떠서 서쪽으로 진다. 하늘은 24시간에 한 바퀴씩 돈다. 너무나 당연하고 누구나 아는 이 사실이 별자리를 찾을 때 가장 중요한 단서가 된다. 밤 12시쯤에 남중하는 별은 저녁에는 동쪽 하늘에서 뜨고 있을 것이다. 시간이 지남에 따라 동쪽에 있던 그 별들은 서서히 남쪽 하늘 중앙으로 옮겨오고, 새벽이 되면 다시 서쪽 하늘로 질 것이다.

그러면 저녁 무렵에, 즉 해당 계절의 별이 동쪽 하늘에 있을 때 남쪽 하늘 중앙에 머무르는 별자리는 어느 계절의 별자리일까? 바로 그 전 계절의 별자리이다. 예를 들어 지금이 봄철이라면 겨울철의 별자리가 저녁의 남쪽 하늘 중앙에 있다. 또한, 새벽 무렵이 되어 그 계절의 별자리가 서쪽 하늘로 기울면 남쪽 하늘 중앙에는 그다음 계절의 별이 찾아온다. 봄철 새벽에는 남쪽 하늘 중앙에 여름철 별이 가장 잘 보일 것이다.

기억할 사항

① 한 계절의 별자리가 차지하는 영역은 대략 밤하늘(반구)의 반쪽, 즉 천구의 4분의 1이다. 각도로는 90도쯤 된다.

② 특정 계절의 별자리는 해당 계절에 태양 반대편 천구에 자리한 별자리이다. 즉, 그 계절의 중간 무렵 한밤중, 천정과 남쪽 하늘에 보이는 것들이다.
[예] 여름철의 별자리는 6월에는 자정이 좀 넘은 시간에, 7월에는 자정에, 8월에는 자정이 좀 안 된 시간에 천정과 남쪽 하늘 중앙에 보인다.

③ 별들은 1시간에 15도씩(24시간에 360도를) 동쪽에서 서쪽으로 움직인다.

④ 관측하는 시간에 찾고자 하는 계절의 별자리가 어느 쪽에 있는지 알아야 한다.
[예] 7월의 저녁 9시 무렵이라면 아직 여름의 별자리가 남쪽 하늘 중앙에 오르기까지 3시간 정도 남아 있다. 즉 여름 별자리의 중심이 남쪽 하늘 중앙에서 45도가량 떨어져 있다는 것을 알 수 있다. 그러니까 여름 별자리(90도)는 동쪽 지평선부터 남쪽 하늘 중앙까지 뻗어 있고, 남쪽 하늘 중앙부터 서쪽 지평선까지는 봄 별자리(90도)가 걸쳐 있을 것이다.

⑤ 눈에 띄는 밝은 별 중에서 그 계절의 길잡이별을 찾아라.

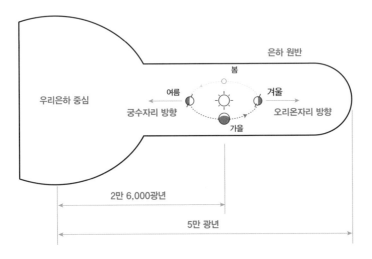

은하 원반

봄

여름
궁수자리 방향

겨울
오리온자리 방향

우리은하 중심

가을

2만 6,000광년

5만 광년

우리은하와 계절별 별자리. 그림은 부분적으로 매우 과장된 것이다. 알기 쉽게 설명하기 위하여 태양계의 크기를 매우 크게 확대했고, 은하수의 두께도 그 반지름보다 크게 키워 나타냈다. 봄, 여름, 가을, 겨울의 계절 표시는 실제 태양의 위치가 아니라 그 계절의 별자리가 보이는 위치이다. 따라서 태양의 위치는 그 정반대편이다.

3. 별 이름

별의 이름을 알고 성도를 볼 수 있으면 별자리를 찾는 데 도움이 된다. 학명 외에 사용되는 별 이름은 언어에 따라 다르지만, 가장 많이 사용되는 이름은 대부분 아라비아어에서 기원한 고유명이다. 이 책에서는 대부분 별을 이 고유명으로 이야기할 것이다. 고유명에는 '알'로 시작되는 이름이 많은데, 이것은 아라비아어의 '알$_{Al}$'이 영어의 정관사 '더$_{the}$'에 해당하기 때문이다.

지금 학명 외의 이름이 붙은 별은 200개 정도이지만 이 중 1등성에 붙은 이름 정도만 기억하면 웬만한 대화에는 낄 수 있다. 일단 기억할 만한 별들이 이런 이름이라는 것 정도만 살피고 가자. 여름철의 경우 베가Vega(직녀성), 알타이르Altair(견우성), 데네브Deneb, 안타레스Antares 정도가 있다. 가을철에는 1등성이 포말하우트Formalhaut 하나밖에 없으며, 여기에 더해 알페라츠Alpheratz와 알골Algol 정도를 알아두면 좋다. 봄철에 보이는 별 중에는 아르크투루스Arcturus, 스피카Spica, 레굴루스Regulus, 데네볼라Denebola 정도가 있고, 겨울철 별 중에는 시리우스Sirius, 베텔게우스Betelgeus, 리겔Rigel, 알데바란Aldebaran, 카펠라Capella, 카스토르Castor, 폴룩스Pollux, 프로키온Procyon 등이 있다. 여기서도 알 수 있듯이 겨울에 밝은 별이 많다. 이런 고유명은 특별한 규칙 없이 오랜 세월 아마추어 천문가들과 사람들 사이에서 사용되고 전해져온 이름이므로, 하나의 별에 두 개 이상이 붙는 경우도 있고 두 개 이상의 별에 하나의 이름이 붙는 경우도 있다. 이런 이름에는 여러 문화의 오랜 역사가 담겨 있으므로 그 나름의 의미가 있다.

국제천문연맹은 2016년부터 별들의 고유명을 표준화하고 목록화하기 위해 WGSNWorking Group on Star Names이라는 연구팀을 조직하여 별 이름을 표준화하는 작업을 하고 있다. 우리가 반드시 표준화된 이름을 사용할 필요는 없지만 혼란을 줄이기 위해 같은 별을 가리키는 여러 이름은 정리하는 것이 좋다. 이런 이유로 본 책에서는 국제천문연맹이 정리한 이름을 최대한 반영하였다.

오랫동안 고유명으로 불리던 별은 1603년 독일의 천문학자 **요한 바이어**Johann Bayer, 1572~1625에 의해 체계를 갖추게 되었다. 그는《우라노메트리아Uranometria》라는 성도를 만들면서, 각 별자리를 이루는 별에 밝기 순서대로 그리스 문자를 붙였다. 알파α, 베타β 하는 것이 바로 그것이다. 그리스 문자는 모두 24개이므로 25번째부터는 영어 소문자 알파벳을 순서대로 붙였다. 영어의 알파벳 26개를 다 쓴 51번째 별부터는 영어 대문자 알파벳을 붙였다. 이런 식으로 그가 가장 마지막에 붙였던 문자는 영어 대문자 Q였다.

알파α, 베타β, 감마γ, 델타δ, 엡실론ε, 제타ζ, 에타η, 세타θ, 요타ι, 카파κ, 람다λ, 뮤μ, 뉴ν, 크시ξ, 오미크론ο, 파이π, 로ρ, 시그마σ, 타우τ, 입실론υ, 피φ, 키χ, 프시ψ, 오메가ω, a, b, c, d, e, f, g, h, i, j, k, l, m, n, o, p, q, r, s, t, u, v, w, x, y, z, A, B, C, D, E, F, G, H, I, J, K, L, M, N, O, P, Q까지. 그러니까 바이어가 만든 당시의 《우라노메트리아》 성도에는 한 별자리에 최대 67개의 별이 속했던 것이다. 바이어가 만든 이 체계는 오늘날에도 아마추어 천문가들 사이에서 널리 사용되는데, 문자를 그 별이 속한 별자리 이름의 소유격 약어 앞에 붙여서 사용한다. 예를 들어 베텔게우스는 αOri(한국어로는 오리온자리 알파라고 한다), 리겔은 βOri(한국어로는 오리온자리 베타라고 한다)로 나타낸다.

그리스 문자를 사용하는 방법 다음으로 많이 쓰이는 방법은 별 이름에 숫자를 붙이는 것이다. 영국의 천문학자 **존 플람스티드**John Flamsteed, 1646~1719는 각 별자리를 이루는 별에 서쪽에서부터 동쪽으로 가면서 번호를 붙였다. 이것을 **플람스티드 숫자**라고 부른다. 해당 숫자가 클수록 별이 더 동쪽에 위치한다. 아마추어 천문가용 성도에 이 숫자가 많이 등장하지만 남반구 별에는 붙어 있지 않고, 외우기도 힘들어서 널리 쓰이지는 않는다. 이 밖에 아마추어 천문가용 성도에 쓰이는 별 이름으로 **아르겔란더 코드**Argelander code라는 것이 있다. 이것은 19세기의 독일 천문학자 **프리드리히 아르겔란더**Friedrich Argelander, 1799~1875가 만든, **변광성**變光星에 붙이는 이름이다. 영어의 대문자를 이용하는데, 앞에서 바이어가 영어의 대문자 Q까지를 사용했으므로 이 코드는 R부터 시작된다.

변광성이 발견된 순서대로 R, S, T, U, V, W, X, Y, Z까지 9개가 붙고, 그다음 이 문자를 둘씩 써서 RR부터 RZ까지(9개), SS부터 SZ까지(8개) 붙이는 식으로 이어 가서 마지막 ZZ까지 총 45개의 이름을 붙인다. 그리고 다시 AA에서 AZ까지(25개, J는 I와 혼동을 피하기 위해 모두 생략한다), BB에서 BZ까지(24개) 붙이는 식으로 계속해 QZ에서 총 280개로 끝난다. 이렇게 해서 한 별자리에 영어 대문자로 이름 붙일 수 있는 변광성은 모두 334개(9+45+280)이다. 이보다 더 많은 변광성이 발견되면 그다음부터는 V335, V336, V337와 같은 식으로 이름을 붙인다. V는 변광성을 뜻하는 'variable star'의 약자로, V335는 335번째 변광성이라는 뜻이다.

별과 친숙해지려면 알아야 하는 이름이 또 있다. 바로 성운, 성단, 은하를 분류하는 이름이다. 가장 널리 알려져 있는 것이 **메시에 목록**이라는 것으로 M1, M2부터 M110까지 붙어 있다. **샤를 메시에**Charles Messier, 1730~1817는 18세기의 프랑스 천문학자로, 대표적인 혜성 사냥꾼으로도 알려져 있다. 메시에가 살았던 시대에는 많은 사람들이 새로운 혜성이 나타나면 불길한 일이 일어날 수도 있다고 생각했으므로, 혜성을 미리 발견하여 대비하려고 했다. 이렇게 밤하늘의 혜성을 찾는 사람을 흔히 '혜성 사냥꾼Comet Hunter'이라고 불렀다. 혜성은 작은 망원경 속에서 작고 뿌연 안개 뭉치처럼 보이는데, 밤하늘에 있는 성운, 성단, 은하와 같은 것이 가끔 혜성과 혼동되기도 했다. 그래서 메시에는 혜성 사냥꾼을 위해 밤하늘에서 혜성으로 착각할 수 있는 장애물의 목록을 정리하여 자신의 이름 앞 글자 M을 붙여 발표하였다. 이것이 바로 **메시에 목록**이다. 오늘날 이 목록은 소형 망원경으로 쉽게 찾을 수 있는 성운, 성단, 은하(이 셋을 흔히 태양계 밖에 있는 '딥 스카이deep sky'라고 부른다)의 목록으로, 일반적으로 아마추어 천문가가 목표로 할 수 있는 최고의 관측 대상으로 여겨진다.

이 외에도 성도에 있는 딥 스카이에 숫자만 표기된 것이 있는데, 이것은 **NGC 목록**이다(NGC는 New General Catalogue의 약자이다). 이는 1888년 덴마크의 천문학자 **욘 드라이어**John Dreyer, 1852~1926가, 총 9,000개 정도의 성운, 성단, 은하를 춘분점에서부터 동쪽으로 훑으며 차례대로 정리한 것이다. 그 후 1895년과 1908년에 NGC 목록에 추가되는 목록을 따로 만들었는데, 이것을 **IC 목록**Index Catalogue이라 한다. 여기에 속하는 것은 IC 뒤에 숫자를 붙여 표기한다.

각 장의 표제지에는 해당 별자리의 중심 위치를 적경과 적위로 표시해놓았다. 적경과 적위는 천구의 좌표를 나타낸다. 적경은 춘분점으로부터 동쪽 방향으로의 각거리를, 적위는 적도면으로부터 남북 방향의 각거리를 나타낸다. 단위로 적경은 시(h)와 분(m)까지, 적위는 도(°)까지 표시했다.

장 표제지에서 별자리의 주요 구성 별을 나타낸 표에 대해 설명하겠다. 고유명은 이름이 여럿일 경우, 국제천문연맹이 정한 이름을 사용하였다. 의미 항목에서 기원을 알 수 없는 이름은 '기원 불명'으로 표시하였다. 밝기가 변하는 변광성의 경우, 평균 밝기로 표시하였다(단, 중요한 변광성은 밝기가 변하는 범위를 표시하였다). 색은 별의 스펙트럼에 따라 파란색, 청백색, 흰색, 연노란색, 노란색, 주황색, 빨간색으로 표시하였으나 실제로 느끼는 별의 색깔은 스펙트럼형과 조금 다를 수 있다. 거리는 히파르코스 위성이 관측한 자료를 포함하여 최신 측정 거리로 표시하였으나, 거리가 멀수록 오차 범위가 크다(참고로 1광년은 빛이 1년 동안 날아가는 거리이며, 이는 약 9조 4,600만 킬로미터이다).

마지막으로 본문에 나오는 별의 밝기 등급에 대해 알고 가자. 별의 밝기를 몇 등급이라고 할 때는 각 등급을 소수점 위로 반올림하여 표시하는데, 숫자가 작은 쪽이 더 밝은 별이므로 0.5는 작은 쪽으로 반올림한다. 밝기가 1.5등급 이하인 별이 1등성, 그리고 차례대로 2등성(1.6~2.5등급), 3등성(2.6~3.5등급), 4등성(3.6~4.5등급), 5등성(4.6~5.5등급), 6등성(5.6~6.5등급)이 된다.

1. 큰곰자리
2. 작은곰자리
3. 용자리
4. 카시오페이아자리
5. 케페우스자리
6. 기린자리

그림으로 기억하는 북쪽 하늘
동양의 황제를 중심으로 시계 방향으로 에티오피아의
왕 케페우스, 왕비 카시오페이아, 그들의 사위인 아르고
스 왕 페르세우스, 마차를 발명한 아테네의 네 번째 왕
에릭토니우스가 모여 있다. 황제 왼쪽으로는 제우스가
보내준 큰 곰과 작은 곰이 마주 보며 놀고 있고, 전설
속 영물인 용과 기린이 황제를 수호하고 있다.

1부
북쪽 하늘의 별자리

———— 북극성 근처에 있어서 항상 지지 않고 떠 있는 별을 **주극성**週極星, circumpolar star이라고 한다. 우리가 가장 잘 아는 국자 모양의 북두칠성이나 W자 모양의 카시오페이아자리 별이 바로 그것이다. 북쪽 하늘의 별자리는 주극성으로 이루어져 있어서, 이론적으로는 일 년 내내 볼 수 있다. 하지만 이들 별자리가 실제로 항상 보이는 것은 아니다. 한국은 북쪽으로 산이 많아서 가을이나 겨울 밤에 북두칠성이 지평선 근처로 내려가면 잘 보이지 않는다. 반대로 봄이나 여름 밤에는 카시오페이아자리가 지평선 근처에 있어서 관측이 쉽지 않다. 그러나 북두칠성이나 카시오페이아자리가 보이지 않는다고 당황할 필요는 없다. 지구의 자전으로 별들은 북극성을 중심으로 반시계 방향으로 돌기 때문에, 잘 보이지 않는 별도 시간이 지나면 서서히 하늘 높은 곳으로 올라오기 때문이다.

북쪽 하늘 별자리 둘러보기

북쪽 하늘의 중심점인 북극성은 동양에서는 황제를 상징한다. 북극성 주위는 황제가 머무는 곳으로, 황제와 관련된 곳이다. 그런데 카시오페이아는 에티오피아의 왕비로 황제인 북극성 근처에 있기에 손색이 없는 왕족 별자리이다. 신화에서는 허영심 때문에 벌을 받는다고 하지만, 온 가족이 밤하늘에 함께 머무르고 있으니 너무 안타깝게만 바라보지는 않아도 되겠다.

카시오페이아자리는 남편인 케페우스 왕의 별자리를 따라 이동한다. 별들은 북극성을 중심으로 반시계 방향으로 일주운동을 한다. 따라서 케페우스 왕의 별자리는 카시오페이아의 왼쪽(서쪽)에서, 즉 반시계 방향으로 보았을 때 앞쪽에서 찾을 수 있다.

북극성 근처에는 가장 밝게 빛나는 1등성이 하나 있다. 이름은 카펠라로, 하늘에 보이는 모든 1등성 중에서 북극성에 가장 가까이 있다. 카펠라가 포함된 별자리는 마차부자리로, 신화에 의하면 마차를 발명한 아테네의 네 번째 왕 에릭토니우스가 이 별자리의 주인공이다. 마차부자리는 1등성을 포함하고 있는 별자리 중 유일하게 왕이 있는 별자리이다. 그래서 21개나 되는 밤하늘의 1등성 중 이 별이 북극성에 가장 가까이 있다고 생각해도 좋겠다.

W자 모양의 카시오페이아자리와 카펠라가 있는 마차부자리 사이에 또 다른 왕의 별자리가 있다. 바로, 카시오페이아의 딸인 안드로메다 공주의 남편이자 그리스 남부 아르고스의 왕인 페르세우스의 별자리이다. 늦은 가을철의 북쪽 하늘은 황제 북극성을 중심으로 세 명의 왕과 한 명의 왕비가 모여 화려한 궁전을 연상시킨다.

왕족 주변의 동물들

밤하늘에는 사람 별자리보다 동물 별자리가 더 많다. 그렇다면 과연 왕을 상징하는 북극성 주변에 있는 동물 별자리는 어떤 것일까? 왕을 상징하는 동물 중 가장 널리 알려진 것이 용이다. 예부터 임금을 용으로 비유하지 않았던가! 임금의 얼굴을 용안, 옷을 용포라고 했던 것에서도 알 수 있듯이 용은 왕의 상징이었다. 그래서인지 북극성에 가장 가까이 있는 동물이 용이다. 용자리는 북극성을 휘어 감고 케페우스 왕 쪽으로 똬리를 틀고 있다.

그 밖에 북극성 주위를 차지할 영수靈獸(영묘하고 상서로운 짐승)로 기린을 꼽을 수 있다. 지금은 기린이 아프리카에 사는 가장 키가 큰 포유류를 가리키는 말이지만, 원래는 전설에 나오는 상상의 동물을 가리키는 이름이었다. 전설에 따르면 사슴을 백 년 동안 묶어두면 기린이 된다고 했고, 워낙 영험한 동물이라 왕족의 옷에 기린 그림 이 들어가기도 했다. 기린자리는 용자리 건너편에 아주 넓은 영역 을 차지하고 있지만, 도시에서는 거의 찾기가 어렵다.

이제 남은 것은 북극성을 포함하는 작은곰자리와 북극성을 가리 키는 큰곰자리이다. 지난 수천 년 동안 북극성은 작은곰자리를 중 심으로 이동해왔다. 그리스 신화에 따르면 작은 곰은 아르카디아 왕국의 왕이 된 사냥꾼 아르카스이고, 큰곰자리의 주인공은 아르카 스를 낳은 어머니인 칼리스토이다. 한국의 신화인 단군신화를 접목 시켜 본다면 사람으로 변한 곰인 웅녀가 큰 곰이고 웅녀가 낳은 단 군이 작은 곰이라고 생각할 수도 있겠다.

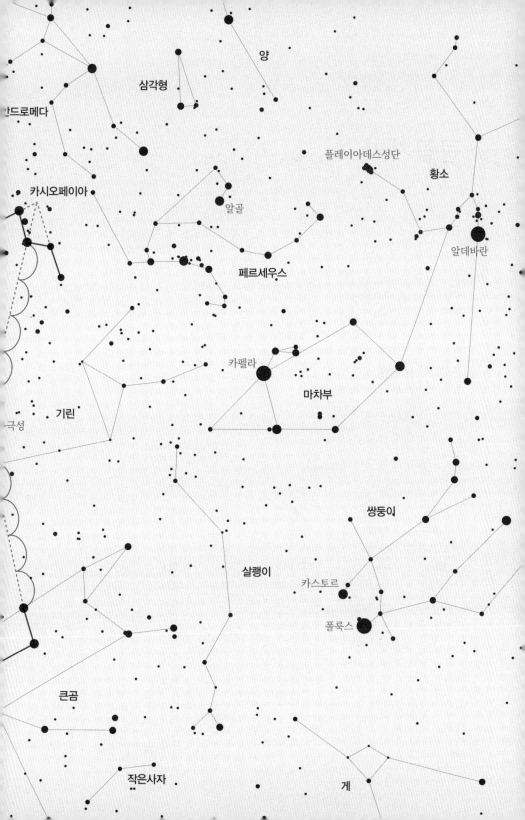

①

큰곰자리

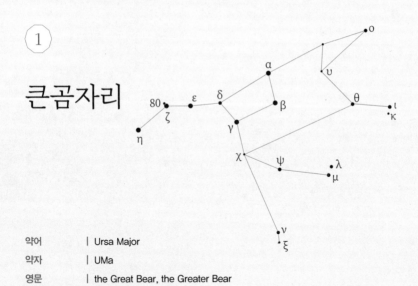

약어		Ursa Major
약자		UMa
영문		the Great Bear, the Greater Bear
위치		적경 11h 00m 적위 +58°
자오선 통과		5월 1일 오후 9시
실제 크기(서열)		1279.660평방도(3위)

큰곰자리의 주요 구성 별

약어	고유명	의미(위치)	밝기(등급)	색	거리(광년)
αUMa	Dubhe	곰	1.8	연노란색	123
βUMa	Merak	곰의 허리	2.4	흰색	80
γUMa	Phecda	곰의 넓적다리	2.4	흰색	83
δUMa	Megrez	곰의 꼬리	3.3	흰색	81
εUMa	Alioth	양의 굵은 꼬리	1.8	흰색	83
ζUMa	Mizar	앞치마(꼬리)	2.0	흰색	83
ηUMa	Alkaid, Benetnasch	관을 짊어진 여인의 신두 (꼬리 끝)	1.9	청백색	104
80UMa	Alcor	희미한 것, 미자르의 희미한 동반자	4.0	흰색	82

엉덩이에 국자가 있는 곰

큰곰자리에서 가장 밝은 별로 이루어진 북두칠성은 한국 어디서나 쉽게 찾을 수 있다. 별 보는 사람들이 '누워서 떡 먹기'라는 말 대신에 '북두칠성 찾기'라는 말을 쓸 만큼 북두칠성 찾기는 쉽다. 북두칠성은 매일 밤 북쪽 하늘에서 찾아볼 수 있는 주극성으로, 어두운 별이 많은 북쪽 하늘에서 밝은 별끼리 특별한 모양을 이루고 있어 더 눈에 띈다.

많은 사람이 북두칠성을 독자적인 별자리라고 생각하지만 사실은 큰곰자리의 일부분이다. 옛날에는 북두칠성의 국자 사발에 해당하는 네 별만 곰으로 보았고, 이 부분을 곰이 아니라 수레로 보는 사람도 많았다. 고대 바빌로니아에서는 이 네 별을 수레로 보고 손잡이의 별을 수레를 끄는 사람이나 소, 말 등으로 보기도 했다. 그런 생각을 가지고 다시 보면 그럴듯하다.

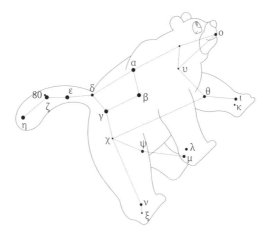

큰 곰의 상상도. 꼬리와 엉덩이 부분에 국자 모양의 북두칠성이 있다.

북두칠성과 큰곰자리 찾는 법

북두칠성을 찾으려면 북쪽이 어느 방향인지만 알면 된다. 물론, 북두칠성을 찾아서 북쪽 방향을 알 수도 있다. 북두칠성은 밝은 별로 이루어져 있어 금방 눈에 띌 것이다. 다른 별들은 상대적으로 어두워서 도시에서 큰곰의 모습을 다 찾기는 어렵겠지만, 어두운 곳에서도 모양을 기억한다면 쉽게 찾을 수 있을 것이다. 북두칠성을 이루는 일곱 별은 하나만 빼고 모두 2등성으로 밝기가 같다. 밝기가 다른 하나는 국자 모양에서 사발과 자루가 만나는 부분에 있는 별로, 이 별만 약간 어두운 3등성이다.

큰곰자리에서는 국자 모양의 북두칠성에서 손잡이에 해당되는 엡실론ε, 제타ζ, 에타η의 세 별이 곰의 꼬리를 나타내고, 사발 부분의 알파α, 베타β, 감마γ, 델타δ 네 별이 엉덩이를 이룬다. 꼬리가 시작되는 δ로부터 α를 이어 두 배 정도 연장하면 곰의 얼굴에 놓인 오미크론o에 이른다. 따라서 δ와 α, o의 연결선은 곰의 등을 나타낸다. 여기서 재미있는 것은 곰의 발을 나타내는 위치의 별이 모두 둘씩 짝을 이루고 있다는 점이다. 뒷발 위치의 뉴ν와 크시ξ, 람다λ와 뮤μ, 앞발 위치의 요타ι와 카파κ가 그것들이다. 아라비아에서는 이것을 가젤이 달아나면서 도약한 발자국으로 보고 각각 '첫 번째 도약', '두 번째 도약', '세 번째 도약'이라는 이름을 붙였다. 예를 들면, ξ는 아라비아에서 '첫 번째 뛴 발자국의 남쪽 별'이라는 의미의 이름을 가지고 있다.

북두칠성에 전해지는 이야기

북두칠성은 북극성을 축으로 하루에 한 번씩 그 주위를 회전하므로 밤에는 시계의 역할을 한다. 국자 모양의 손잡이 방향에 따라 계절과 시간을 알 수도 있다. 봄과 여름에는 북두칠성을 저녁 하늘 높은 곳에서 볼 수 있고, 가을과 겨울에는 지평선 근처에 있어서 쉽게 찾기 어렵다.

한국의 옛사람들은 밤하늘의 별이 사람의 운명을 결정짓는다고 생각하여 하늘을 경외하고 북두칠성을 두려워했다. 아이를 낳지 못하거나 병에 걸리면 칠성당을 찾아가 북두칠성에게 빌었고, 사람이 죽으면 관 속에 북두칠성을 그려 다음 생의 복과 장수를 기원하기도 했다(이것을 칠성판이라고 부른다). 북두칠성의 신인 칠성님이 사람의 죽음을 관장한다고 믿었기 때문이다(그리고 칠성님과 반대되는 신선이 바로 남두육성으로 상징되는 육성님인데, 이 이야기는 궁수자리 장에서 하겠다).

아라비아에서는 북두칠성이 '관을 메고 가는 낭자들'의 모습이라고 보았다. α에서 δ까지의 부분을 관으로, 국자의 손잡이 부분을 사람으로 본 것이다. 특히, 손잡이의 맨 끝 별인 η를 관을 인도하는 사람으로 보아 불길한 별로 여겼다. 북두칠성을 관을 메고 가는 사람들로 보는 관점은 동양에도 있었다. 동양의 점성술에서 북두칠성을 인간의 죽음을 정하는 별로 여기고, η를 '파군성破軍星'이라는 불길한 이름으로 부르는 것도 이런 이유에서다. 《삼국지》에도 북두칠성에 얽힌 이야기가 나온다. 제갈공명이 병들어 죽게 되었을 즈음 자

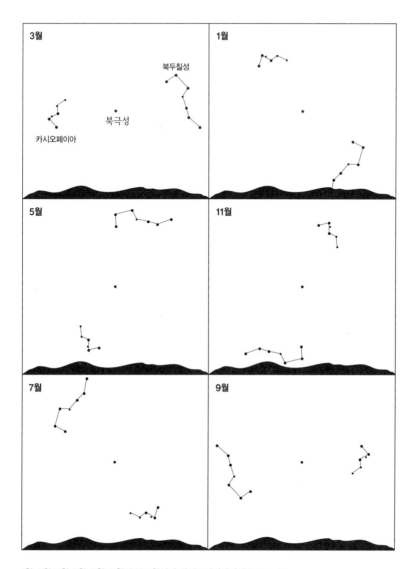

3월

북두칠성

북극성

카시오페이아

1월

5월

11월

7월

9월

1월, 3월, 5월, 7월, 9월, 11월의 북두칠성과 카시오페이아자리(밤 9시 기준)

1부. 북쪽 하늘의 별자리

신의 생사를 점치기 위해 일곱 개의 양초를 켜고 주문을 외웠다. 이때 하늘을 보니 커다란 유성이 북두칠성으로 흘러 파군성이 붉게 타올랐다. 이것을 본 제갈공명은 죽음이 눈앞에 다가온 것을 느꼈다. 그 순간 부하가 문을 열었는데, 바람에 촛불이 모두 꺼지고 제갈공명은 피를 토하며 죽었다고 한다.

과학적으로 보면 지평선 쪽에 엷은 먼지층이나 희미한 구름이 있는 경우에 근처의 별이 대기의 영향을 받아 유난히 붉게 보인다. 대기가 불안정하고 바람이 많이 불 때는 지평선 쪽의 별이 많이 반짝이기도 한다. 그렇게 지평선 가까이에서 빛나는 북두칠성이 이러한 이야기를 만들어낸 것은 아닐까 짐작해볼 뿐이다.

삼태성과 지극성

북두칠성 남쪽에서 둘씩 쌍을 이루고 있는 세 쌍의 별이 큰곰의 발을 차지하는데, 고대 아라비아에서는 이 별들을 가리켜 '가젤의 세번 도약 Three Leaps of the Gazelle'이라고 불렀다. 아라비아 전설에 따르면 큰곰자리와 사자자리 사이의 어두운 공간은 늪으로, 아마도 아프리카 영양인 가젤이 사자의 꼬리를 피해 늪으로 뛰어든 모습을 상상했던 것 같다. 사자 꼬리에 가까이 있는 왼쪽의 별들이 첫 번째 발자국이다. 가젤이 사자를 피해 늪으로 세 번의 긴 도약을 하며 가볍게 뛰어오르는 모습을 상상해보자. 이 가젤은 사자를 피하다가 곰을 만나 다른 곤경에 처했을지도 모르지만 말이다.

한국의 고천문도인 천상열차분야지도에 따르면 이 세 쌍의 별들은 서쪽(오른쪽)부터 각각 상태上台, 중태中台, 하태下台라 하고, 이 셋을 합쳐 삼태성三台星이라고 한다. 이들은 전설 속에 등장하는 삼신할매와 관계가 있다고 여겨지기도 했다. 이는 가끔 민담에 나오는 삼태성과 혼동을 일으키게도 하는데, 민담의 삼태성은 오리온자리의 중앙에 자리 잡은 세 별로 오랜 옛날부터 일반 백성 사이에 널리 알려진 별이다.

북두칠성의 사발 끝부분에 해당하는 β별 메라크Merak와 α별 두브헤Dubhe를 이어서 5배 정도 연장하면 밝은 별이 하나 보인다. 이 별이 바로 하늘의 북극을 나타내는 **북극성**北極星, Polaris이다. 이런 연유로 큰곰자리의 α와 β는 **지극성**指極星, Pointers이라 불리며, 북극성을 찾는 지표로 이용되었다.

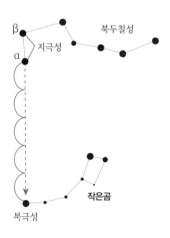

지극성으로 북극성 찾기

시력검사의 별

북두칠성에는 재미있는 별이 하나 있다. 손잡이의 두 번째에 자리 잡은 ζ별 미자르Mizar를 자세히 보면 바로 옆에 작은 별이 하나 붙어 있는 것을 발견할 수 있다. 이 별이 바로 '시력검사의 별Test-Star of the eyesight'로 알려진 **알코르**Alcor이다. 알코르가 이런 별명을 갖게 된 것은 눈이 좋은 사람만 미자르와 알코르를 구별할 수 있어서 고대 로마에서 군인을 뽑는 시력검사에 이 별을 이용했기 때문이다.

지금은 그때보다 두 별의 간격이 좀 더 떨어지기는 했지만 여전히 두 별을 구분하는 것이 그리 쉬운 일은 아니다. 로마에서 군인은 인기가 높은 직업이었으므로, 많은 청년들이 이 별을 원망하며 돌아섰을 것이다.

이 이야기를 떠올리며 밤하늘을 보다가 로마식 시력검사를 해봐도 좋겠다. 하지만 도시에서 알코르가 보이지 않는다고 실망할 필요는 없다. 로마의 투사들도 현대의 매연과 불빛 속에서는 두 별을 구별할 수 없었을 테니까.

알코르라는 이름은 '말을 탄 사람'(기수)이라는 의미의 아라비아 말 '알자트Aljat'에서 비롯되었다. 바로 옆에 있는 ζ별 미자르를 수레

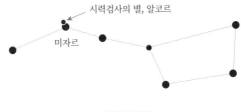

시력검사의 별, 알코르

미자르

시력검사의 별

를 끄는 말로 보았기 때문이다.

큰곰자리에 전해지는 이야기

옛날 아르카디아에 칼리스토라는 공주가 살았다. 칼리스토는 비록 여자였지만 남자 못지않은 훌륭한 사냥꾼이었으며, 사냥의 여신 아르테미스의 추종자이기도 했다. 결코 남자를 사랑하지 않겠다고 동료들과 아르테미스에게 맹세할 정도로 아르테미스에 대한 충성심이 깊었다. 하지만 제우스가 칼리스토를 보고 사랑에 빠졌고, 불쌍한 칼리스토는 아르테미스에 대한 맹세를 지키기 위해 노력하였지만 결국은 그럴 수 없었다. 이를 알게 된 아르테미스의 다른 추종자들은 칼리스토가 신의를 저버렸다고 생각했다. 슬픔과 외로움에 빠진 칼리스토는 인적이 없는 깊은 산속으로 들어가 아이를 낳았고, 이름을 아르카스라고 지었다.

 제우스의 아내였던 헤라는 화가 나 지상으로 내려와 칼리스토를 흰곰으로 만들어버렸다. 혼자 남은 아르카스는 어느 친절한 농부에게 발견되어 그 집에서 자랐고, 칼리스토는 깊은 산속에 숨어 지냈다. 칼리스토의 재능을 이어받은 아르카스는 훌륭한 사냥꾼으로 자랐다. 어느 날 숲속에서 사냥을 하던 아르카스는 뜻밖에도 칼리스토와 마주치게 되었다. 오랜만에 자식을 만난 칼리스토는 자신이 곰인 것도 잊고 아들을 껴안기 위해 달려들었다. 하지만 사실을 알 리 없는 아르카스는 곰이 자신을 공격한다고 생각하여 활시위를 당기고 말았다.

　이때 제우스가 아르카스를 작은곰으로 변하게 하고, 칼리스토와 함께 하늘로 올려 별이 되게 했다. 다만 제우스가 너무 급하게 이들의 꼬리를 들어 하늘로 올려버린 탓에 큰 곰과 작은 곰은 몸체에 비해 꼬리가 무척 길어져버렸다.

　하지만 칼리스토와 아르카스가 별로 남는 것도 못마땅했던 헤라는 바다의 신 포세이돈에게 이들이 바다에 들어가 물을 마시지도 목욕을 하지도 못하게 해달라고 부탁했고, 결국 이들은 북극의 하늘만 맴돌게 되었다. 그 후 수백 년의 세월이 흐르면서 헤라의 화가 조금이나마 누그러졌는지 북극의 위치가 바뀌었다. 이전과 달리 큰 곰자리의 위치가 낮아졌고, 칼리스토는 물을 통과할 때 꼬리를 물속에 넣을 수 있게 되었다. 그렇지만 불쌍한 아르카스는 아직까지도 계속 물에 들어가지 못하고 그 위만 돌고 있다.

②

작은곰자리

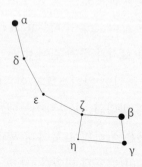

학명		Ursa Minor
약자		UMi
영문		the Little Bear, the Lesser Bear
위치		적경 15h 40m 적위 +78˚
자오선 통과		7월 11일 오후 9시
실제 크기(서열)		255.864평방도(56위)

작은곰자리의 주요 구성 별

약어	고유명	의미(위치)	밝기(등급)	색	거리(광년)
αUMi	Polaris	북극성	2.0	연노란색	448
βUMi	Kochab*	북쪽의 별(사발)	2.1	주황색	131
γUMi	Pherkad**	두 마리의 송아지 중 희미한 것(사발)	3.0	흰색	487
δUMi	Yildun***	별(꼬리 부분)	4.4	흰색	172
ζUMi		(사발)	4.3	흰색	369
ηUMi		(사발)	5.0	연노란색	98

* 아라비아 성도에서 나온 이름이다. β별은 지금으로부터 약 3,000년 전의 북극성이었어서 이런 이름이 붙었다.
** γ별의 이름은 β별을 또 다른 송아지로 본 데서 비롯한 것이다.
*** 국제천문연맹에 의해 2016년 승인된 이름으로, 어원은 터키어이다.

손잡이가 안쪽으로 꺾인 국자

큰곰자리보다 더 북쪽, 하늘의 북극에 작은곰자리라고 불리는 작은 국자 모양의 별자리가 있다. 뚜렷하게 밝은 별이 있지도 않고 크기도 별로 크지 않지만, 다른 어떤 밝고 큰 별자리보다도 유명하다. 모든 별의 일주운동에 중심이 되는 북극성이 이 별자리의 알파α 별이기 때문이다. 작은곰자리는 북극성에 걸어놓은 작은 국자 같은 모습이다.

일곱 개의 별은 작은 북두칠성을 연상시키기도 한다. 그래서 이 별들을 큰 국자인 북두칠성과 비교하여 '작은 국자'라고도 부른다. 그런데 북두칠성과 작은곰자리 모양에는 중요한 차이점이 있다. 바로 두 국자 손잡이의 휘어진 방향이 다르다는 것이다. 북두칠성은 손잡이가 사발 바깥쪽으로 휘어져 있는데, 작은곰자리는 안쪽으로 꺾여 있다(그래서 국자보다는 프라이팬이나 뒤집개가 어울리지 않을까 싶

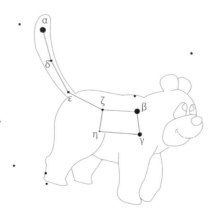

작은곰의 상상도

다). 그런데 이러나저러나 작은 곰으로는 잘 안 보이는 것이 사실이다. 아마도 큰곰자리 옆에 있어서 작은곰자리가 된 것 같다.

찾는 법

이 별자리는 어떻게 작은 곰이 될 수 있을까? 북극성인 알파α별(2등성)을 기점으로 일곱 개의 별이 북두칠성과 닮았다고 했다. 베타β별 코카브Kochab(2등성)를 비롯하여 사발 부분의 네 별이 작은 곰의 몸체를 이루고 나머지 별이 곰의 꼬리가 된다고 상상해보자. 큰곰자리에서 보았던 다리와 머리 부분은 작은곰자리에서는 찾을 수 없다. 또 작은곰자리에는 어두운 별이 많아서 북두칠성만큼 눈에 잘 띄지는 않고, 도시에서는 북극성을 포함하여 세 개 정도의 별만 찾을 수 있다. 어린 곰이어서 힘이 없는 걸까.

작은곰자리의 α별인 북극성은 별의 일주운동에서 중심이 되는 별이다. 북극성을 찾으면 작은곰자리는 쉽게 알아볼 수 있다. 북극성을 찾는 데 지침이 되는 별자리는 카시오페이아자리와 큰곰자리이다. 큰곰자리가 높이 떠오르는 봄철과 여름철 저녁 하늘에서는 북두칠성의 국자 끝에 있는 β별과 α별(지극성)을 이어 5배 정도 연장하면 북극성에 이른다.

북두칠성이 지평선 근처에 있을 때에는 W자 모양의 카시오페이아자리가 북극성을 찾는 길잡이가 된다. 카시오페이아자리의 β별과 α별을 이어 연장한 선과 엡실론ε별, 델타δ별의 연장선이 만나는

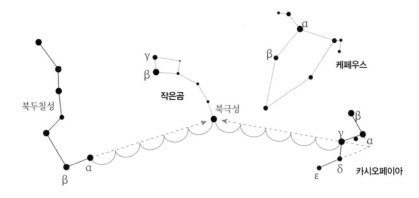

작은곰자리 찾는 법

점을 감마γ별과 이어 늘이면 북극성과 만난다.

그 밖의 방법으로 케페우스자리의 α별과 β별을 잇는 선을 2배 정도 연장해도 북극성에 이른다. 그렇지만 사실 북극성 근처에는 밝은 별이 없어서 북쪽 방향만 알면 정북 방향으로 하늘의 중간 정도 높이에서 북극성을 찾기는 그리 어려운 일이 아닐 것이다.

작은곰자리를 이루는 별

많은 사람들이 북극성을 하늘에서 가장 밝은 별로 알고 있다. 하지만 북극성은 2등성으로, 견우성이나 직녀성처럼 눈에 확 띄는 밝은 별은 아니다. 북극성은 위치가 하늘의 북극에 가까워서 유명해진 별이다. 북극성은 하늘의 정북극에 있지 않고 2023년을 기준으로 0.7도 정도 벗어나 있다. 이 각도는 조금씩 변하는데, 2100년경에는

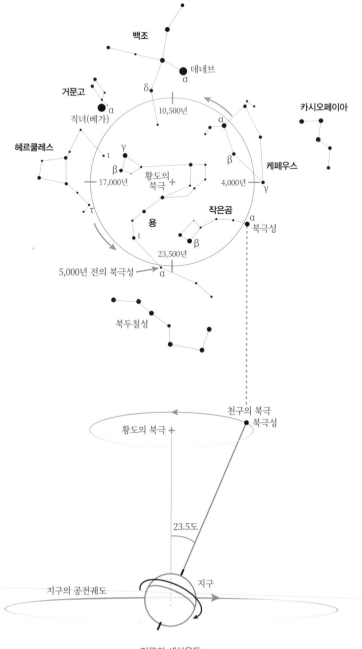

백조

데네브
α

거문고

δ

10,500년

α
직녀(베가)

헤르쿨레스

카시오페이아

γ
ι

α

β

케페우스

황도의
북극

β

17,000년

4,000년

γ

τ

작은곰

용

α
북극성

ι

β

5,000년 전의 북극성

23,500년

α

북두칠성

천구의 북극
북극성

황도의 북극 +

23.5도

지구

지구의 공전궤도

지구

지구의 세차운동

하늘의 북극과 0.5도 정도로 가장 가까워진다. 이것은 세차운동歲差
運動이라고 불리는 현상 때문인데, 돌아가는 팽이의 회전축이 원뿔
모양의 궤적을 그리며 도는 것처럼 지구의 자전축도 약 2만 6,000년
을 주기로 한 바퀴를 도는 것을 가리킨다.

고대 문명이 발생하던 시기에는 용자리의 으뜸별 투반이 북극성
이었으며, 기원전 1700년에서 기원후 300년까지는 작은곰자리의
베타β별 코카브가 북극성이었다. 한국에서는 주몽이 고구려를 세
우고 광개토대왕이 중원을 활보하던 시대의 북극성이 작은곰자리
의 베타별 코카브였던 것이다. 그리고 최근 1,700여 년 동안 현재의
북극성이 하늘의 북극에 가장 가까이 있는 별이 되었다. 그러면서
코카브와 감마γ별 페르카드는 북극성 둘레를 돌면서 북극성을 지
키는 '북극 수호성Guardians of the Pole'으로 불리게 되었다. 우리가 살
아 있는 동안 북극성은 항상 작은곰자리의 α별일 것이다. 덧붙여 북
극성은 4일을 주기로 밝기가 1.9등급에서 2.1등급까지 변하는 케페
이드 변광성이며, 두 개의 동반성을 가진 삼중성이기도 하다.

북극성의 일주운동

일주운동의 축으로 여겨지는 북극성도 사실은 움직이고 있다. 이것
은 앞에서 말한 것처럼 북극성이 하늘의 북극에서 0.7도 정도 떨어
져 있기 때문이다(참고로 보름달의 지름이 약 0.5도 크기에 해당한다).

그래서 북극성도 일주운동을 한다. 북극성이 일주운동을 하면서
그리는 원은 지름에 보름달이 세 개 정도 들어갈 수 있을 만한, 꽤

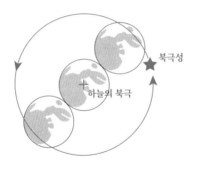

북극성의 일주운동

큰 원이다. 그렇지만 우리 눈으로는 그 움직임을 알아차리기 힘들다. 장노출로 별의 일주운동을 찍은 사진을 잘 살펴보면 북극성이 움직인 자취를 확인할 수 있다.

전해지는 이야기

작은곰자리 전설에는 큰 곰을 적으로 보는 버전과 어미 곰으로 보는 버전이 있다. 전자에 따르면 큰 곰은 자신이 지닌 북두칠성의 일곱 별 중 흐린 넷째 별을 북극성으로 바꾸고 싶어 작은 곰을 노린다고 한다. 큰 곰은 작은 곰 주위를 돌며 기회를 엿보고, 용은 이 둘 사이에서 작은 곰을 보호한다. 큰 곰을 어미 곰으로 보는 이야기는 앞의 큰곰자리 장에서 확인할 수 있다.

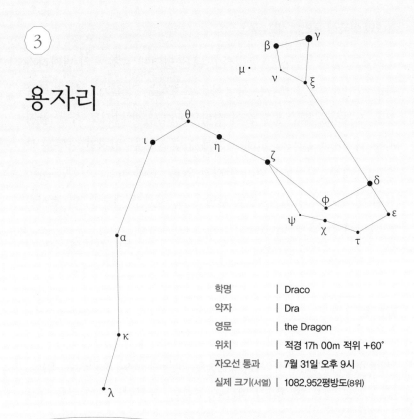

③

용자리

학명	Draco
약자	Dra
영문	the Dragon
위치	적경 17h 00m 적위 +60°
자오선 통과	7월 31일 오후 9시
실제 크기(서열)	1082,952평방도(8위)

용자리의 주요 구성 별

약어	고유명	의미(위치)	밝기(등급)	색	거리(광년)
αDra	Thuban	용, 큰 뱀	3,7	흰색	303
βDra	Rastaban	용의 머리	2,8	노란색	380
γDra	Eltanin	거대한 뱀, 용	2,2	주황색	154
δDra	Altais, Nodus Scundus	염소, 제2의 매듭	3,1	노란색	97
ιDra	Elasich	수컷 하이에나(용의 몸통)	3,3	주황색	101
λDra	Giausar	기원 불명(용의 꼬리)	3,8	빨간색	333
ξDra	Grumium	용의 아래턱	3,7	주황색	112
μDra	Arrakis*	달리는 낙타(용 머리 옆)	4,9	연노란색	89

* 아라비아 사막에서 비롯된 이름으로 원래는 용의 머리를 이루는 네 별 β, γ, ξ, ν에 같이 붙었던 이름이다.

고대의 북극성 투반의 별자리

북쪽 하늘에는 북극성을 둘러싸고 넓은 영역에 걸쳐 용의 별자리가 자리 잡고 있다. 그 모습은 북극성을 보호하는 것 같기도 하고, 북극성을 포함하는 작은곰을 품어 잡아먹으려는 것 같기도 하다. 용자리는 차지하는 넓이에 비해 뚜렷하게 밝은 별은 없지만 어두운 북쪽 하늘에서 그런대로 널리 알려져 있다. 고대 이집트에서는 북극성이 이 별자리의 알파 α별인 **투반**Thuban이었기 때문에, 이 별자리가 유난히 친숙하기도 했다.

찾는 법

북쪽 하늘에 작은곰자리를 껴안듯이 둘러싼 별이 보이는데, 이 별들은 서로 길게 연결되어 띠를 형성한다. 옛사람들은 이것을 용으로 보았고, 실제로 보아도 금방 납득이 된다. 용자리는 밤하늘의 별자리 중에서 매우 큰 별자리에 속한다. 따라서 찾는 데는 별 어려움이 없으나 워낙 커서 전체를 찾아 연결시키기는 그리 쉬운 일이 아니다. 용자리의 꼬리 부분은 북두칠성과 북극성 사이에서 찾을 수 있다. 북두칠성 앞부분에서 시작해서 작은곰자리를 둥글게 휘어 감으며 나아가다가 다시 두 줄기로 갈라진 다음, 거문고자리의 직녀(베가)를 향해 마름모꼴의 머리를 내미는 용을 상상하면 용자리를 쉽게 찾을 수 있다.

북두칠성의 손잡이 두 번째 별인 큰곰자리의 제타 ζ별과 작은곰

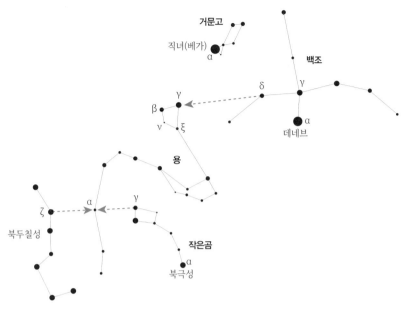

용자리 찾는 법

자리 감마γ별 중간에서 꼬리에 해당하는 용자리 α별을 찾을 수 있
다. 용의 머리에 해당하는 사각형 부분은 작은곰자리의 γ별에서 거
문고자리의 베가(1등성)를 이은 선의 3분의 2 지점쯤에서 찾을 수
있다. 백조자리의 왼쪽 날개에 해당하는 γ별과 델타δ별을 그대로
연결해도 용의 머리를 만날 수 있다. 용자리는 작은곰자리를 에워
싸고 있어서 작은곰자리 둘레의 희미한 별들을 대충 용자리라고 생
각하고 찾아도 된다.

용자리를 이루는 별

용자리에서는 가장 밝은 γ별 **엘타닌**Eltanin(2등성)을 중심으로 베타β별 라스타반Rastaban(3등성), 크시ξ별 그루미움Grumium(4등성), 5등성 뉴ν별이 사각형을 만들면서 용의 머리를 이룬다. 용의 몸통은 ξ별에서부터 시작하여 람다λ별에서 끝난다. δ별에서 ζ별까지는 몸통이 두 겹인데, 이것은 몸통이 그곳에서 꼬여 있기 때문이라고 생각하면 된다.

용머리의 사각형을 이루는 네 별 γ, β, ξ, ν는 각각 밝기가 다른 2, 3, 4, 5등성으로 이루어져 있어 1등성인 거문고자리의 직녀(αLyr)와

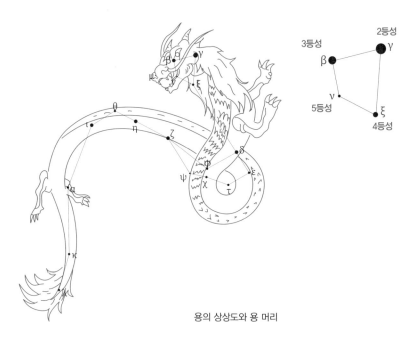

용의 상상도와 용 머리

더불어 여름철 밤하늘에서 다른 별의 밝기를 추정하는 기준이 된다. 도시에서는 불빛이 많고 대기오염이 심해서 보통 4등성 이하의 별은 잘 보이지 않는다. 여름 밤에 날씨가 좋은 날 용자리의 사각형을 모두 볼 수 있다면 커다란 행운이다. 도시에서 이 별들을 이용해 '별의 밝기 알아맞히기' 게임을 해봐도 재미있을 것이다. 그런데 예상외로 시골에서는 별이 워낙 많아서 밝기를 비교하기가 생각보다 어렵다.

사분의자리 유성우

용 머리의 사각형과 북두칠성의 손잡이 끝 별인 에타η별 중간쯤에 있는 용자리 요타ι별 부근을 중심으로 매년 1월 4일을 전후해서 시간당 100개 정도의 많은 별똥별이 떨어지는 유성우가 나타난다. 이 유성우는 페르세우스자리 유성우(8월 13일경), 쌍둥이자리 유성우(12월 14일경)와 함께 3대 유성우로 불리는 **사분의자리 유성우** Quadrantids이다. 사분의자리는 1795년에 프랑스의 천문학자 **제롬 랄랑드**Jérôme Lalande, 1732~1807가 목동자리와 용자리, 헤르쿨레스자리 사이에 만들었던 별자리로 지금은 이 유성우에만 그 이름이 남아 있다. 이 유성우는 2003 EH₁이라는 소행성이 모성으로 알려지기도 했는데 이 소행성은 한국에서 500년 전에 관측된 C/1490 Y1이라는 혜성과 같은 천체로 추측된다.

용자리의 γ별 부근에는 10월 9일경 큰 유성우가 출현하기도 한다. 이 유성우를 흔히 **용자리감마 유성우** γ Draconids라 부르는데,

1933년에 유럽에서 관측된 기록을 보면 1분간 1,000개 이상의 유성이 떨어졌다고 한다. 그때는 하늘이 온통 별들의 전쟁터 같았을 것이다. 이 유성우는 주기 6.4년의 자코비니Giacobini 혜성을 모혜성으로 하여 흔히 '자코비니 유성우'라고도 부른다. 아시아 지역에서 이 유성우가 뚜렷이 출현한 일은 아직 없다.

고대 이집트의 북극성

용자리의 α별 투반은 지금부터 5,000여 년 전 고대 이집트에서 피라미드를 건설할 당시의 북극성이었다. 아마 인류 문명이 시작되고 별이 하늘의 북극을 중심으로 일주운동을 한다는 것을 깨닫게 되었을 무렵 처음으로 알아본 북극성이 바로 이 별이었을 것이다. 따라서 천문학이 발달했던 고대 문명들은 용자리를 무척 중요한 별자리로 여겼다. 이집트인들은 피라미드를 만들 때 내부에서 투반을 볼 수 있도록 했고, 신전을 세울 때도 용의 머리에 있는 γ별 엘타닌을 가장 잘 보이게 지었다.

전해지는 이야기

그리스 신화에는 용자리와 관련된 이야기가 많이 등장한다. 용자리가 전쟁의 신 아레스의 샘을 지키던 용이거나 태양신 아폴론의 수레가 불에 탔을 때 그 열로 태어난 용이라는 이야기도 있다. 아마 그리스 신화에 등장하는 모든 용이 이 별자리의 주인공이라고 봐도 될 것이다.

그중에서도 헤스페리데스의 낙원에서 황금 사과를 지키던 라돈 Ladon이라는 거대한 화룡이 이 별자리의 주인공으로 가장 많이 알려져 있다. 제우스는 헤라와의 결혼식 때 대지의 여신인 가이아로부터 황금 사과가 열리는 나무를 선물로 받았다. 이 나무는 헤스페리데스라고 알려진 님프들이 돌보는 낙원에 있었는데, 100개의 머리를 가진 라돈이 이 여신들과 함께 나무를 지키고 있었다. 그러나 훗날 헤라클레스가 아틀라스라는 신의 도움을 받아 이 용을 죽인다. 그렇게 황금 사과를 가져온 후에 헤라클레스의 열두 과업 중 열한 번째 과업을 기념하기 위해 이 별자리가 만들어졌다. 혹시 옛 그림에서 헤라클레스의 발아래에 용이 짓밟혀 있는 모습을 본 적이 있는가? 그 용이 바로 용자리의 주인공이다.

또 다른 재미있는 신화가 있다. 아주 먼 옛날 그리스는 하늘의 신인 우라노스와 땅의 여신인 가이아, 사랑의 신인 에로스와 같은 고대의 신들이 지배하고 있었다. 이들은 혼돈(카오스) 속에서 나타난 최초의 신들이었다. 하늘에서 비가 내려 초목이 자라 무성해지듯, 하늘의 신 우라노스와 땅의 신 가이아는 부부가 되어 많은 자손을 만들었다. 그러나 처음에는 괴물들이 태어났다. 이들 대부분은 우라노스에 의해 태어나자마자 땅속에 묻혀 죽었다. 그 후 크로노스를 비롯한 열두 명의 거인족 신(티탄)들이 태어났고, 크로노스는 자식들에 대한 아버지의 잔인한 짓이 다시 시작될 것을 두려워하여 아버지를 죽이고 반역하여 우주의 새로운 지배자가 되었다. 그러나 크로노스 역시 자식들의 반역을 두려워하여 자식들을 낳는 대로 삼켜버렸다. 그때 무사히 살아남았던 유일한 신 제우스는 크로노스를 속이고 그가 삼켰던 형제들을 구해 반역을 일으킨다.

올림포스산에서 이집트 골짜기에 이르는 광대한 지역에서 벌어진 이 10년 동안의 격렬한 전투에서, 제우스가 이끄는 젊은 신들(포세이돈, 헤라, 아테나 등)은 그들의 추종자들과 함께 크로노스를 비롯한 거인족과 여러 괴물을 상대로 처절한 싸움을 벌였다. 최초의 혼돈과 어둠 속에서 고대 신들과 함께 탄생했던 용은 거인족과 한편이 되어 이 전쟁에 참가하였다. 전쟁이 막바지에 이르렀을 때 용은 아테나와 맞서게 되었다. 지혜의 신 아테나는 신비한 방패를 이용해 어렵지 않게 용을 물리치고 하늘로 집어던져버렸다. 결국 용은 하늘 멀리 나가떨어져 하늘이 회전하는 곳에 부딪쳤고, 그 회전축에 몸이 뒤틀린 채로 걸리고 말았다. 이렇게 용은 북쪽 하늘에 걸려 수천 년이 흐르도록 하늘이 돌 때마다 축과 함께 돌게 되었다. 그리고 그 전쟁에서 승리한 제우스와 젊은 신들은 그리스의 새로운 지배자가 되었고, 그 후의 이야기는 그리스 신화에 나오는 대로이다.

④

카시오페이아자리

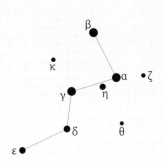

학명	Cassiopeia
약자	Cas
영어명	Cassiopeia, the lady in her chair
위치	적경 1h 00m 적위 +60°
자오선 통과	11월 30일 오후 9시
실제 크기(서열)	598.407평방도(25위)

> 카시오페이아자리의 주요 구성 별

약어	고유명	의미(위치)	밝기(등급)	색	거리(광년)
αCas	Schedar	가슴	2.2	주황색	228
βCas	Caph	손바닥(어깨)	2.3	연노란색	55
γCas	Tsih, Navi*	채찍(허리)	2.5	청백색	550
δCas	Ruchbah	무릎	2.7	흰색	99
εCas	Segin	기원 불명(발)	3.4	청백색	470
θCas	Marfak	팔꿈치	4.3	흰색	137

* 아폴로 1호의 사령관이었던 미국의 우주비행사 거스 그리섬이 우주에서의 항해 기준점으로 이 별을 사용하면서 자신의 중간 이름 '아이반Ivan'을 거꾸로 써서 붙인 별명이다.

잘 보이지만 쉽게 상상되지는 않는 별자리

더운 여름이 가고 서늘한 가을이 되면 북두칠성이 지평선 가까이 내려가 보기가 어렵다. 이쯤에서 북쪽 하늘을 보면 영어의 W(혹은 M)자 모양을 한 카시오페이아자리가 높이 떠 있다. 카시오페이아자리의 주위로는 은하수가 흐르고 있어서 실제로 밤하늘에서는 깨알같이 작은 무수히 많은 별 속에서 이 별자리를 보게 된다.

에티오피아의 왕비인 카시오페이아를 상징하는 이 별자리는 북쪽 하늘의 대표적인 별자리로 북두칠성만큼 우리에게 잘 알려져 있다. 그러나 이 별자리를 아무리 들여다봐도 그 속에서 왕비를 상상했던 옛사람들의 생각에는 결코 동의하기가 쉽지 않다. 가장 유명하지만 가장 그럴듯하지 않은 별자리가 바로 이 별자리가 아닐까 싶다. 어쩌면 그냥 두 봉우리를 가진 산이나 쌍봉낙타쯤으로 생각

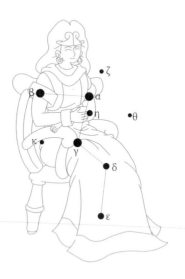

카시오페이아 왕비의 상상도

하는 편이 더 낫겠다는 생각도 든다. 그렇지만 이름이 붙은 만큼, 왕비가 의자에 앉아 쉬는 모습을 한번 상상이나마 해보자.

찾는 법

카시오페이아자리는 북극성을 중심으로 하여 북두칠성의 반대편에 있다. 북쪽 하늘에는 밝은 별이 많지 않아 비교적 밝은 별로 이루어진 W자를 찾는 일이 그렇게 어렵지는 않다. 북두칠성이 보인다면 손잡이 쪽에서 두 번째에 위치한 제타ζ별 미자르와 북극성을 잇는 선을 같은 길이만큼 연장한 곳에서 카시오페이아자리를 발견할 수 있다. 카시오페이아자리 주변에는 희미한 별이 많이 모여 있는 은하수의 끝부분이 있다.

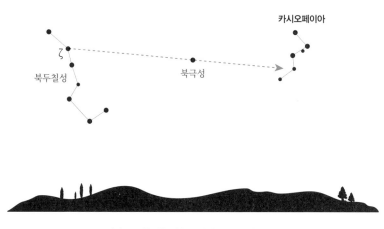

북극성과 북두칠성을 이용해 카시오페이아자리 찾는 법

2등성인 베타β별 카프Caph는 왕비의 어깨, 알파α별 쉐다르Schedar
는 가슴을 나타낸다. 같은 2등성으로 W자의 중심에 위치한 감마γ
별 트시Tsih는 허리에 해당하며, 3등성인 델타δ와 엡실론ε은 각각
무릎과 발을 나타낸다. 이렇게 β, α, γ, δ, ε으로 이어지는 M자를 왕
비의 어깨, 가슴, 허리, 무릎, 발로 상상해보면 의자에 앉아 있는 왕
비의 모습이 조금은 상상이 될 것이다.

카시오페이아자리를 이루는 별

카시오페이아자리는 북두칠성과 더불어 북극성을 찾는 지침이 되
는 별자리이다. 북두칠성이 하늘에서 보이지 않을 때는 카시오페이
아의 베타β별과 α별을 이어 연장한 선과 ε, δ의 연장선이 만나는
점을 γ별로 이어나가면 북극성을 찾게 된다. 조금 복잡하다.

카시오페이아자리가 하늘 높이 떠오르면 W자가 M자 모양으로
변하기 때문에, 이 별자리를 산봉우리 별자리로 보기도 한다. 아라
비아에서는 이 M자를 사막에 웅크리고 앉아 있는 낙타로 본다.

1572년 이 별자리에 아주 큰 사건이 일어났다. 갑자기 이 별자리
에 금성보다 더 밝은 별이 나타난 것이다. 이러한 별을 초신성이라
고 부르며, 태양보다 큰 별이 일생을 마감하면서 폭발할 때 나타난
다. 초신성은 유사 이래 난 세 번 기록되었다. 키시오페이아자리에
서 초신성을 발견한 사람은 덴마크의 위대한 관측 천문학자 **튀코 브
라헤**Tycho Brahe, 1546~1601였다.

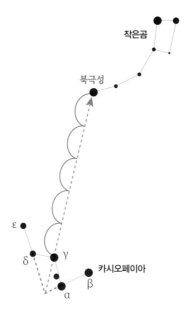

카시오페이아자리를 이용해 북극성 찾기

　그는 굉장한 별 관측광狂으로, 열네 살에 일식을 보고 감동한 후 하루에 두 시간만 자면서 별을 관측할 정도로 소년 시절 대부분을 별을 보며 지냈다고 한다. 튀코 브라헤가 스물여섯 살 때 발견한 초신성은 그 후에 '튀코의 별'로 불리게 되었다. 현재 이 초신성은 '카시오페이아 A'라는 작은 전파원으로만 남아 있는데, 눈으로는 볼 수 없다.

전해지는 이야기

카시오페이아는 에티오피아의 왕 케페우스의 부인이다. 카시오페이아는 허영심이 매우 많았다고 한다. 그녀는 자신의 아름다움을 너무 과시한 나머지 바다의 요정들에게 미움을 사 포세이돈이 보낸 괴물 고래Cetus에게 딸을 제물로 바쳐야 하는 상황이 되었다. 다행히 딸 안드로메다는 당대의 영웅 페르세우스에게 구출되었지만, 포세이돈은 카시오페이아가 죽은 뒤 그를 하늘에 올려 하루의 반을 거꾸로 의자에 앉은 채 매달려 있게 했다는 이야기이다. 일설에는 카시오페이아 왕비가 바다 요정들에게 미움을 산 이유가 딸인 안드로메다의 아름다움을 자랑했기 때문이라고도 한다.

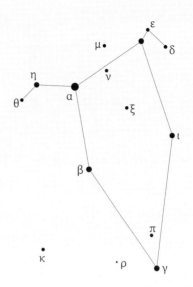

케페우스자리

학명	Cepheus
약자	Cep
영어명	Cepheus, the king
위치	적경 22h 00m 적위 +70°
자오선 통과	10월 15일 오후 9시
실제 크기(서열)	587.787평방도(27위)

케페우스자리의 주요 구성 별

약어	고유명	의미(위치)	밝기(등급)	색	거리(광년)
αCep	Alderamin	오른쪽 팔	2.5	흰색	49
βCep	Alfirk	양의 무리(허리)	3.2	청백색	690
γCep	Errai	목동(다리)	3.2	주황색	45
μCep	Garnet Star*	석류석 별(머리 옆)	4.1	빨간색	3,060
ξCep	Kurhah	말 이마의 반점(가슴)	4.2	흰색	86

* 18세기 말에 윌리엄 허셜이 붉은 색깔 때문에 붙인 이름으로, '허셜의 석류석 별'로 불린다.

삽살개가 졸고 있는 교회당 앞

북쪽 하늘에 카시오페이아자리가 보일 때면 그 서쪽(왼쪽)에서 오각형으로 이루어진 에티오피아의 왕 케페우스의 별자리를 볼 수 있다. 사실 이 별자리는 어떻게 보아도 사람처럼 보이지는 않는다. 부인인 카시오페이아자리보다 훨씬 더 상상하기 어렵다. 별자리 중심에 자리 잡은 사각형 부분이 케페우스의 몸통이고, 북극성 쪽이 다리라는 사실을 알면 조금은 이해가 되기도 한다. 밑면에 작은 삼각형 하나가 붙은 사각형 같은 이 오각형은 나에게 어린 시절 보았던 동네 풍경을 연상시킨다. 케페우스자리를 볼 때면 북극성을 향해 높이 솟은 교회당 앞에서 작은 삽살개 한 마리가 조는 장면이 떠오르곤 하기 때문이다.

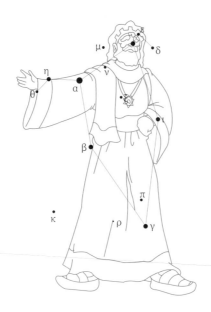

케페우스 왕의 상상도

찾는 법

북쪽 하늘에서 M자 모양의 카시오페이아자리를 찾고 M자의 열린 쪽 방향에서 오각형 모양을 찾으면 된다. M자의 왼쪽 변에 해당하는 카시오페이아자리의 알파α별과 베타β별을 이어서 3배쯤 연장하면 케페우스자리의 오각형과 만난다. 별들은 북극성을 중심으로 반시계 방향으로 움직이므로, 케페우스 왕이 카시오페이아 왕비에 앞서가고 있다고 생각하고 별이 움직이는 방향을 따라 찾을 수도 있다.

  북극성과 카시오페이아자리의 끝 별인 엡실론ε, 그리고 케페우스자리의 α별 알데라민이 정삼각형에 가까운 모양을 이룬다는 사실을 알면 찾기가 편하다. 내 상상 속에서 삽살개였던 세 별이 왕

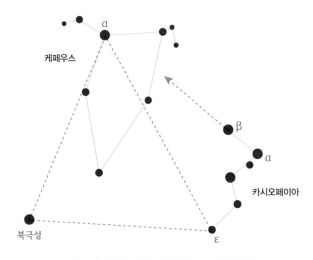

카시오페이아자리를 이용해 케페우스자리 찾는 법

의 머리에 있는 왕관에 해당한다. 그리고 가장 밝은 α별 알데라민 Alderamin(2등성)은 오른쪽 팔을, β별 알피르크Alfirk(3등성)는 왕의 허리를 차지한다. 오각형의 꼭짓점에 해당하는 감마γ별 에르라이(3등성)는 다리에 해당한다.

오각형을 이루는 별자리는 두 개 더 있는데, 봄철의 목동자리와 겨울철의 마차부자리가 그것이다. 케페우스자리까지 포함하여 모두 왕이 된 인물들이다.

케페우스자리를 이루는 별

석류석 별

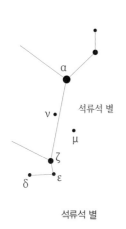

석류석 별

케페우스자리의 α별 알데라민과 제타 ζ별 사이의 중간에서 약간 남쪽을 보면 매우 붉은 뮤μ별이 보인다. 이 별은 하늘에서 맨눈으로 볼 수 있는 별 중 가장 붉어서 가닛 스타Garnet Star(석류석 별)라고 부르기도 한다. 그러나 이 별은 도시 하늘에서 쉽게 관측할 수 있을 정도로 밝지는 않으며, 밝기가 3.4등급에서 5.1등급까지 변하는 변광성이다.

케페이드 변광성

케페우스자리의 델타δ별은 대표적인 케페이드 변광성으로 알려져 있다. 케페이드 변광성은 밝기의 변화 주기가 1일에서 50일 사이이며, 대부분 빠른 속도로 밝아졌다가 천천히 어두워진다는 특징을 지닌다. 케페우스자리 δ별의 변광 주기는 5.37일이며, 밝기의 변화 범위는 3.5등급에서 4.4등급까지이다. 야외에서 며칠 머물면서 매일 밤 밝기 변화를 관찰해보면 변광 주기를 확인할 수 있다. 물론 변화 정도를 정확히 확인하려면 사진을 찍어서 비교해야 한다.

아라비아의 목동자리

아라비아에서는 이 별자리에 속한 왼쪽 부분을 양떼를 몰고 가는 목동의 모습으로 보았다. 가장 밝은 별인 α별 알데라민을 비롯하여 β별과 에타η별이 양의 무리이고, γ별 옆에 자리 잡은 별은 양몰이 개라고 한다. 오각형의 꼭짓점에 자리 잡은 감마γ별의 고유명 에르라이Errai가 '목동'이라는 의미이고, β별의 고유명 알피르크가 '양의 무리'라는 의미이다. 별이 연결되어 만들어지는 모양이 아니라 별들의 배치에서 생겨난 별자리 이름이다.

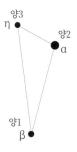

아라비아의 목동자리

전해지는 이야기

에티오피아의 왕 케페우스는 허영심 많은 아내 카시오페이아 때문에 신의 노여움을 샀고, 백성들이 괴물 고래의 습격으로 고통받는 것을 막기 위해 가장 사랑하는 딸마저 희생시킬 수밖에 없었다. 하지만 영웅 페르세우스의 등장으로 모든 불행을 끝내고 결국에는 아내와 딸과 함께 밤하늘의 별자리가 되었다. 자세한 사연은 페르세우스자리 장의 이야기를 참고하기 바란다.

앞서 말했던 것처럼 밤하늘에는 케페우스자리처럼 오각형 모양을 한 별자리들이 몇 개 더 있다. 봄철의 목동자리, 겨울철의 마차부자리가 그것이다. 목동자리는 아르카디아의 왕이 된 아르카스, 마차부자리는 아테네의 네 번째 왕인 에릭토니우스의 별자리이다. 오각형으로 이루어진 별자리를 모두 신화 속의 왕들이 차지하고 있는 것이 우연 같지는 않다. 사실 오각형 모양을 보고 사람을 상상한다는 것도 쉽지 않은 일이다.

오각형은 서양에서 특별한 의미가 있다. 서양 사람들이 생각하는 가장 완벽하고 균형 잡힌 모양이 바로 오각형이다. 그래서 옛사람들은 오각형 형태의 건물이나 문양에는 귀신도 나타나지 못한다고 여기기도 했다. 별을 상징하는 ☆ 모양도 전체적으로는 오각형 속에서 만들어진 것이다. 오각형은 우주의 균형을 뜻하기도 한다.

기린자리

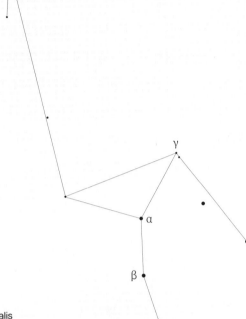

학명	Camelopardalis
약자	Cam
영어명	the Giraffe
위치	적경 5h 40m 적위 +70°
자오선 통과	2월 8일 오후 9시
실제 크기(서열)	756,828평방도(18위)

기린자리의 주요 구성 별

약어	위치	밝기(등급)	색	거리(광년)
αCam	앞발 위	4.3	청백색	약 6,000
βCam	앞발	4.0	노란색	870
γCam	뒷발 위	4.7	흰색	359

초보가 찾기에는 조금 어려운 별자리

기린자리는 17세기 초반에 하늘의 빈 공간을 메우려고 만든 별자리이다. 비교적 최근인 17세기에 만들어졌지만, 처음 만든 사람들이 별들의 선을 정확하게 연결하지 않고 영역만 표시해놓아서 기록마다 별자리를 연결하는 선이 조금씩 다르다. 이 책에서는 여러 성도의 그림 중에서 가장 그럴듯하다고 여겨지는 모습으로 표시하였다. 맑은 하늘에서 기린자리의 별이 모두 보인다면 기린의 모습을 연상하는 것은 그렇게 어렵지 않을 것이다.

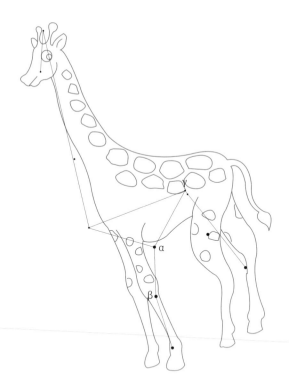

기린의 상상도

찾는 법

추운 겨울날 북동쪽 하늘을 보면 마차부자리의 1등성 카펠라와 이미 M자로 바뀐 카시오페이아자리 이외에는 뚜렷한 별이 없음을 알게 된다. 그러나 이들 사이를 자세히 보면 희미한 별들이 띄엄띄엄 자리를 잡은 것을 발견할 수 있는데, 이 별들이 바로 기린자리이다. 거의 가장 찾기 힘든 별자리라고 할 수 있을 정도다.

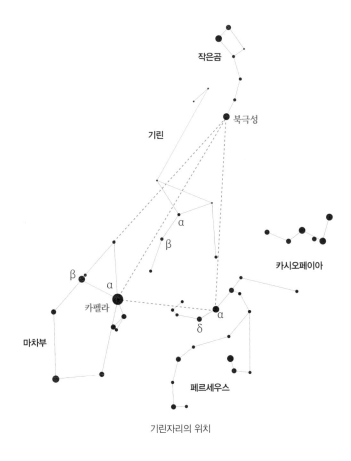

기린자리의 위치

밤하늘에서 기린자리를 찾을 수 있다면 이미 별자리 찾기 고수라 해도 과언이 아니다. 그만큼 이 별자리는 초보자가 찾기 어려우므로, 처음 시도에 실망하지 말고 밤하늘과 친해지면서 천천히 찾아보자. 하늘을 보다 보면 분명 친숙해질 수 있을 것이다.

기린자리를 이루는 별

목이 긴 기린이 고개를 숙이고 아래를 바라보고 있다. 기린자리는 4등성인 알파α별과 5등성인 감마γ별 주위가 몸체를 형성한다. α 아래의 베타β가 앞발이고, γ 아래로 뒷발이 보인다. α 위로는 5등성의 별들로 이루어진 긴 목이 자리 잡았다. 그림만 놓고 보면 정말 그럴듯하다. 많은 사람들이 기린자리가 최근에 만들어진 별자리 중에서 가장 그럴듯하다는 데 동의할 것이다.

그런데 실제로 기린자리는 4등성 이하의 희미한 별로 이루어져 있어 하늘에서 바로 찾기가 어렵다. 따라서 이 별자리는 성도에서 주변 별자리와의 관계를 완전히 익힌 후 찾는 편이 좋다. 기린자리를 찾는 데는 북극성과 북극성에 가장 가까운 1등성인 마차부자리(겨울철 별자리이다)의 알파α별 카펠라가 길잡이가 된다. 카펠라에서 북극성 방향으로 3분의 1쯤 되는 지점에 기린자리에서 가장 밝은 4등성인 β별이 있다. 여기서 조금만 더 북극성 쪽으로 가면 역시 4등성인 α가 보인다. 페르세우스자리의 α별인 미르파크를 찾을 수 있다면 이 별과 북극성, 그리고 카펠라가 만드는 가느다란 삼각형

속에서 기린의 몸체와 다리를 확인할 수 있다.

기린자리에서 가장 알아보기 어려운 부분은 목과 머리인데, 이들은 북극성과 마차부자리 β별 멘카리난을 잇는 연결선 왼쪽에서 찾을 수 있다. 북극성 왼쪽으로 이 연결선과 거의 평행하게 자리 잡은 5등성 두 개가 바로 머리에 해당하는 별이다.

전해지는 이야기

이 별자리는 1612년에 네델란드의 천문학자 **페트뤼스 플란시위스**Petrus Plancius, 1552~1622에 의해서 처음 만들어졌고, 케플러의 사위였던 독일의 유태계 천문학자 **야코프 바르치**Jakob Bartsch, 1600~1633가 1624년에 출간한《천문학에서 성도의 사용Usus astronomicus planisphaerii stellati》에 소개되면서 제대로 알려진다. 그러나 바르치는 이 별자리가 기린이 아니라 낙타라고 하면서 성경 속에서 레베카(기독교의 리브가)를 이삭에게 데려다준 낙타라고 적었다. 기린을 뜻하는 라틴어 '카메로파르달리스Camelopardalis'는 '낙타kamelos, camel'와 '표범pardalis, leopard'의 합성어로 기린이 낙타처럼 목이 길고, 표범처럼 점 무늬가 있어서 붙은 이름이다. 이 이름 때문에 바르치가 기린자리를 낙타로 잘못 해석했다는 주장도 있다. 하지만 이 별자리가 공식적인 별자리로 널리 알려진 것은 1690년에 발표된 **요하네스 헤벨리우스**Johannes Hevelius, 1611~1687의 성도에 포함되면서부터이다. 고대의 별자리가 아니어서 특별히 얽혀 있는 신화나 전설은 없다.

1. 사자자리
2. 목동자리
3. 처녀자리
4. 바다뱀자리
5. 사냥개자리
6. 머리털자리
7. 육분의자리
8. 왕관자리
9. 천칭자리
10. 까마귀자리 ┃ 컵자리
11. 작은사자자리 ┃ 살쾡이자리

그림으로 기억하는 봄철 하늘

북두칠성 국자에서 휘어진 손잡이 곡선을 따라
물이 흘러넘치면 봄비가 내린다. 봄비가 내리는
것을 본 목동과 나물 캐는 처녀는 봄이 오는 것
을 기뻐한다. 목동과 처녀 오른쪽으로 삼각형을
이루는 위치에는 커다란 사자가 사냥감이 될 여
러 동물들을 바라보고 있다.
북쪽 산등성이 쪽에는 작은 사자와 살쾡이가 보
이고, 남쪽으로는 겨울잠에서 깨어 지상으로 올
라온 커다란 뱀이 보인다. 뱀과 처녀 사이에는
까마귀 한 마리가 물컵을 들고 놀고 있다.

2부
봄철의 별자리

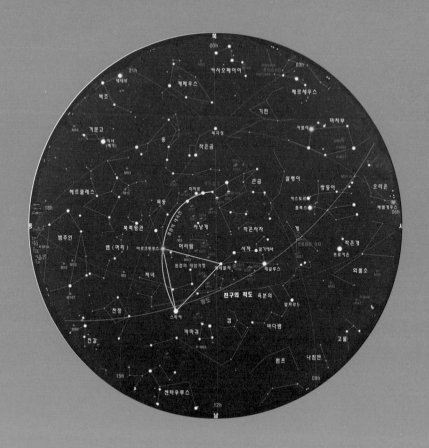

3월 1일 02시 기준
4월 1일 00시 기준
5월 1일 22시 기준

밤에 하늘을 쳐다보면
내가 그 별 중의 하나에서 살고 있고
그 별 중의 하나에서
웃고 있는 것 같을 거야.
밤에 별을 쳐다봐.

-앙투안 드 생텍쥐페리의 소설 《어린왕자》에서

─────── 봄에는 미세먼지와 황사, 안개 때문에 맑은 하늘을 보기가 쉽지 않다. 일 년 중 별을 보기가 가장 힘든 계절이 바로 봄이다. 하지만 추운 겨울 끝에 불어오는 봄바람은 우리를 산으로 들로 불러낸다.

봄 밤하늘의 가장 큰 특징은 우리은하 너머의 먼 우주를 볼 기회를 준다는 것이다. 지구에서 볼 때 봄철 별자리가 모인 하늘 부분은 우리은하의 북극 방향으로, 은하 평면보다 별이 많지 않다. 이곳에는 우리가 볼 수 있는 외부은하의 절반 이상이 모여 있는데, 그중 은하가 조밀하게 모인 지역을 '성운의 집'이라고 부른다. 백 년 전만 하더라도 은하와 성운을 구별하지 못해서 '은하의 집'이란 말 대신 '성운의 집'이라고 불렀다. 우리는 수많은 은하 중 하나인 우리은하 속에 산다. 우주에는 우리은하와 같이 1천억 개 이상의 별을 가진 은하가 1천억 개쯤 있다. 우리는 1천억의 1천억 배에 달하는 수많은 별 중 하나일 뿐인 태양 아래서, 그리고 138억 년이라는 우주의 역사 속에서 1백 년도 못 되는 짧은 순간을 사는 것이다.

봄철 별자리 둘러보기

따스해진 밤공기를 느끼며 움츠린 어깨를 펴면 어느새 밤하늘에는 별이 총총 빛나고 있다. 봄의 밤하늘이 사람들에게 익숙한 것은 북두칠성이 높이 떠 있기 때문이다. 일 년 내내 보이는 북두칠성이 높이 떠서 가장 잘 보이는 계절이 바로 봄철이다. 북두칠성마저 본 적이 없는 독자라면 일단 밤이 올 때까지 기다린 후 북동쪽 하늘에서 올라오는 국자 모양의 일곱 별을 확인한 후에 이 글을 읽기 바란다. 이제부터 북두칠성을 중심으로 펼쳐지는 봄철의 별자리 여행을 함께 떠나보기로 하자.

옛날 우리 선조들은 북두칠성을 하늘의 샘물을 뜨는 국자로 여겼다. 겨우내 지평선 근처에서 하늘 샘물을 담은 국자가 봄철이 되면 북동쪽 하늘로 올라오게 된다. 그들은 이때 국자 손잡이가 땅을 향하면서 국자에 담겨 있던 물이 손잡이를 따라 땅으로 흘러내리므로 봄에 비가 많이 온다고 생각했다. 따라서 북두칠성은 농사의 시작을 알리는 별로 알려졌으며, 밭을 일구는 쟁기로도 여겨졌다.

봄비가 내려 대지에 풀이 돋아나면 목동은 드디어 소와 양떼를 몰고 초원을 누빌 수 있게 된다. 북두칠성의 손잡이를 따라 내려오다 첫 번째로 만나는 밝은 별이 바로 목동자리의 으뜸별인 아르크투루스('곰의 감시인'이라는 뜻이다)이다. 봄비의 혜택을 받는 첫 번째 사람이 목동이라고 생각하면 쉽게 기억할 수 있다. 목동자리의 바로 뒤, 왼쪽에는 반원형으로 보이는 왕관자리가 있다.

북두칠성의 손잡이를 따라 내려오다 두 번째로 만나는 밝은 별은 처녀자리의 으뜸별인 스피카('보리 이삭'이라는 뜻이다)이다. 다소 전형적이지만 봄이 와서 꽃을 보러 산으로 들로 가는 젊은 여성을 떠올려보자. 그리고 이렇게 북두칠성의 휘어진 곡선을 따라 목동자리의 아르크투루스와 처녀자리의 스피카까지 연결된 커다란 하늘의 곡선을 가리켜 '봄철의 대곡선'이라고 부른다.

목동과 처녀의 으뜸별 앞쪽인 서쪽으로 가장 밝게 빛나는 별은 사자자리의 으뜸별이다. 겨울잠을 자고 일어난 동물들이 움직이기 시작하면서 포식자인 사자도 신이 났다고 생각하자. 물론 사자는 아프리카 초원에 서식하기에 사자가 사냥하는 동물들은 계절과 별다른 관련이 없다. 하지만 우리가 바라보는 하늘에서는 사자도 계절이 바뀌는 곳에 사는 동물이 된다. 그리고 북두칠성의 남쪽으로 목동과 처녀자리의 으뜸별(알파α별), 사자자리의 꼬리에 위치한 버금별(베타β별)이 만드는 커다란 삼각형을 '봄철의 대삼각형'이라고 한다. 이 별들은 봄철의 가장 중요한 길잡이별로 널리 알려져 있다.

봄철 지평선 위로 가장 긴 별자리가 보인다. 사자자리 아래로 길게 뻗은 지평선 위에 놓인 별자리, 바로 겨울잠을 자고 나온 동물 중 가장 낮은 곳에서 기어다니는 뱀이다. 밤하늘에는 여러 종류의 뱀이 있다. 그중 봄철에 보이는 뱀은 바다뱀자리이다.

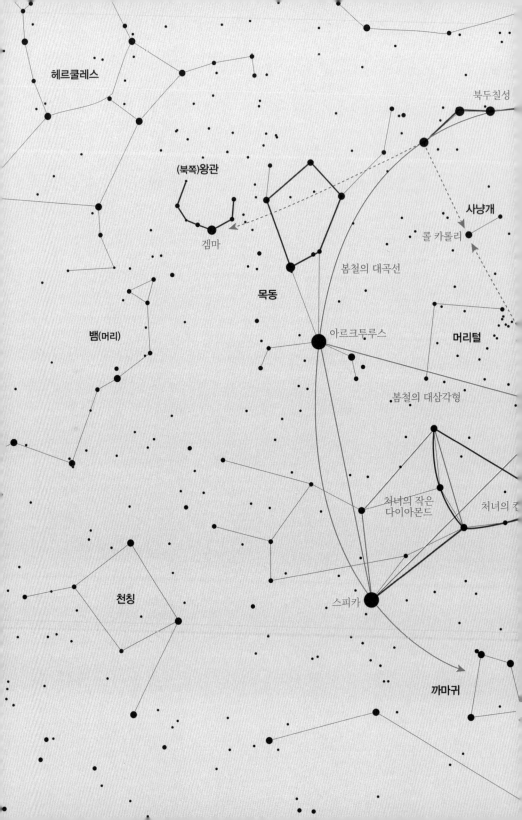

헤르쿨레스

북두칠성

(북쪽)왕관

사냥개

겜마

콜 카롤리

봄철의 대곡선

목동

뱀(머리)

머리털

아르크투루스

봄철의 대삼각형

처녀의 작은
다이아몬드

처녀의 ㄷ

천칭

스피카

까마귀

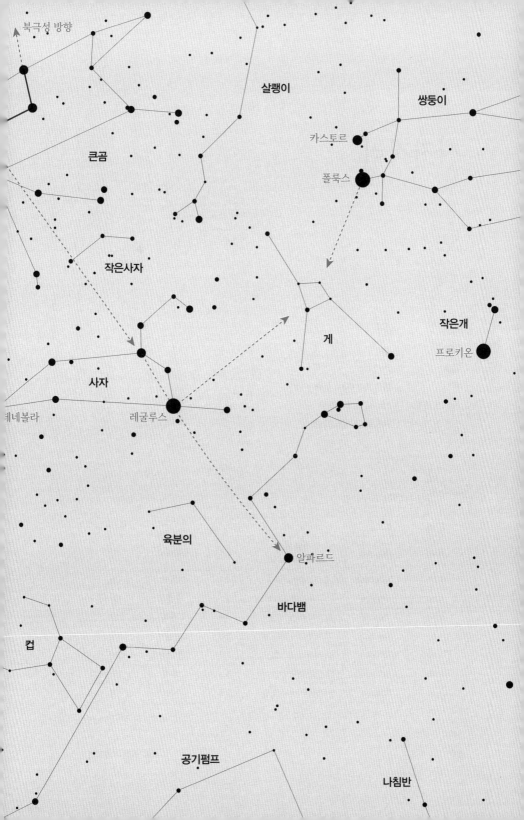

①

사자자리

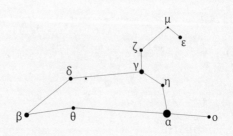

학명	Leo
약자	Leo
영문	the Lion
위치	적경 10h 00m 적위 +15°
자오선 통과	4월 23일 오후 9시
실제 크기(서열)	946.964평방도(12위)

사자자리의 주요 구성 별

약어	고유명	의미(위치)	밝기(등급)	색	거리(광년)
αLeo	Regulus	작은 왕, 왕자(사자의 심장)	1.4	청백색	79
βLeo	Denebola	사자의 꼬리	2.1	흰색	36
γLeo	Algieba	이마(사자의 갈기)	2.1	주황색	130
δLeo	Zosma	허리띠(사자의 엉덩이)	2.6	흰색	58
εLeo	Algenubi	사자머리의 남쪽 별	3.0	노란색	247
ζLeo	Adhafera	사자의 갈기털	3.3	연노란색	274
θLeo	Chertan	작은 갈비뼈(사자의 배)	3.3	흰색	165
μLeo	Rasalas	사자머리의 북쪽 별	3.9	주황색	124

봄 들판에 앉아 쉬고 있는 사자

얼어붙었던 대지가 숨을 쉬기 시작할 무렵 밤하늘도 서서히 봄을 준비한다. 겨우내 펼쳐진 화려한 1등성의 향연이 끝나가고 작고 아기자기한 별이 새순처럼 동쪽 하늘에 보이기 시작한다. 새봄을 알리는 대표적인 별자리는 백수의 왕 사자자리이다. 사자자리는 그냥 보아도 사자를 연상시킬 정도로 아주 잘 만들어진 별자리이다.

봄철의 밤하늘에 사자가 나타나면 하늘은 잠시 대초원을 옮겨놓은 공간 같다. 북쪽 하늘엔 덩치 큰 큰곰자리와 작은곰자리가 기지개를 켜며 봄철의 들판으로 걸어 나오고, 그 바로 옆엔 곰의 포효에 놀란 기린이 어두운 하늘로 몸을 감춘다. 사자자리 위에는 갓 태어난 작은 사자가 귀여운 몸짓으로 어미 사자에게 재롱을 피우고, 그 주위에선 살쾡이가 어슬렁거리며 먹이를 찾는다. 사자자리 아래의 어두운 하늘에는 바다뱀이 보이고, 그 옆에선 까마귀 한 마리가 바다뱀의 몸 위에서 잠시 쉰다. 동쪽 하늘엔 뿔피리를 부는 목동의 모습도 보인다.

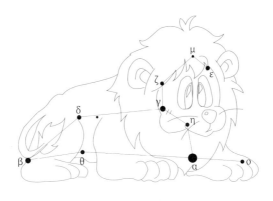

사자의 상상도

찾는 법

이른 봄 동쪽 하늘의 지평선 위로 사자자리의 머리 부분이 보일 무렵 북동쪽 하늘에는 북두칠성이 서서히 그 모습을 갖추어간다. 북두칠성이 높이 뜬 봄철의 밤하늘에서 사자자리 찾기는 그리 어려운 일이 아니다. 북두칠성에서 국자의 손잡이가 시작되는 델타δ별과 감마γ별을 연결하여 계속 나아가면 사자자리의 γ별인 알기에바Algieba를 지나 1등성인 알파α별 **레굴루스**Regulus에 이른다.

  사자의 머리 부분의 낫 모양을 찾으면 뒤에 따라오는 직각삼각형의 꼬리 부분을 찾기는 매우 쉽다. 사자자리 맨 뒤에 있는 베타β별

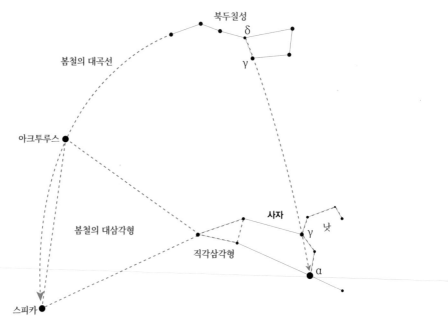

북두칠성을 이용해 사자자리 찾는 법

2부. 봄철의 별자리

데네볼라Denebola(2등성)가 목동자리 α별 아르크투루스, 처녀자리 α 별 스피카와 함께 봄철의 대삼각형으로 알려진 정삼각형을 만든다 는 사실도 알아두면 좋다.

　사자자리를 찾는 또다른 방법도 있다. 봄철 남쪽 하늘에서 물음 표(?)를 뒤집어놓은 것 같은 모양을 찾아보자. 이것은 풀을 베는 낫 과 비슷한 모양을 하고 있어 서양에서는 낫Sickle이라고 부른다. 낫 의 손잡이 왼쪽에서는 땅을 파거나 흙을 정리하는 데 쓰는 곡괭이 도 찾을 수 있다.

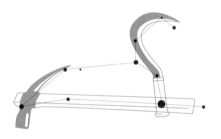

낫과 곡괭이로 사자자리 찾는 법

사자자리를 이루는 별

1등성인 α별 레굴루스에서 에타η(4등성), 감마γ(2등성), 제타ζ(3등 성), 뮤μ(4등성) 별을 거쳐 3등성인 엡실론ε에 이르는 6개의 별이 낫 모양을 만드는데, 이것은 사자의 얼굴과 가슴에 자리 잡은 별들 이다. 사자가 당장이라도 하늘로 날아오를 듯한 모습으로 그려진 성도도 있지만, 실제로 뒷발 부분은 별들이 작아서 눈에 잘 띄지 않는다. β별 데네볼라(2등성)와 3등성 델타δ, 세타θ가 이루는 직각삼각형은 사자의 엉덩이에 해당한다. 낫과 직각삼각형으로 이루어진 사자의 모습이 정말 그럴듯하지 않은가? 조금 아쉬운 것은 사자의 꼬리가 없다는 점이다. 사자자리가 처음 만들어졌을 때는 꼬리가 있었는데, 후에 그 꼬리를 잘라 머리털자리를 만들었기 때문이다.

사자자리 유성우

사자의 갈기에 해당하는 γ별 알기에바는 주황색의 2.3등성과 노란색의 3.5등성으로 이루어진 아름다운 이중성이다. 이 별 부근은 그 유명한 **사자자리 유성우**Leonids의 복사점으로 매년 11월 중순경에 이 별자리를 중심으로 많은 유성을 볼 수 있다. 이 유성우는 약 33년을 주기로 태양 주위를 도는 템펠터틀Tempel-Tuttle 혜성이 모혜성이라고 알려져 있다. 1966년 11월 17일 밤 미국에서 관측된 바에 의하면 매분 약 2,000개의 유성이 떨어졌다고 하니 굉장한 장관이었을 것이다. 1999년에는 기대했던 것만큼의 유성이 떨어지지 않았으나, 그 2년 후인 2001년 11월 18일 새벽에는 한국에서도 시간당 1만 개에 가까운 유성이 떨어지는 장관을 볼 수 있었다. 나는 경기도 덕평에서 이 광경을 지켜보았는데, 그날 하도 소리를 질러서 목이 다 쉬기도 했다. 지구가 혜성 궤도와 만나는 정도에 따라 혜성의 방문 시점에서 일이 닌 후에 유성우의 극대기가 올 수도 있다. 2032년경으로 예상되는 템펠터틀 혜성의 다음 방문 때 직접 확인할 수 있기를 바란다.

레굴루스

레굴루스는 봄철의 밤하늘에 맨 먼저 등장하는 1등성이다. 레굴루스는 라틴어로 '어린 왕' 혹은 '작은 지배자'라는 의미를 지니고 있지만 유프라테스강 유역의 고대 메소포타미아 문명에서 레굴루스는 '붉은 불꽃'이나 '화염'이라는 뜻의 이름으로도 불렸는데, 그 이유는 당시 사람들이 이 별 때문에 여름철 더위가 온다고 믿었기 때문이다.

사람들은 왜 그렇게 믿었을까? 바로 세차운동 때문이다. 지금으로부터 약 5,000년 전 하늘의 북극성은 용자리의 으뜸별 투반이었고 사자자리는 하지 무렵(6월 하순)에 태양이 자리 잡은 겨울 별자리에 속해 있었다. 따라서 황도 바로 위에 자리 잡은 레굴루스 근처에 태양이 오면 여름이 시작되고, 사람들은 태양의 열기에 레굴루스의 별빛이 더해져서 무더위가 시작된다고 믿었던 것이다. 이후 하늘의 북극이 옮겨지고 사자자리가 봄철의 별자리가 되면서 레굴루스가 가졌던 불꽃의 이미지는 큰개자리의 시리우스로 옮겨간다. 지금은 하지 무렵에 태양 근처에서 가장 밝은 별이 시리우스이기 때문이다.

황도 제5궁 사자궁

사자자리는 황도 12궁 중 제5궁인 사자궁獅子宮에 속하는 별자리로, 춘분점을 기준으로 120도에서 150도까지의 황도 영역이 여기에 해당한다. 태양은 2023년을 기준으로 7월 21일부터 8월 22일까지 이 영역을 지나는데, 이 때 태어난 사람들은 사자자리가 탄생 별자리가 된다. 수천 년 전 하지에 태양이 이곳에 이르면 대단히 더워졌기 때문에 백수의 왕 사자가 여기에 놓이게 되었다고도 전해진다. 현재는 세차운동으로 실제 태양이 이 별자리를 지나는 것은 8월 11일부터 9월 16일까지이다.

전해지는 이야기

이집트에서 사자는 태양, 왕과 관계된 동물이었다. 피라미드를 지키는 수호신 스핑크스가 이집트 왕 파라오의 머리에 사자의 몸통을 지니게 된 것도 이집트의 왕들이 사자의 힘을 빌리기 위함이었다. 고대 페르시아에서 사자자리의 으뜸별 레굴루스는 하늘의 수호자로 알려진 네 황제별Four Royal Stars의 우두머리로 여겨졌다. 네 별은 각각 기본 방위 동, 서, 남, 북을 하나씩 차지하며, 레굴루스는 남쪽에 해당한다. 이처럼 레굴루스를 왕의 별로 여겼던 고대의 점성가들은 이 별 아래서 태어난 사람은 명예와 부와 권력을 모두 가지게 된다고 믿었다.

그리스 신화의 이야기는 이러하다. 옛날에 네메아에 떨어진 유성이 변하여 사자가 되었다. 이 사자는 지구에 사는 사자보다 몸집이 훨씬 크고 성질도 포악해서 네메아 사람들에게 많은 고통을 주었다. 이에 에우리스테우스 왕은 헤라클레스에게 사자를 처치할 것을 명령한다. 헤라클레스는 네메아 골짜기에서 활과 창, 방망이 등을 들고 사자와 싸웠지만 그런 무기로는 사자를 무찌를 수 없었다. 결국

2부. 봄철의 별자리

헤라클레스는 무기를 버리고 맨몸으로 사자와 뒤엉켜 생사를 가르는 대 격투를 벌이게 되었다. 싸움은 오래 이어졌으나 끝내 사자는 헤라클레스에게 목이 졸려 죽고 말았다. 헤라클레스는 승리의 대가로 어떤 무기로도 뚫을 수 없는 사자 가죽을 얻었으며, 제우스는 아들 헤라클레스의 승리를 치하하고 그의 영웅적인 행동을 사람들이 영원히 기억하도록 하기 위해 사자를 하늘의 별자리로 만들었다.

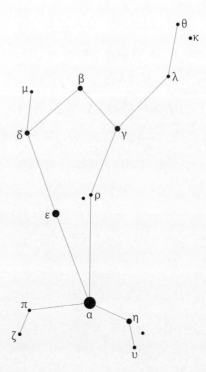

②

목동자리

학명	Bootes
약자	Boo
영문	the Herdsman
위치	적경 14h 35m 적위 +30°
자오선 통과	6월 24일 오후 9시
실제 크기(서열)	906,831평방도(13위)

목동자리의 주요 구성 별

약어	고유명	의미(위치)	밝기(등급)	색	거리(광년)
αBoo	Arcturus	곰의 감시인	−0.1	연노란색	37
βBoo	Nekkar	목동	3.5	노란색	225
γBoo	Seginus	수확하는 사람(왼쪽 어깨)	3.0	흰색	87
εBoo	Izar, Pulcherrima*	짧은 치마, 가장 사랑스러운 사람(허리)	2.4	주황색	236
ηBoo	Muphrid	창기병 중 하나(왼발)	2.7	노란색	37
μBoo	Alkalurops	목동의 지팡이	4.3	연노란색	123

* 19세기 천문학자 프리드리히 폰 슈트루베가 붙인 별명이다.

목동 혹은 곰 사냥꾼

봄철의 밤하늘에는 커다란 도깨비 방망이가 하나 걸려 있는데, 그 것이 바로 목동자리다. 동쪽 하늘 산등성이 위로 북두칠성 손잡이 의 곡선을 따라 올라가다 보면 주황색의 아주 밝은 1등성(정확히는 0등성) 하나가 눈길을 끌 것이다. 이 별이 바로 목동자리의 알파α별 아르크투루스인데, 한국에서 볼 수 있는 별 중에 큰개자리의 시리 우스를 제외하고 가장 밝은 별이다. 아르크투루스와 그 위로 보이는 오각형 모양의 별, 그리고 오각형에서 양쪽으로 연결된 별 몇 개가 목동자리를 이룬다. 별자리 이름은 목동자리지만 성도나 신화에서 는 이 별자리의 주인공을 곰 사냥꾼으로 본다. 오른손에 몽둥이를 들 고 왼손에 가죽 채찍을 쥔 사냥꾼이 바로 이 별자리의 주인공이다.

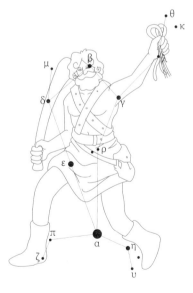

목동의 상상도

찾는 법

오각형이 목동의 상반신에 해당하고 그 옆에서 오른쪽(서쪽)으로 뻗어나간 일련의 별이 가죽 끈을 쥔 왼팔을 나타낸다. 위쪽 오각형과 주변 별을 정확히 확인하자. 이렇게 보면 확실히 목동이 아니라 사냥꾼이지만, 북두칠성을 소 세 마리가 끄는 수레라고 보면 이 별자리를 소를 모는 목동으로 볼 수도 있다. 북두칠성의 손잡이 곡선을 따라 그대로 내려오면 목동자리의 으뜸별 아르크투루스를 만날 수 있다. 아르크투루스는 엄청나게 밝고 주황빛을 띠고 있으므로 쉽게 찾을 수 있을 것이다.

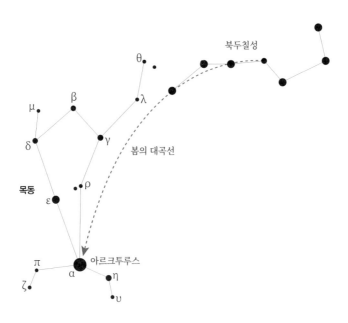

북두칠성을 이용해 목동자리 찾는 법

　　　　　　　　　　　　　　　　　　2부. 봄철의 별자리

목동의 모습을 다르게 보기도 한다. 별을 오른쪽처럼 연결하는 경우다. 이렇게 연결하고 보면 나무 그루터기에 걸터앉아 뿔피리(람다 λ, 세타 θ, 카파 κ가 만드는 삼각형)를 부는 목동이 연상된다. 이 경우 아르크투루스는 목동의 엉덩이 앞부분에 해당하는 별이 된다. 별자리의 이름과 가장 어울리는 모습이다.

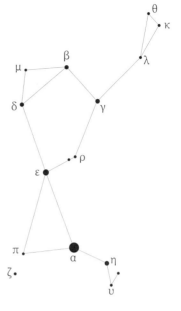

뿔피리는 부는 목동

목동자리를 이루는 별

적색거성 아르크투루스

'곰의 감시인'이란 뜻을 가진 α별 **아르크투루스**Arcturus는 많은 나라에서 계절의 변화를 알리는 중요한 별로 여겨져왔다. 사람들은 이 별이 뜨고 지는 것을 보고 봄이나 가을이 오는 것을 알았다. 이집트에서는 이 별을 나일 신전의 숭배 대상 중 하나인 신전의 별Temple star로 여겼고, 아라비아에서는 '하늘의 수호성'이라고 부르며 신성하게 여겼다. 아메리카 원주민에게 이 별은 흰 매White Hawk로 알려진 위대한 사냥꾼이었다. 한자로는 이 별을 대각성大角星이라고 했으며, 이는 하늘의 임금을 상징했다.

아르크투루스는 적색거성으로, 우리 눈에는 주황색으로 보인다. 색이 붉은 것은 표면 온도가 다른 별보다 낮기 때문이다. 태양과 같은 별은 생애의 마지막이 가까워지면 부풀어 올라 지름이 200배 이상 커지는데, 부피가 커지면 표면 온도가 내려가서 결국 적색거성이 된다. '빨주노초파남보' 순서의 가시광선 중에서 가장 온도가 낮은 빛이 빨간색인 것과 같은 이치다. 즉, 적색거성은 생이 얼마 남지 않은 늙은 별이다. 미래의 어느 날 이 별은 거대한 폭발을 일으키며 초신성으로 변해 사라질 것이다. 물론 아주 먼 훗날의 일이다. 우리의 태양도 먼 미래에는 적색거성으로 변할 것이고, 그때가 되면 지구의 모든 생명체는 다 타서 사라져버릴 것이다. 하지만 그런 일이 일어나려면 앞으로 50억 년은 지나야 할 테니 걱정할 거리는 아니다.

아르크투루스는 고유운동이 큰 별로도 유명하다. 1718년 영국의 왕립 천문학자 **에드먼드 핼리**Edmond Halley, 1656~1742는 이 별의 위치가 옛날 그리스 시대에 관측된 위치와 1도 정도 다른 것을 알아내 처음으로 별의 고유운동을 발견하였다. 현재 이 별은 1년에 2초 정도 움직이는 것으로 밝혀졌다. 물론 이것은 우리가 위치 변화를 느끼기에는 거의 불가능한 정도로 작은 움직임이다.

연처럼 보이는 별들

α별 아르크투루스와 그 위에 보이는 오각형(엡실론ε, 델타δ, 베타β,

감마γ, 로ρ)은 연Kite이라고도 부른다. 동양과 서양에서 모두 연이라는 이름이 붙은 것을 보면 새삼 생각은 다 비슷하구나 싶기도 하다.

늑대의 별

아라비아에서는 목동자리의 오각형을 이루는 별 중 β, γ, δ와 뮤μ를 어미 늑대로, 북두칠성의 손잡이 바로 옆의 별무리를 새끼 늑대라고 여겼다. 고대 그리스에서는 목동자리를 늑대를 모는 사람으로 보았다고도 한다.

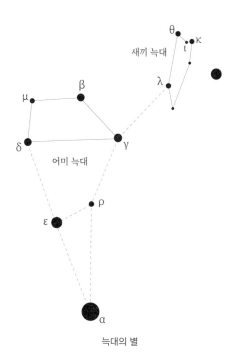

늑대의 별

가장 아름다운 사람으로 여겨진 이중성

아르크투루스의 북쪽에 있는 ε별 이자르Izar(3등성)에게는 '풀체리마 Pulcherrima'라는 별명이 있다. 이것은 이중성 관측 전문가인 **프리드리히 폰 슈트루베**Friedrich von Struve, 1793~1864가 붙인 이름인데, '가장 아름다운 사람'이라는 의미이다. 이 별은 주황색의 2등성과 청백색의 5등성으로 이루어져 있는데 슈트루베에게는 녹색으로 보였던 것 같다. 맨눈으로 구별하기는 어렵고, 작은 쌍안경이나 망원경으로는 충분히 확인할 수 있다.

전해지는 이야기

목동자리의 주인공으로 가장 널리 알려진 사람은 사냥꾼 아르카스이다. 여러 성도에 큰 곰을 쫓는 사냥꾼으로 그려진 인물로, 큰곰자리가 된 칼리스토의 아들이며 이후에 작은곰자리가 된다(자세한 이야기는 큰곰자리 장을 참고하라).

  그런데 아르카스가 등장하는 또다른 버전의 이야기가 있다. 이 이야기는 겨울철 별자리인 마차부자리 전설과 공통점이 있다. 마차부자리의 오각형이 마차를 발명한 에리크토니우스의 별자리이듯, 오각형으로 이루어진 목동자리는 두 마리의 소가 끄는 쟁기를 발명한 아르카스의 별자리라는 것이다(두 별자리의 모양이 모두 오각형으로 비슷해서 이런 이야기가 나온 것이 아닌가 싶다). 이 버전에 따르면 아르카스는 부모님이 돌아가신 후 형에게 재산을 모두 빼앗기고 고생을 하다가 소가 끄는 쟁기를 발명하여 농사일에 새로운 기원을 이룬다. 그가 죽자 농사에 대한 그의 공을 높이 평가한 제우스가 그 쟁기와 더불어 아르카스를 하늘의 별자리로 만들어주었는데, 북두칠성이 그 쟁기에 해당한다.

이 외에 아테네의 왕 이카리우스, 또는 하늘을 떠받치고 있는 아틀라스가 이 별자리의 주인공이라고 하는 사람들도 있다.

처녀자리

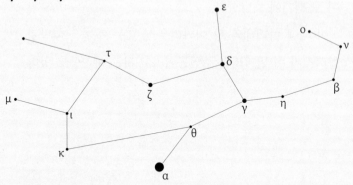

학명	Virgo
약자	Vir
영문	the Virgin, the Maiden
위치	적경 13h 20m 적위 −2°
자오선 통과	6월 5일 오후 9시
실제 크기(서열)	1294.428평방도(2위)

처녀자리의 주요 구성 별

약어	고유명	의미(위치)	밝기(등급)	색	거리(광년)
αVir	Spica	보리 이삭(왼손)	1.0	청백색	250
βVir	Zavijava	짖는 개의 모퉁이(머리)	3.6	연노란색	36
γVir	Porrima	출산과 예언의 여신(가슴)	2.7	연노란색	38
δVir	Minelauva	달 저택(옆구리)	3.3	빨간색	198
εVir	Vindemiatrix	포도 따는 여인(오른손)	2.8	노란색	110
ιVir	Syrma	옷자락(치마)	4.1	연노란색	73

전해지는 이야기가 많은 별자리

대지에 봄내음이 물씬 풍길 무렵 겨울 하늘을 화려하게 장식하던 1등성은 사자의 포효에 놀라 서쪽 하늘 멀리 달아나고, 하늘 중앙엔 밝고 단정한 별들이 찾아온다. 이 무렵 남동쪽 지평선 위를 보면 하얗게 빛나는 밝은 1등성 하나가 특히 주의를 끄는데, 이 별이 바로 처녀자리의 알파α별 스피카이다. 스피카는 위에 늘어선 많은 별들과 함께 사람의 형상을 만드는데, 이것이 바로 처녀자리이다.

처녀자리의 주인공은 인간 여성이 아니라 신이기에 그림에는 날개가 달린 모습으로 그렸다. 이 별자리를 대표하는 1등성 스피카를 여신이 왼손에 든 보리 이삭으로 보고, 그 반대편에 놓인 3등성 엡실론ε을 오른쪽 팔, 사이의 별들을 몸통으로 본다.

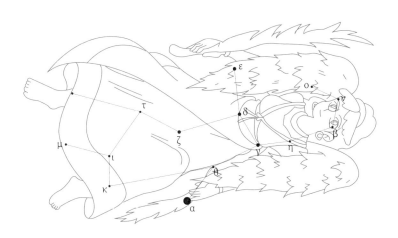

처녀의 상상도

봄철의 길잡이별들

처녀자리를 찾기에 앞서 몇 가지를 먼저 알아두면 좋다. 먼저 길잡이가 되는 별들부터 살펴보자. 북두칠성의 국자 손잡이를 따라 30° 정도 나아가면 주황색으로 빛나는 목동자리의 알파α별 아르크투루스(1등성)에 이르고, 이 곡선을 더욱 펼쳐 나가면 지평선에서 얼마 안 떨어진 곳에서 하얗게 빛나는 처녀자리의 α별 스피카(1등성)와 만난다. 북두칠성의 손잡이에서 아르크투루스를 거쳐 스피카에 이르는 이 커다란 곡선은 **봄철의 대곡선**Great Spring Curve으로 알려져 있는데, 봄철 밤하늘에서 다른 별을 찾는 좋은 기준이 된다.

그리고 또 다른 유용한 길잡이로 **봄철의 대삼각형**Spring Triangle이라는 것이 있는데, 아르크투루스와 스피카, 그리고 사자자리의 β별 데네볼라(2등성)가 만드는, 한 변이 약 35°인 정삼각형이 바로 그것이다. 여기에 사냥개자리의 α별 콜 카롤리(3등성)를 더하면 **봄철의 다이아몬드**Great Diamond나 **처녀의 다이아몬드**Diamond of Virgo로 불리는 유명한 사변형을 이룬다.

찾는 법

동쪽 하늘 지평선 위로 처녀자리가 보일 때쯤이면 이미 봄철의 다른 별이 하늘의 설반 이상을 차지한다. 여기서 처녀자리를 찾으려면 몇 단계를 거쳐야 한다. 먼저 다이아몬드 모양과 칵테일 잔 모양을 찾을 텐데, 왜냐하면 칵테일 잔이 팔과 머리를 이루고 허리에 다

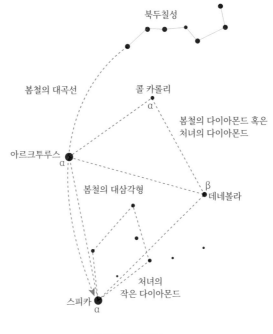

봄철의 길잡이별들

이아몬드가 걸쳐 있다고 생각하면 전체적인 형상을 그리기 쉽기 때문이다.

먼저 봄비의 진원지인 북두칠성의 손잡이를 따라 내려가는 봄철의 대곡선을 이용하여 이 별자리의 으뜸별인 스피카를 찾는 것은 크게 어렵지 않다. 그리고 스피카를 정점으로 작은 다이아몬드 모양을 찾는다. 이것은 1등성인 α별 스피카와 3등성인 감마γ, 엡실론ε, 제타ζ 세 별이 만드는 비스듬한 다이아몬드로, **처녀의 작은 다이아몬드**라고 불리기도 한다.

그다음에는 칵테일 잔을 찾아야 한다. 일반 술잔에 비해 끝이 바

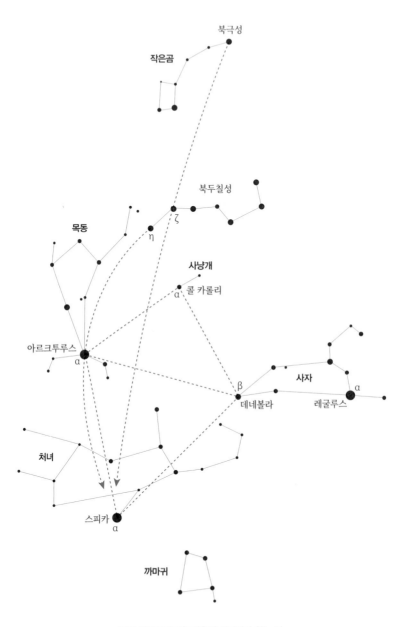

북극성

작은곰

북두칠성

ζ

목동

η

사냥개

α 콜 카롤리

아르크투루스

α

β

사자

데네볼라

레굴루스

α

처녀

스피카

α

까마귀

봄의 길잡이별들을 이용해 처녀자리 찾는 법

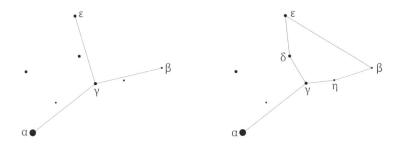

처녀의 Y와 처녀의 컵

깔으로 벌어지고 받침대가 있는 칵테일 잔을 상상해보기 바란다. 처녀의 작은 다이아몬드에서 ζ를 빼고 반대편에 있는 4등성의 β를 넣어 이으면 약간 삐뚤어진 Y자가 되는데, 처녀의 양 팔과 머리를 차지하여 **처녀의 Y**로 불리기도 하는 모양이 나온다. 여기에 델타δ와 에타η까지 더해 부푼 모양을 만들면 드디어 칵테일 잔이 그려지는데, 이는 **처녀의 컵**이라고 불리기도 한다.

처녀자리의 전체적인 모습은 마치 볼링 선수가 막 투구를 시작하는 듯한 모습이다. 그렇게 보면 당연히 으뜸별 스피카가 볼링공이다. 볼링 선수가 투구할 때 볼링공을 든 손이 뒤로 가고 빈 손이 앞으로 나오는 모습을 상상하면 떠올리기 쉽다.

처녀자리를 이루는 별

스피카

하얀 빛을 띠는 α별 **스피카**Spica는 목동자리의 주황빛 별 아르크투루스와 함께 봄철 밤하늘에서 가장 눈에 잘 띄는 별이다. 스피카가 청백색인 것은 표면 온도가 2만 도가 넘는 초고온의 별이어서인데, 실제로 스피카가 내뿜는 빛은 태양의 1만 배 정도에 달한다.

스피카는 '보리 이삭'이라는 뜻이며 처녀의 컵으로 불리는 칵테일 잔의 왼쪽 끝에 있는 별, 즉 처녀의 오른손에 해당하는 3등성 ε별에는 그리스어로 '포도 따는 여인'을 뜻하는 '빈데미아트릭스 Vindemiatrix'라는 이름이 붙어 있다. 전해지는 이야기에 의하면, 해가 뜨기 전에 이 별이 동쪽 하늘에 떠오르면 포도의 계절이 시작되어서 붙은 이름이라고 한다.

동아시아에서 본 처녀자리

처녀자리에는 동아시아 별자리 28수에서 청룡을 상징하는 동방칠수東方七宿 중 첫 번째와 두 번째에 해당하는 각角수와 항亢수가 있다. 청룡의 뿔을 나타내는 각수는 두 별로 이루어져 있으며, α별인 스피카가 좌각성左角星이고 ζ별이 우각성右角星이다. 항수는 청룡의 목에 해당하며 처녀자리의 다리 쪽에 있는 4등성 카파κ와 요타ι, 5등성 람다λ와 피φ의 네 별로 이루어진다.

황도 제6궁 처녀궁

처녀는 황도 12궁 중 제6궁인 처녀궁處女宮으로, 춘분점을 기준으로 황도의 150도에서 180도까지의 영역이 이에 해당한다. 태양은 2023년을 기준으로 8월 23일부터 9월 22일까지 이 영역에 머물며, 이 시기에 태어난 사람들은 처녀자리가 자신의 별자리가 된다. 세차운동으로 처녀궁은 처녀자리의 서쪽으로 자리를 옮겼고, 오늘날 태양은 추분秋分(9월 23일경)을 포함하여 9월 17일부터 10월 30일까지 이 별자리를 지난다.

전해지는 이야기

지하로 납치된 페르세포네

밤하늘에 있는 별자리 중에서 처녀자리만큼 얽힌 이야기가 많은 별자리도 드물다. 여기에서는 그중 널리 알려진 몇 가지만 소개하겠다. 처녀자리의 신화 중 가장 널리 알려진 이야기는 대지의 신 데메테르의 딸 페르세포네에 얽힌 신화이다.

저승의 신 하데스는 지상으로 올라왔다가 페르세포네를 지하세계로 납치해간다. 하데스는 울며 사정하는 페르세포네를 강제로 자신의 아내로 삼았다. 페르세포네는 아무것도 먹거나 마시지 않고 깊은 슬픔의 날들을 보냈고, 딸을 잃은 대지의 여신 데메테르는 큰 비탄에 빠졌다. 대지의 여신이 슬퍼하자 땅은 메말라가고 들에서는 곡식 이삭이 패지 못했다.

신들의 제왕이었던 제우스는 땅이 황폐해가는 것을 더 이상 방관할 수 없었기에 전령의 신 헤르메스를 하데스에게 보내 페르세포네를 돌려보내라고 했다. 하데스는 그 이야기를 듣고, 헤르메스에게 지금 당장은 아니고 시간이 조금 지난 후에 페르세포네를 돌려보내겠다고 약속한다. 그러고는 페르세포네를 달래서 석류 열매 몇 개를 먹게 했다. 지하세계에는 그곳의 음식을 먹으면 지상으로 돌아갈 수 없다는 법칙이 있었기 때문이다. 결국 페르세포네는 석류 열매를 먹은 탓에 지상으로 완전히 돌아오지 못하고 일 년의 절반 동안만 지상에서 머무르고, 나머지 절반은 지하세계에서 지내게 되었다. 그래서 페르세포네는 봄이면 처녀자리가 되어 지하세계에서 나와서 동쪽 하늘로 올라와 6개월을 지내고 내려간다.

이에 따라 계절의 변화가 생겨났는데, 겨울에는 데메테르가 딸을 그리워하며 슬픔에 빠져 있어서 날씨가 추워지고 나뭇잎이 떨어진다. 새봄이 와서 땅속에서 페르세포네가 나타나면 데메테르의 슬픔이 가셔서 땅은 다시 활기를 띠고 나뭇잎과 열매를 맺는다.

정의의 신 아스트라에아

또 다른 그리스 신화가 있는데, 이는 정의의 신 아스트라에아에 관한 것이다. 먼 옛날 지상에는 황금의 시대와 은의 시대가 있었다. 이때 인간은 착하고 성실해서 신들은 땅에 내려와 인간과 함께 살았다. 그러나 세월이 지나 철의 시대가 오면서 인간은 타락하고 부도덕해졌고, 신들은 더 이상 인간과 더불어 살 수 없게 되었다.

그런데도 정의의 여신 아스트라에아는 혼자 땅에 남아 계속 인간에게 평화롭고 정의롭게 살아가는 일을 가르쳤다. 하지만 그런 노력에도 인간은 전쟁을 일으키고, 약육강식의 세계를 만들고, 신은 안중에도 없이 자기 멋대로 설치고 다녔다. 결국 아스트라에아도 더 이상은 땅에 머무를 수 없게 되었다.

아스트라에아는 하늘로 돌아갔지만 결코 인간을 버릴 수 없었다. 그래서 그는 정의를 판단하는 천칭을 든 처녀자리가 되어 사회를 정의롭게 만드는 일을 계속한다. 처녀자리 옆의 천칭자리가 바로 아스트라에아가 든 천칭이다.

마지막으로 이집트 신화에 따르면 처녀자리의 여인은 농사와 수태의 신 이시스이다. 그는 시동생인 괴물 티폰에게 쫓기게 되었다. 이시스는 도망가다가 들고 있던 보리 이삭을 흘렸는데, 그 이삭이 은하수가 되고 이시스는 지금의 처녀자리 위치까지 쫓겨와서 별자리가 되었다는 것이다. 고대 이집트에서는 하지 무렵 내리는 비를 '이시스의 눈물'이라고 불렀으며, 그즈음 나일강변에서 제사를 지내고 강물의 깊이를 재었다고 한다.

④

바다뱀자리

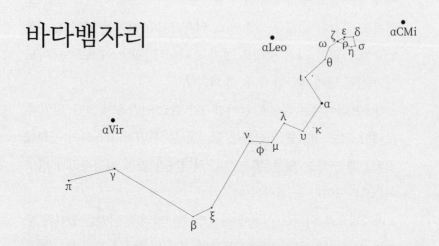

학명	Hydra
약자	Hya
영문	the Sea Serpent, the Water Monster
위치	적경 10h 30m 적위 −20°
자오선 통과	4월 23일 오후 9시
실제 크기(서열)	1302.844평방도(1위)

바다뱀자리의 주요 구성 별

약어	고유명	의미(위치)	밝기(등급)	색	거리(광년)
αHya	Alphard, Cor Hydrae*	외로운 존재, 바다뱀의 심장	2.0	주황색	177
γHya		(꼬리)	3.0	노란색	134
εHya	Ashlesha**	포용(머리)	3.4	노란색	129
ζHya		(머리)	3.1	노란색	167

* 16세기 덴마크의 천문학자 튀코 브라헤가 붙인 별명이다.
** 국제천문연맹에 의해 2018년 승인된 이름으로, 어원은 고대 인도의 산스크리트어이다.

116　　　　　　　　　　　　　　　　　　　　　2부. 봄철의 별자리

봄부터 가을까지 보이는 가장 넓은 별자리

바다뱀자리는 봄철의 남쪽 하늘에 보이는 대단히 긴 별자리이다. 머리는 이미 2월의 초저녁 하늘에 보이기 시작하며, 꼬리는 여름철의 대표적 별자리인 전갈자리 근처에서도 보일 정도다. 성도로 보면 서쪽의 작은개자리에서부터 동쪽의 천칭자리에 이르기까지 거의 100도에 걸쳐 있는데, 이는 보름달의 지름으로 따지면 200개의 보름달이 나란히 놓인 것과 같은 길이다. 얼마나 긴지 가을이 시작될 때까지도 그 모습이 다 사라지지 않는다. 또 면적도 88개 별자리 중 가장 넓은 영역을 차지한다. 서양에서는 물뱀자리로 불리지만 한국에서는 남쪽 하늘에 있는 물뱀자리Hydrus(서양에서는 작은물뱀자리라고 부른다)와 혼동하지 않으려고 바다뱀자리라고 부른다.

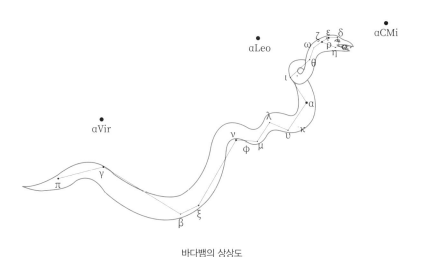

바다뱀의 상상도

찾는 법

바다뱀자리는 워낙 넓은 영역을 차지하고 있기 때문에 그 자리를 찾는 것은 쉽다. 단지 주변의 다른 별과 혼동하지 않고 이 별자리의 별만 찾아내는 것이 좀 어렵다.

바다뱀자리의 정확한 모습을 찾는 데 가장 좋은 길잡이가 되는 별자리는 사자자리이다. 사자자리의 감마γ별과 알파α별을 이어 2배 반 정도 연장하면 바다뱀자리의 α별 **알파르드**Alphard에 이른다. '외로운 존재'라는 뜻의 알파르드는 주황색을 띠고 주위에 밝은 별이 없어 쉽게 확인할 수 있다.

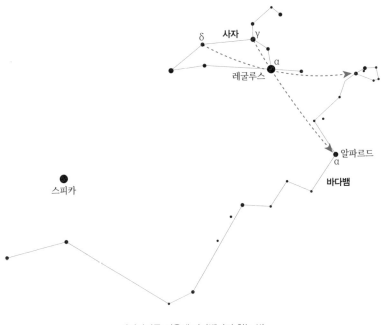

사자자리를 이용해 바다뱀자리 찾는 법

바다뱀의 머리를 이루는 별무리는 사자자리의 델타δ별과 α별을 잇는 선을 거의 같은 길이만큼 연장한 곳에서 찾을 수 있다. 몸체 뒷부분에 있는 컵자리, 까마귀자리와 혼동하지 말아야 한다. 꼬리 부분은 천칭자리 바로 앞까지 뻗어 있다.

바다뱀자리를 이루는 별

2등성에서 4등성까지의 별들이 길게 선을 이루며 지평선 위로 연결된 모습이 보인다. 그 우측의 밝은 1등성은 작은개자리의 α별 프로키온, 윗부분의 1등성은 사자자리의 레굴루스다. 좌측 아래의 또 다른 1등성은 스피카로, 처녀자리의 α별이다.

1등성들 사이에 길게 뻗은 바다뱀자리는 그냥 보더라도 뱀이라는 이름이 가장 적격이라고 여겨지는 별자리이다. 오른쪽 윗부분에 대여섯 개의 3, 4등성이 서로 엉겨 붙은 것처럼 보이는데, 이 부분이 바다뱀의 머리에 해당한다. 그 모습이 마치 작은개자리의 프로키온을 집어삼키려는 듯하다.

알파르드

바다뱀의 머리에서 약간 떨어진 아래에 밝은 2등성 하나가 외롭게 빛나는 것이 보인다. 이 별이 바다뱀자리에서 가장 밝은 α별 알파르드이다. 앞서 말했던 것처럼 이는 '외로운 존재'라는 뜻인데, 이른 봄 남쪽 낮은 하늘에서 홀로 빛나는 것이 유독 눈에 띄어서 이런 이름이 붙었을 것이다.

알파르드는 바다뱀의 심장을 뜻하는 '콜 히드라에Cor Hydrae'라는 이름으로도 불리며, 조선시대에 제작된 천상열차분야지도에는 남쪽 하늘을 지키는 주작朱雀(붉은 봉황)의 심장이라고 기록되어 있다. 아마도 주작 별자리에서 가장 밝은 이 별이 주황색으로 보여서 그런 듯하다.

바다뱀을 주작으로 보았던 동아시아

고대부터 동아시아에서는 지구의 궤도가 천구에 투영된 궤도인 **황도**黃道를 사용하였고, 그 천구의 적도 주변에 있는 별자리 28개를 만들어 이름을 붙였다. 28개의 별자리는 네 방위에 따라 일곱 개씩 묶여 동방에 있는 것은 청룡, 북방은 현무, 서방은 백호, 남방은 주작이라고 여겨졌다. 바다뱀자리는 주작을 상징하는 남방칠수東方七宿 중에서 류柳수와 성星수, 그리고 장張수가 포함된다. 류수는 주작의 부리에 해당하는데, 모두 여덟 개로 바다뱀자리의 머리 부분에 있는 별들(제타ζ, 엡실론ε — 이상 3등성, 에타η, 시그마σ, δ, 로ρ, 오메가ω, 세타θ — 이상 4등성)로 이루어진다. 바다뱀의 머리를 주작의 부리라고 생각하고 보면 정말 그렇게 보인다. 성수는 2등성인 α별 알파르드와 4등성 요타ι, 그리고 5등성 다섯 개를 합쳐 모두 일곱 개로 이루어져 있어 칠성七星이라고도 불리며, 주작의 목과 심장을 나타낸다. 끝으로 장수는 주작의 모이주머니로 여겨지는데, 4등성인 입

동아시아에서는 남쪽 하늘에 주작이 있다고 여겼다.

실론υ을 중심으로 람다λ, 뮤μ를 포함하여 모두 여섯 별로 이루어
진다.

전해지는 이야기

레르나의 물뱀 히드라

바다뱀자리는 그리스 신화의 헤라클레스가 열두 번의 모험 중 두
번째에 물리친, 머리 아홉 달린 괴물 물뱀 히드라Hydra(그리스어로 '물
뱀'이라는 뜻)의 별자리로 알려져 있다. 그 내용은 사자자리에 얽힌
이야기와 비슷하게 전개된다.

　옛날 레르나라는 늪지대에 아홉 개의 머리를 가진 크고 무시무시

한 물뱀 히드라가 살았다. 이 물뱀은 하나의 머리가 잘리면 그곳에 새로운 머리가 둘 생기는 불사의 괴물로, 밤이면 수풀에서 나와 닥치는 대로 사람과 가축을 잡아먹었다. 물뱀 때문에 레르나가 날로 황폐해지자 이 지역을 다스리던 에우리스테우스 왕은 헤라클레스를 시켜 이 물뱀을 처치하게 했다. 커다란 떡갈나무를 뽑아 몽둥이를 만든 헤라클레스는 레르나의 수풀로 들어가서 물뱀과 처절한 싸움을 벌였다. 그는 한 손에 칼을 들고 물뱀의 머리를 자르면서 다른 손으로는 새로운 머리가 나오지 못하도록 불붙은 몽둥이로 자른 곳을 태워나갔다. 30일에 걸친 끈질긴 싸움 끝에 마지막 물뱀의 머리를 바위 밑에 묻을 수 있었다. 싸움이 끝난 후 헤라클레스는 맹독을 가진 물뱀의 피를 그의 화살에 묻혀 사용하였는데, 그러자 누구든 그 화살에 조금만 긁혀도 죽음에 이르게 되었다. 제우스는 아들의 승리를 기념하고자 물뱀을 하늘에 올려 오랫동안 많은 사람들의 기억에 남게 한다. 일설에는 까마귀자리와 연관된 물뱀이 이 별자리가 되었다고도 전해진다.

5

사냥개자리

학명	Canes Venatici
약자	CVn
영문	the Hunting Dogs
위치	적경 13h 00m 적위 +40°
자오선 통과	5월 31일 오후 9시
실제 크기(서열)	465.194평방도(38위)

사냥개자리의 주요 구성 별

약어	고유명	의미(위치)	밝기(등급)	색	거리(광년)
αCVn	Cor Caroli	찰스Charles의 심장	2.9	흰색	100
βCVn	Chara	기쁨(남쪽 개)	4.2	노란색	28

목동 앞에서 곰을 쫓는 사냥개 두 마리

북두칠성의 손잡이 아래로 3등성과 4등성이 보인다. 이 두 별이 우리 눈에 보이는 사냥개자리의 전부이다. 옛사람들은 이 두 별을 보고 어떻게 사냥개를 떠올렸을까? 이해하기 힘든 일이다. 상상도를 보면 두 마리의 사냥개가 그려져 있다. 그런데 좀 이상한 것은 아래쪽 개의 목에 왕관을 쓴 하트가 달려 있다는 것이다. 이에 대해선 이 장 뒷부분에서 밝히겠다.

 사냥개자리는 맨눈으로 확인되는 별이 단 둘뿐인 외롭고 쓸쓸한 별자리이다. 그렇다고 사냥개자리가 사람들의 관심에서 벗어난 별자리인 것은 결코 아니다. 으뜸별의 고유명인 **콜 카롤리**Cor Caroli라는 이름은 17세기의 영국 국왕 찰스 2세의 이름을 따서 붙인 것이기도 하다. 3등성인 이 별에 어떤 사연이 있었던 걸까?

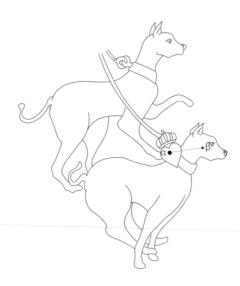

사냥개의 상상도

찾는 법

수많은 별 속에서 3등성 이하의 별을 찾는 것은 밤하늘에 친숙한 사람이 아니고는 매우 힘들다. 물론, 주변이 아주 어두워서 눈에 띄는 별이 거의 없다면 이야기가 달라진다. 별들의 밝기는 상대적으로 느껴지기도 하니까 말이다. 이 별자리의 두 별도 그런 경우에 속해서 도시의 하늘만 아니라면 찾는 것이 크게 어렵지는 않다.

사냥개자리를 찾는 데는 북두칠성이 큰 도움이 된다. 북두칠성의 손잡이 끝별인 알카이드(ηUMa)를 사자자리 엉덩이에 해당하는 데네볼라(βLeo)와 이으면 그 사이의 3분의 1쯤 되는 지점에서 3등성인 이 별자리의 알파α별 콜 카롤리를 찾을 수 있다. 북두칠성의 사발에 놓인 큰곰자리 α별과 감마γ별을 이어 1.5배 정도 연장하면 사

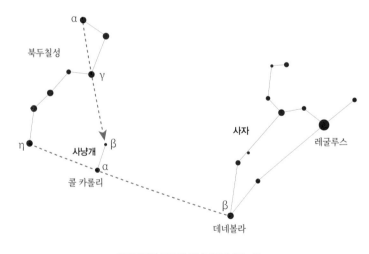

데네볼라를 이용해 사냥개자리 찾는 법

냥개자리의 베타β별 카라Chara(4등성)에 닿는다. 목동 앞에서 곰을 쫓는 두 마리 사냥개로 이 별자리를 기억하면 위치를 찾기 쉬울 것이다.

봄철의 다이아몬드라고 부르는 커다란 사각형을 찾는 것도 이 별자리를 확인하는 좋은 방법이다. 이 별자리의 α별 콜 카롤리는 사자자리의 β별 데네볼라, 목동자리의 α별 아르크투루스, 처녀자리의 α별 스피카와 커다란 다이아몬드 모양으로 연결되는데, 이것이 바로 봄철의 다이아몬드이다.

사냥개자리를 이루는 별

찰스의 심장

사냥개자리는 큰 곰을 쫓는 사냥개 두 마리의 모습으로 그림이 남아 있는데, 위의 북쪽 개에는 아스테리온Asterion(별이 빛남), 아래 남쪽 개에는 카라Chara(귀여운 개)라는 이름이 붙어 있다. 하지만 북쪽 개에는 특별히 보이는 별이 없어 상상의 개 정도로 생각해야 한다. 특이한 것은 앞서 말했듯 남쪽 개 카라의 목걸이에 자리 잡은 3등성의 α별에 심장을 나타내는 하트가 그려져 있다는 점이다.

이 별에 왕관을 쓴 하트가 그려진 것이 그리 오래된 일은 아니다. 1660년 5월 29일, 영국 국왕 찰스 2세가 외국에서의 망명 생활을 마치고 런던으로 돌아왔다. 이날 밤 사냥개자리의 별 하나가 우연히 왕의 행렬 바로 위에서 유난히 빛났고, 이것을 본 왕실 물리학자

찰스 스카버러 경이 이 별에 찰스 왕을 찬양하는 이름을 붙일 것을 제안하였다. 1725년에 이 이야기를 전해들은 왕실 천문학자 에드먼드 핼리는 죽은 찰스 2세에 대한 존경의 뜻에서 이 별에 '찰스의 심장Heart of Charles'(이를 라틴어로 '콜 카롤리Cor Caroli'라 한다)이라는 이름을 붙였고, 사냥개의 목걸이에서 따로 떼어 왕관을 쓴 심장의 모양을 만들었다고 한다(심장은 찰스 왕을 나타낸다).

전해지는 이야기

사냥개자리는 고대부터 있었던 오래된 별자리는 아니다. 언제부턴가 사냥개라는 별자리가 생기고 그 개들이 목동이 데리고 다녔던 사냥개로 알려졌다. 그리고 이전에는, 정확한 모습은 알려져 있지 않지만 앞의 상상도와는 다른 모습이었던 듯하다. 사냥개자리가 현재와 같은 모습이 된 것은 17세기말 폴란드의 천문학자 요하네스 헤벨리우스에 의해서인데, 찰스의 심장 그림이 생겨난 것은 그 후의 일이고 당시 사냥개의 목에는 단순한 목걸이만 걸려 있었다.

⑥

머리털자리

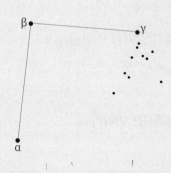

학명 | Coma Berenices
약자 | Com
영어명 | the Hair of Berenice, Berenice's Hair
위치 | 적경 12h 40m 적위 +23°
자오선 통과 | 5월 26일 오후 9시
실제 크기(서열) | 386.475평방도(42위)

머리털자리의 주요 구성 별

약어	위치	밝기(등급)	색	거리(광년)
αCom	머리털의 남쪽	4.3	연노란색	58

128　　　　　　　　　　　　　　　　2부. 봄철의 별자리

안개처럼 빛나는 별들이 있는 별자리

봄철의 밤하늘에 사자자리의 뒤를 이어 ㄱ자 모양의 어두운 별자리가 나타난다. 낫 놓고 ㄱ자를 모르는 사람은 거의 없겠지만 밤하늘의 머리털자리를 모르는 사람은 많을 것이다. 이 별자리는 모두 4등성 이하의 어두운 별로 이루어져 있어 도시에서는 별 하나도 알아보기 힘들지만, 빛이 없는 곳에서는 안개가 낀 것 같이 은근하게 빛나는 많은 별들을 머리털자리 부근에서 발견할 수 있다. 쌍안경으로 보면 이런 느낌이 배가된다.

고대에 사자자리의 꼬리로 취급된 이 별자리는 현존하는 별자리 중에서 유일하게 공식적으로 실존 인물의 이름이 붙어 있다. 이 별자리의 정식 명칭은 '베레니케의 머리털자리Coma Berenices'이지만 한국에선 줄여서 머리털자리라고 부른다.

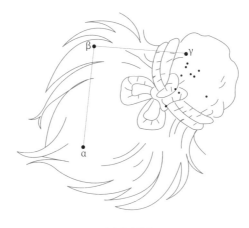

머리털의 상상도

찾는 법

기원전에 만들어진 별자리라고는 하지만 그래도 머리털자리라고 한 건 너무했다 싶기도 하다. 앞의 상상도는 성도가 초기에 그려질 때 이름에 맞게 별자리 위에 그려진 모습이다. 이처럼 별자리 중에는 성도의 그림과 어울리지 않는 모양을 한 것들이 있다. 그런 별자리는 대부분 만들어진 지 얼마 되지 않았거나 특별한 기원이 있는 별자리이다.

어두운 별이 특별한 모양도 없이 불규칙하게 흩어져 있어서 이 별자리를 찾는 것은 상당히 까다롭다. 찾는 지침이 되는 것은 봄철의 다이아몬드로 알려진, 사변형을 이루는 별들이다. 머리털자리의 별 대부분이 이 사변형의 위쪽 삼각형에 모여 있다. 잘 살펴보면 흩어진 별들 중에서도 조금 더 밝은 4등성 세 개가 직각자 모양으로 있는 것을 발견할 수 있을 것이다. 이 직각자가 거의 유일한 단서이다.

이 별자리를 찾는 가장 좋은 방법은 사냥개자리의 알파α별 콜 카롤리와 사자자리의 베타β별 데네볼라를 이은 선의 중앙에서 감마γ별(4.6등성)을 찾는 것이다. γ별 주변에는 작은 별이 모인 성단이 있어 맑은 하늘이라면 이 별을 확인하기는 그리 어렵지 않다.

사냥개자리를 찾지 못했다면 사자자리의 α별 레굴루스와 사자 엉덩이에 있는 델타δ별을 같은 길이만큼 연장한 곳에서 머리털자리의 γ별을 찾는 것도 좋은 방법이다. 머리털자리를 사자 꼬리로 만든 가발이라고 기억하면 그 자리를 알아내기가 한결 쉬울 것이다.

그리고 γ별의 왼쪽에 있는 β별과 그 아래(남쪽)에 자리 잡은 α별

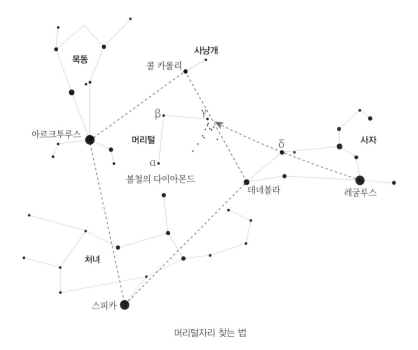

머리털자리 찾는 법

을 찾으면 된다. 다만 α별 아래쪽에 있는 3등성이 처녀자리 별이라
는 점을 주의하자.

머리털자리를 이루는 별

은하의 북극

머리털자리의 β별과 γ별의 중간지점(적경 12h 51m 26.282s, 적위
+27°07′42.01″ J2000 기준)이 우리은하의 북극이다. 이 때문에 머리털
자리가 높이 떠오르면 은하의 북극과 수직으로 놓인 은하수를 볼

수 없다.

성운의 집

머리털자리에서 처녀자리 북쪽에 이르는 지역을 '성운의 집'이라고 한다. 이곳에는 수천 개 이상의 은하가 모여 있어서, 마치 은하의 집합소 같은 느낌을 준다. 20세기 초에 외부 은하가 발견되기 전까지는 은하와 성운을 구별하지 못해서 '은하의 집' 대신 '성운의 집field of nebula'이라는 이름이 붙었고, 지금도 그 이름을 그대로 쓴다.

머리털자리 산개성단

머리털자리의 γ별 주위에는 맨눈으로도 확인할 수 있는 거대한 **산개성단**散開星團이 있다. 이 산개성단은 머리털자리 산개성단이라고 불리는 잘 알려진 성단이지만, 흔히 알려진 NGC 목록이나 메시에 목록에는 나와 있지 않다. 이 성단은 **멜로테**Melotte라는 목록에 'Mel 111'로 기재되어 있어서 '멜로테 111번 성단'이라고도 부른다.

전해지는 이야기

아프로디테에게 바친 머리카락

이 별자리에는 이집트 역사와 관련된 재미난 이야기가 전해져온다.

기원전 3세기경 이집트의 왕 프톨레마이오스 3세가 시리아를 정복하기 위해 원정길에 오르게 되었다. 왕비 베레니케 2세는 제피리움에 있는 아프로디테의 신전에서 남편의 안전과 승리를 빌면서, 남편이 무사히 돌아오면 그 대가로 자신의 아름다운 머리카락을 잘라 신의 제단에 바칠 것을 맹세하였다. 왕이 싸움에 이기고 무사히 돌아오고 있다는 소식을 들은 베레니케는 맹세를 지키고자 머리카락을 아프로디테 신전에 바쳤다.

그런데 왕이 돌아와 살펴보니 머리카락이 사라져 있었다. 아내의 아름다운 머리카락이 없어진 데 화가 난 프톨레마이오스는 신전의 사제를 벌하려 했다. 이때 궁정 천문학자인 코논이라는 사람이 나와 왕비의 머리카락이 너무 아름다워 아프로디테가 모든 사람이 지켜볼 수 있도록 그것을 하늘에 걸어두었다고 말했다. 그때 마침 하늘에서는 엉킨 그물 같은 작은 별들이 왕비의 머리처럼 반짝이고 있었다. 왕과 왕비는 아프로디테가 그녀의 머리카락에 경탄하였다는 사실에 몹시 기뻐하여 신전의 사제와 코논에게 후하게 상을 주었다. 코논의 재치가 왕과 왕비를 기쁘게 하고 무고한 사람을 살린 것이다(그러나 그 사건이 있은 후로 사자는 꼬리를 잃고, 꼬리는 베레니케의 머리털자리라고 불리게 된다).

아리아드네의 머리털?

별자리의 형상이 다소 불명확해서인지 이 별자리는 인정받기까지 우여곡절도 많았다. 이 별자리에 머리털자리라는 이름을 처음 붙인 것은 그리스의 천문학자 **에라토스테네스**Eratosthenes, B.C. 276~B.C. 196이다. 그는 '아리아드네의 왕관'(왕관자리)을 이야기하면서 이 별자리를 '아리아드네의 머리털'로 언급하였다. 아마도 공식적으로 정리되기 전에는 머리털의 주인으로 아리아드네와 베레니케가 둘 다 이야기되었던 것으로 보인다. 고대의 별자리를 정리한 프톨레마이오스는 '베레니케의 머리털'에 대해 이야기하기는 했지만 48개의 고대 별자리에는 포함시키지 않았고, 그래서 한동안 정식 별자리로 인정받지 못했다. 그 이후 1,500년 가까이 정확한 이름 없이 사자자리의 꼬리나 처녀자리의 일부로 여겨지다가 1602년 튀코 브라헤가 '베레니케의 머리털자리'로 정리하였다.

7

육분의자리

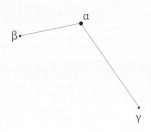

학명	Sextans
약자	Sex
영어명	the Sextant
위치	적경 10h 10m 적위 −1°
자오선 통과	4월 18일 오후 9시
실제 크기(서열)	313.515평방도(47위)

육분의자리의 주요 구성 별

약어	위치	밝기(등급)	색	거리(광년)
αSex	눈금 막대	4.5	흰색	280
βSex	눈금자	5.1	청백색	364
γSex	틀	5.1	흰색	280

별자리가 된 고도 측정 장비

사자자리와 바다뱀자리 사이의 좁은 공간을 차지하는 육분의자리
는 그 이름만큼이나 잘 알려지지 않은 별자리이다. 육분의는 수평
선 위에 있는 별의 고도를 측정하는 장비로, 천문학자나 선원들이
주로 사용한다. 17세기 말에 만들어진 육분의자리는 중세 이후에
만들어진 대부분의 별자리처럼 별들의 모양과는 전혀 무관하게, 하
늘의 빈 공간을 채우려고 만들어졌다. 이 별자리는 어두운 별들로
이루어져 있어 어지간해서는 찾아보기 어렵다.

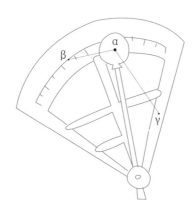

육분의의 상상도

찾는 법

육분의자리는 사자자리의 α별 레굴루스(1등성)와 바다뱀자리 α별
알파르드(2등성) 중간에 자리 잡은 작은 별자리이다. 이 별자리는 길

게 늘어진 바다뱀자리의 별들과 비슷한 위치에 있어서 찾기가 무척 어렵다.

이 별자리를 찾는 방법은 사자자리와 바다뱀자리의 두 α별을 이은 선 중앙에서 왼쪽으로 약간 떨어진 곳(약 7~8도 떨어진 곳)에서 4등성을 중심으로 두 개의 5등성이 만드는 작은 삼각형을 찾는 것이다.

또 다른 방법으로는 사자자리의 낫 손잡이에 해당하는 에타η별과 α별을 이어 2배 정도 연장한 곳에서 삼각형의 한 꼭짓점에 해당하는 육분의자리 α별을 찾아도 된다.

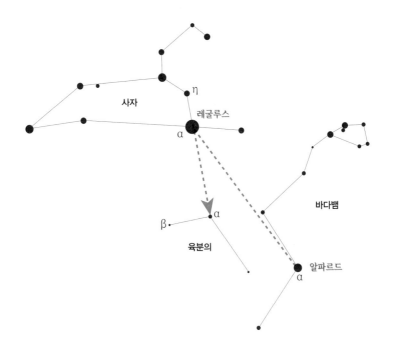

사자자리와 바다뱀자리를 이용해 육분의자리 찾는 법

물론 육분의자리의 위치를 확인하더라도 주변의 별과 구별해서 이 별자리의 별만 알아내려면 숙달 기간이 꽤 필요하다.

육분의자리를 이루는 별

육분의자리는 알파α, 베타β, 감마γ 세 별이 작은 삼각형을 만드는 것이 전부다. 그러나 세 별 모두 4~5등성 정도로 어두워서, 실제 밤하늘에서 이 별을 다른 별과 구별하여 모양을 찾기는 매우 힘들다.

전해지는 이야기

헤벨리우스가 태워버린 육분의

육분의자리는 폴란드의 천문학자 헤벨리우스에 의해 만들어진 별자리로, 그가 죽은 후 1690년에 발간된 책을 통해 널리 알려졌다. 특별한 신화나 전설은 없지만 헤벨리우스가 이 별자리를 만들게 된 계기와 관련된 재미있는 일화가 전해진다.

1679년 9월 어느 날, 집에서 연구에 몰두하던 천문학자 헤벨리우스는 한순간의 부주의로 자기 집에 불을 내게 된다. 그는 급한 대로 불 속에서 중요한 것을 꺼냈지만, 결국 지난 20년간 사용해온 소중한 육분의를 태워버리고 말았다. 육분의는 천문학자들에게는 없어서는 안 되는 물건이다. 헤벨리우스는 이 사건을 불의 신 불칸(그리스 신화의 헤파이스토스)이 천문의 신 우라니아를 정복하여 생긴 일이라고 표현하였다.

이 사건이 있은 후, 헤벨리우스는 불같은 성격을 가진 사자와 바다뱀 사이에 육분의자리를 만들어 별자리를 볼 때마다 지난날의 실수를 반성하고 경각심을 일깨웠다고 한다. 스스로가 부주의하다고 생각하는 독자라면 이 별자리를 볼 때 색다른 감상이 일 수도 있겠다. 하지만 밤하늘에서 이 별자리를 찾을 수 있을 정도의 사람이라면 상당한 주의력이 있는 사람이다. 기죽지 말고 힘내시길!

왕관자리

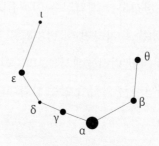

학명		Corona Borealis
약자		CrB
영문		the Nothern Crown
위치		적경 15h 40m 적위 +30°
자오선 통과		7월 11일 오후 9시
실제 크기(서열)		178,710평방도(73위)

⟨ 왕관자리의 주요 구성 별 ⟩

약어	고유명	의미(위치)	밝기(등급)	색	거리(광년)
αCrB	Gemma*, Alphecca**	진주, 깨진 그릇의 빛나는 부분	2.2	흰색	75

* 아마추어 천문가들 사이에서 가장 많이 불리는 이름이다.

** 고대부터 있었던 아랍어 이름으로, 국제천문연맹에 의해 2016년 공식 이름으로 승인되었다.

그릇, 동굴, 화환 혹은 왕관

작고 눈에 잘 띄지 않아 더 특별한 별자리들이 있다. 북두칠성에서 시작되는 봄철의 대곡선이 처음으로 만나는 목동자리 왼쪽에 자리한, 반원형의 작은 별자리인 왕관자리가 대표적인 예다. 커다란 별자리 틈에 끼어 있지만 독특한 모양과 아름다움 때문에 오히려 주변의 별자리들보다도 유명한 별자리다. 고유명의 의미는 '북쪽왕관 Corona Borealis'이지만 한국에서는 왕관자리라고 부른다. 궁수자리 남쪽에 있는 남쪽왕관자리Corona Australis와 혼동하지 말자.

별 일곱 개가 반원형으로 모여 있으니 왕관자리라는 이름이 쉽게 납득이 된다. 그런데 이 별자리는 독특한 모양 때문에 여러 나라에서 각기 다른 이름으로 불렀다. 고대의 아라비아와 페르시아에서는 이를 불완전한 원으로 보고 '깨진 그릇', '거지 밥그릇' 같은 이름으로 불렀다. 또 이 별자리는 오스트레일리아 원주민에게는 '부메랑'으로, 아메리카 원주민에게는 '곰의 동굴'로 여겨졌다. 아메리카 원주민들은 큰곰자리의 곰이 겨울잠을 자고 봄이 되면 이 동굴에서

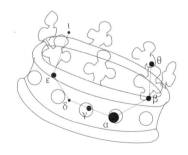

왕관의 상상도

뛰쳐나간다고 여겼다. 이 외에도 '화환의 고리', '눈동자의 선' 등 원과 반원으로 이루어진 많은 것들의 이름이 붙었다.

한국에서는 이 별들을 말굽으로 보아서 말굽칠성으로 부르기도 했고, 죄인을 가두는 감옥으로 여기기도 했다. 천상열차분야지도에는 엽전을 꿰는 줄을 뜻하는 '관삭 貫索'이라는 이름이 붙어 있다. 각자 이 별자리에 자기만의 이름을 붙여보자.

찾는 법

왕관자리는 잘 알려져 있지만 크기가 작고 어두운 별로 이루어져 있어 찾는 데는 약간의 어려움이 있다. 이 별자리를 찾을 때 가장 좋은 길잡이가 되는 별자리는 목동자리이다. 먼저 목동자리의 알파α별 아르크투루스(1등성)와 감마γ별 세기누스(3등성)를 연결하고, 이 선을 한 변으로 하는 정삼각형의 다른 꼭짓점을 왼쪽에서 찾으면 왕관자리의 α별 겜마를 발견할 수 있다. 이때 정삼각형 중앙에 목동자리 오각형의 맨 아래에 해당하는 엡실론ε별 이자르(2등성)가 오는데, 이 별과 더불어 만들어지는 Y자 역시 왕관자리를 찾는 좋은 기준이 된다.

이 외에 북두칠성의 손잡이 끝별 알카이드(ηUMa)와 목동자리의 γ별 세기누스를 이어서 연장시켜도 왕관자리의 α별 겜마를 발견할 수 있다.

(북쪽)왕관

α

알페카

ε

목동

γ

η

ζ

북두칠성

아르크투루스

α

목동자리 혹은 북두칠성을 이용해 왕관자리 찾는 법

왕관자리를 이루는 별

이 별자리의 α별 겜마Gemma의 본래 이름은 알페카Alphecca로, 사기
그릇의 깨진 부분을 가리키는 말이다. 이 별자리가 완전한 원이 아
니어서 붙은 이름이다. 별 이름은 대부분 아라비아어에 기원을 두
는데, 고대 아라비아에서는 이 별자리를 거지들이 들고 다니는 깨
진 그릇으로 보았다. 알페카는 왕관자리에 붙이기에는 어울리지 않
는 이름이어서 후에 진주나 보석을 뜻하는 '겜마'가 이를 대신하게
되었다. 하지만 2016년 국제천문연맹은 겜마 대신 알페카를 공식

이름으로 확정하였다.

전해지는 이야기

왕관자리는 술의 신 디오니소스가 크레타섬의 공주 아리아드네와 결혼할 때 선물한 일곱 개의 보석이 박힌 금관이라고 전해진다. 자세한 이야기는 다음과 같다.

크레타섬의 왕 미노스에게는 아리아드네라는 아름다운 딸이 있었다. 그녀는 어린 시절의 대부분을 괴물 미노타우로스를 돌보는 일에 보내야 했다. 사람의 몸에 소의 머리를 가진 사나운 괴물 미노타우로스는 다이달로스가 만든 미로 속에 갇혀 있었는데, 라비린토스Labyrinthos라는 이 미로는 한번 갇히면 누구도 혼자 힘으로 빠져나올 수 없었다. 크레타는 미노타우로스를 먹이기 위해 아테네로부터 매년 소년과 소녀를 일곱 명씩 조공으로 받았다.

아테네의 왕자 테세우스는 미노타우로스로부터 국민을 구하려고 조공으로 바치는 소년 틈에 끼어 크레타로 들어갔다. 첫눈에 테세우스를 보고 사랑에 빠진 아리아드네는 그의 몸에 실을 묶어주고 미노타우로스를 없앨 방법까지 알려주었다. 미노타우로스를 죽인 테세우스는 아리아드네가 묶어준 실을 따라 무사히 미로에서 빠져나올 수 있었다.

테세우스는 아리아드네와 결혼을 약속하고 함께 크레타섬을 떠나, 낙소스섬에서 하룻밤을 머물게 되었다. 그런데 그날 테세우스의 꿈에 아테나가 나타나 잠든 아리아드네를 남겨두고 떠나라고 한다. 테세우스는 그 명령을 따른다.

아리아드네가 잠에서 깨어나 자신의 운명을 한탄하고 울고 있을 때, 낙소스섬에 자주 머물던 술의 신 디오니소스가 나타나 그녀를 위로해주었다. 그리고 아리아드네의 아름다운 모습에 반한 디오니소스는 그녀를 아내로 삼고, 결혼 선물로 일곱 개의 보석이 박힌 금관을 주었다. 나중에 아리아드네가 늙어서 죽게 되었을 때 디오니소스는 그녀에 대한 사랑을 영원히 간직하고자 이 금관을 하늘에 올려 별자리로 만들었다고 한다.

천칭자리

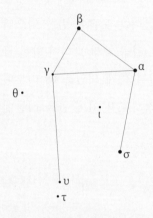 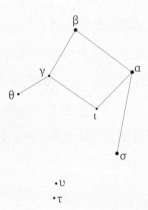

학명	Libra
약자	Lib
영문	the Balance, the Scale
위치	적경 15h 10m 적위 −14°
자오선 통과	7월 4일 오후 9시
실제 크기(서열)	538,052평방도(29위)

천칭자리의 주요 구성 별

약어	고유명	의미(위치)	밝기(등급)	색	거리(광년)
αLib	Zubenelgenubi	남쪽의 집게발 (천칭의 오른쪽)	2.9	흰색	76
βLib	Zubeneshamali	북쪽의 집게발 (천칭의 왼쪽)	2.6	청백색	185

정의를 위한 저울의 별자리

여름철이 가까워지면서 봄철의 별자리들은 하늘 중앙을 내주고 하나둘 서쪽 지평선 아래로 떠날 채비를 한다. 이 무렵 남쪽 지평선 위를 보면 그리 높지 않은 곳에서 봄과 여름철의 갈림길에 선 작은 별자리를 하나 만나게 된다. 황도 12궁 중 일곱 번째에 해당하는 천칭자리가 바로 그것인데, 원래 이것은 전갈자리에 포함되어 있었다. 천칭자리는 별로 눈에 띄는 별자리는 아니지만 황도 위에 있는 바람에 제법 널리 알려졌다.

오른쪽에 있는 세 3등성이 조금 눈에 띨 뿐 특별히 관심을 갖게 하는 별은 보이지 않는다. 이 세 별과 그 왼쪽에 보이는 4등성이 천칭자리의 주요 구성원이다. 그렇지만 특별히 천칭의 모습이 상상될 정도로 그럴듯한 별자리는 아니므로 아래 상상도를 보고 기억하자.

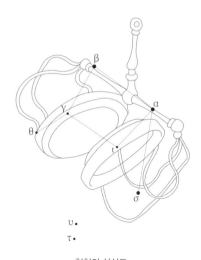

천칭의 상상도

이 그림은 1825년 출간된 《우라니아의 거울Urania's Mirror》을 참고하여 그린 것이다.

천칭이라는 이름은 단순히 옆에 놓인 처녀자리를 정의의 여신 아스트라에아로 본 데서 기인한다. 실제로 밤하늘에서 이 별자리를 바라보면 원래 그랬던 것처럼 전갈자리의 두 집게발 같다는 생각이 더 든다. 황도 위의 별자리를 12개로 만들기 위해 전갈자리를 나눠서 천칭자리로 독립시켰다고 하는데, 그래서인지 모양은 조금 어색하다.

찾는 법

천칭자리는 봄철의 대표적인 별자리인 처녀자리와 여름철의 전갈자리 사이에 놓인 별자리이다. 알파α별을 중심으로 긴 삼각형으로 놓인 베타β별과 시그마σ별을 천칭의 저울대로 생각하는 것이 오히려 이 별자리를 천칭으로 기억하는 데 도움이 될 것이다.

천칭자리를 찾으려면 북두칠성의 맨 마지막에 놓인 에타η별 알카이드를 목동자리의 α별에 연결시켜 1.5배 정도 남쪽으로 연장하면 된다. 전갈자리가 보이는 여름이면 천칭자리를 찾기는 더욱 쉬워진다. 전갈자리의 붉은 1등성 안타레스(αSco)와 전갈의 머리에 해당하는 δ별을 이어 두 배 정도 뻗으면 천칭자리의 α별 주벤엘게누비에 이른다. 그러나 이 무렵이면 전갈자리와 처녀자리 사이의 빈 공간에 3등성으로 된 천칭자리의 α, β 두 별이 나란히 놓인 모습

2부. 봄철의 별자리

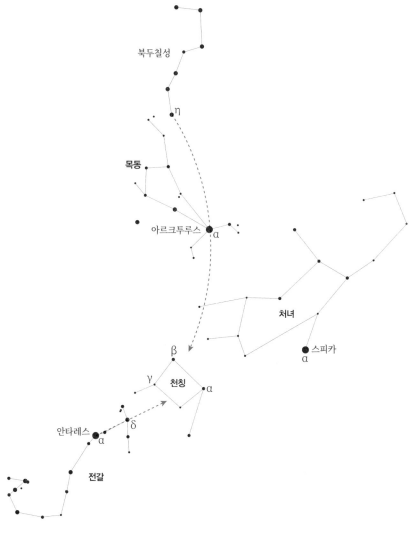

북두칠성

목동

아르크투루스 α

η

β

γ 천칭

α

δ

안타레스 α

전갈

처녀

스피카
α

천칭자리 찾는 법

이 쉽게 눈에 띄어서 천칭자리를 찾는 데는 큰 무리가 없다.

전갈의 집게발을 잘라 만든 저울로 이 별자리를 기억하는 것이 좋은데, 다만 이 별자리의 별을 왼쪽의 전갈자리 별과 혼동하지 않도록 주의해야 한다.

천칭자리를 이루는 별

천칭자리는 원래 전갈자리에 포함되어 있었다. 천칭자리의 그리스 이름이 '전갈의 집게발'이라는 뜻의 '케라에Chelae'인 것도 이런 이유에서이다. α별 주벤엘게누비Zubenelgenubi는 '남쪽의 집게발'을, β별 주벤에샤마리Zubeneshamali는 '북쪽의 집게발'을 뜻한다. 이 두 별은 모두 3등성이다. 주벤에샤마리는 밤하늘의 수많은 별 중에서 맨눈으로 볼 수 있는 유일한 녹색 별이라고 알려져 있지만, 실제로는 청백색 별이다. 초록빛을 내는 별은 없다. 하지만 특정한 조건에서 붉은빛이 초록빛으로 보이는 착시 현상이 일어나기도 한다. 별은 지평선에 가까울수록 붉은색 기운이 많아지는데, 그때 이 별이 녹색으로 보였을 수도 있다.

천칭자리에는 동아시아의 황도 별자리 28수 중 청룡을 상징하는 동방칠수東方七宿의 저氐수가 속해 있다. 하늘의 바닥을 뜻하는 저수는 청룡의 가슴에 해당하는데, 3등성 α, β와 4등성 요타 ι, 감마 γ 네 개로 이루어진다.

황도 제7궁 천칭궁

천칭은 황도 12궁 중 제7궁인 천칭궁天秤宮으로, 춘분점을 기준으로 황도의 180도부터 210도 사이의 영역이 이에 해당한다. 태양은 2023년을 기준으로 9월 23일부터 10월 23일까지 이 영역에 머물며, 이 시기에 태어난 사람들은 천칭자리가 자신의 별자리가 된다. 세차운동으로 천칭궁은 천칭자리의 서쪽으로 자리를 옮겼고, 오늘날 태양은 10월 31일부터 11월 22일까지 이 별자리를 지난다.

전해지는 이야기

천칭자리는 고대 이집트와 메소포타미아 시대에도 저울의 별자리로 알려졌다. 그리스에서는 단순히 전갈자리의 집게발 정도로 여겨지다가 기원전 46년에 로마의 율리우스 카이사르가 달력(율리우스력)을 발표하면서 천칭자리로 확실하게 자리 잡았다. 로마 시대에 천칭자리는 카이사르가 든 정의의 천칭으로 묘사되었다.

　그러나 중세를 지나면서 천칭을 든 주인공이 처녀자리로 넘어갔다. 아마도 이 시기에 낮과 밤의 길이가 같은 추분날 태양이 머무는 곳이 처녀자리이기 때문이라고 추측된다. 이 천칭은 인간의 선과 악을 재서 운명을 결정하는 데 쓰인다고 하며, 이것을 들고 있는 여신은 정의의 신이자 처녀자리의 주인공인 아스트라에아이다. 천칭은 정의와 공평을 위해 봉사한 아스트라에아의 공적을 기리기 위하여 하늘에 올려졌다고 한다. 아스트라에아에 대한 자세한 이야기는 앞에 나오는 처녀자리 신화를 읽어보기 바란다.

인도에서는 α별, β별, 그리고 시그마σ별을 합쳐서 '출입문'이라고 불렀는데, 이 별들이 황도 위에 걸쳐 있어 해와 달과 행성이 모두 이 사이를 통과하여 움직이기 때문이다. 동양에서는 장수를 상징하는 별자리로 알려져 있었다.

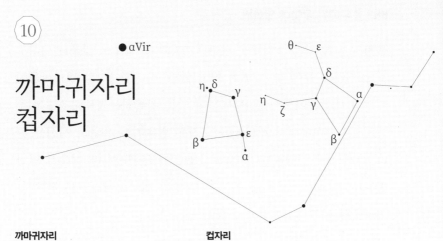

까마귀자리 ●αVir
컵자리

까마귀자리

학명	Corvus
약자	Crv
영문	the Crow
위치	적경 12h 20m 적위 −18°
자오선 통과	5월 21일 오후 9시
실제 크기(서열)	183,801평방도(70위)

컵자리

학명	Crater
약자	Crt
영문	the Cup, the Bowl, the Goblet
위치	적경 11h 20m 적위 −15°
자오선 통과	5월 6일 오후 9시
실제 크기(서열)	282,398평방도(53위)

까마귀자리의 주요 구성 별

약어	고유명	의미(위치)	밝기(등급)	색	거리(광년)
αCrv	Alchiba*	텐트(까마귀 부리)	4.0	연노란색	49
βCrv	Kraz**	기원 불명(꼬리)	2.6	노란색	146
γCrv	Gienah	까마귀의 오른쪽 날개	2.6	청백색	154
δCrv	Algorab	까마귀(날개)	3.0	흰색	87
εCrv			3.0	주황색	318

* 전통적으로 불려오던 고유명은 '알 치바Al Chiba'이지만 국제천문연맹에 의해 2016년 '알치바Alchiba'로 공식 등록되었다.
** 1950년대에 체코 천문학사에 의해 처음 알려진 이름으로, 2018년 국제천문연맹에 의해 공식 이름으로 등록되었다. 하지만 기원이나 의미는 알려져 있지 않다.

컵자리의 주요 구성 별

약어	고유명	의미(위치)	밝기(등급)	색	거리(광년)
αCrt	Alkes	컵	4.1	주황색	141

바다뱀 위에는 무엇이 있을까

봄철의 남쪽 하늘은 어두운 바다뱀자리가 길게 누운 것을 제외하고는 뚜렷하게 눈에 띄는 별이 거의 없다. 바다뱀자리의 별도 4등성이하가 대부분이어서 밝은 별들이 있는 북쪽과는 큰 대조를 이룬다. 그런데 이곳에서 사다리꼴의 작은 별무리가 유난히 시선을 끈다. 다른 곳에 있었다면 별로 관심을 끌지 못했겠지만, 어두운 별만있는 이곳에서는 매우 잘 알아볼 수 있는 별무리이다. 이들은 까마귀자리를 이룬다. 그리고 그 왼쪽으로 컵자리가 있다. 모양은 정말그럴듯한 별자리인데 워낙 어두운 별로 이루어져 있어 찾기는 쉽지않다.

바다뱀자리의 희미한 별 위로 두 작은 별무리가 보인다. 왼쪽 위의 밝은 별은 처녀자리의 1등성 스피카(αVir)이다. 두 별무리 중 동쪽(왼쪽)에 있는 사다리꼴은 3등성의 별로 이루어져 있어 금방 알아볼 수 있다. 그러나 그 모양만으로는 전혀 어떤 별자리인지 알아낼

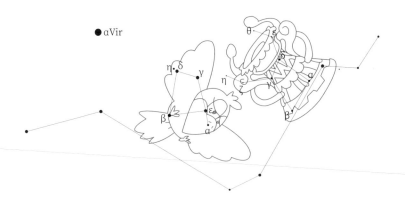

까마귀와 컵의 상상도

2부. 봄철의 별자리

수가 없을 것 같다. 옛사람들은 이걸 보고 까마귀를 떠올렸다. 사다리꼴의 오른쪽 아래에 보이는 알파α별 알치바Alchiba가 까마귀 부리이고, 왼쪽의 베타β별이 까마귀의 다리에 해당한다. 별들이 놓인 모양보다는 옆에 있는 바다뱀자리, 컵자리와 관련된 신화로부터 비롯된 이름이지만 그림을 보면 전혀 엉뚱한 상상은 아니라는 생각이 든다.

까마귀자리의 오른쪽에 있는 별들은 트로피나 술잔을 연상시킨다. 컵자리는 하늘의 술잔을 상당히 그럴듯하게 나타내지만 컵의 그릇 부분에 해당하는 별이 모두 어두운 5등성이어서 쉽게 알아볼 수 없다는 것이 문제다. 바다뱀자리를 커다란 강으로 본다면 컵자리의 아래 부분에 해당하는 사다리꼴의 별들은 강을 따라 내려가는 작은 배라고 생각할 수도 있다. 물론 강물을 따라 바다로 흘러가는 컵을 상상하는 것도 이 별자리를 기억하는 좋은 방법일 것이다.

찾는 법

두 별자리 모두 처녀자리의 α별 스피카(1등성)의 오른쪽에서 바다뱀자리의 등을 타고 뭉쳐 있어 스피카를 기준으로 찾는 것이 편하다. 까마귀자리가 더 쉽게 눈에 들어오므로 이것을 먼저 찾고 그 오른쪽에서 컵자리를 찾아보자.

북두칠성에서부터 아르크투루스(αBoo)를 거쳐 스피카로 내려오는 봄철의 대곡선은 봄철의 별자리를 찾는 데 가장 좋은 길잡이가 된다. 이 대곡선을 스피카에서 남쪽으로 조금 더 연장하면 까마귀자리가 나타난다. 스피카 남서쪽에 가장 눈에 띄는 사다리꼴이 바로 이 별자리이다.

까마귀자리와 무관하게 컵자리를 찾고자 한다면 사자자리의 뒷부분을 이용할 수 있다. 사자의 엉덩이에 해당하는 델타δ별과 엡실론ε별을 이어 그대로 남쪽으로 내려오다가 바다뱀자리 바로 위에

까마귀자리와 컵자리 찾는 법

서 컵자리를 발견할 수 있다. 희미한 별들이지만 모양이 뚜렷해서 찾는 데 큰 어려움은 없다. 다만 주의해야 할 것은 가장 일반적으로 사용하는 컵이 아니라 우승컵과 같이 받침이 있는 컵이라는 것이다. 그러나 술이 담기는 컵의 그릇 부분은 하늘의 상태가 좋아야만 찾을 수 있다. 하늘의 상태가 나쁠 때는 무리해서 찾으려고 하지 말자.

까마귀자리와 컵자리를 이루는 별

까마귀자리의 네 3등성 베타β, 감마γ, 델타δ, 그리고 엡실론ε이 만드는 사다리꼴은 그 모양이 범선에 다는 세로 돛과 비슷하여 '돛별 Spanker Sail'이라고 부르기도 한다. 봄철의 어두운 남쪽 하늘에 외롭게 뜬 이 사다리꼴 모양의 별을 보면 긴 강을 따라 작은 돛단배 하나가 홀로 떠가는 것 같다는 생각도 든다. 돛의 윗부분인 γ별과 δ별을 이어 늘이면 처녀자리의 α별 스피카에 이른다.

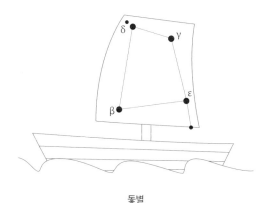

돛별

까마귀자리와 컵자리에는 동아시아 황도 별자리인 28수 중 주작을 상징하는 남방칠수東方七宿의 익翼수와 진軫수가 포함되어 있다. 주작의 날개에 해당하는 익수는 스물두 개의 별로 이루어져 있는데 컵자리의 4등성 α별을 포함하여 컵자리의 별 대부분을 포함한다. 수레를 뜻하는 진수는 일곱 별로 이루어진 주작의 꼬리 부분으로, 까마귀자리의 3등성 γ별을 포함하여 까마귀자리의 주요 별을 모두 포함한다.

전해지는 이야기

컵자리는 고대 그리스 시대부터 있었던 별자리지만 컵의 주인이 누구인지, 그리고 어떻게 하늘의 별자리가 되었는지에 대해서는 이야기가 참 구구하다. 술잔의 주인으로 술의 신 디오니소스나 태양신 아폴론 혹은 성서의 노아가 언급되기도 하고, 콜키스의 왕녀 메데이아가 악마의 약초즙을 따른 잔이라는 이야기도 있다. 이 외에도 컵 주인으로 이야기되는 사람들이 셀 수 없을 정도로 많다. 신화나 전설에 등장하는 술잔은 거의 다 언급되는 것처럼 느껴질 정도인데, 개인적으로는 이 중 까마귀자리와 관련된 신화가 가장 재미있는 것 같다. 그리스 신화에 따르면 까마귀는 태양신 아폴론이 키웠던, 은색 날개를 가진 아름다운 새였다고 한다. 이와 관련한 여러 버전의 이야기 중 대표적인 두 가지를 소개하겠다.

까마귀의 거짓말과 관련된 첫 번째 이야기

원래 까마귀는 인간의 언어를 쓰는 영리한 새였는데, 대단한 수다쟁이에다 거짓말쟁이였다. 어느 날 아폴론은 아내 코로니스가 다른 남자와 부정한 일을 저질렀다는 까마귀의 거짓말에 속아서 자신을 마중 나온 코로니스를 죽인다. 그 후 자신이 속았다는 것을 알게 된 아폴론은 까마귀의 털을 새까맣게 태워버리고 두 번 다시 인간의 말을 사용하지 못하게 했다. 그래도 화가 덜 풀린 아폴론은 까마귀를 하늘에 매달아 더 이상 나쁜 짓을 못하게 했다. 하늘에서 까마귀는 컵자리에서 약간 떨어져 있는데, 이것은 아폴론이 물잔에 까마귀의 주둥이가 닿지 못하게 했기 때문이다.

까마귀의 거짓말과 관련된 두 번째 이야기

또 다른 이야기는 이러하다. 아폴론은 까마귀에게 컵을 주고 물을 길어 오게 하였다. 까마귀는 물을 뜨러 가던 중 열매가 달리기 시작한 무화과나무를 발견하고, 그것이 익을 때까지 기다렸다. 그는 얼마 후 잘 익은 무화과를 먹어치우고, 샘 근처에서 물뱀 한 마리를 잡아 돌아와서는 늦은 이유를 물뱀에게 돌렸다. 하지만 진실을 안 아폴론은 분노를 참지 못하고 이들 셋(까마귀, 물뱀, 물컵)을 모두 하늘로 집어 던졌다. 그래서 까마귀는 죄에 대한 벌로 영원히 물컵을 옆에 놓고도 갈증을 풀 수 없게 되었다.

이 외에 대홍수 때 노아가 날려 보낸 까마귀가 쉴 곳을 찾지 못해 물뱀 위에 내려앉아 이 별자리가 만들어졌다는 이야기도 전해진다.

작은사자자리
살쾡이자리

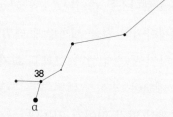

작은사자자리

학명	Leo Minor
약자	LMi
영문	the Little Lion, the Lesser Lion
위치	적경 10h 20m 적위 +33˚
자오선 통과	4월 20일 오후 9시
실제 크기(서열)	231,956평방도(64위)

살쾡이자리

학명	Lynx
약자	Lyn
영문	the Lynx
위치	적경 7h 50m 적위 +45˚
자오선 통과	3월 14일 오후 9시
실제 크기(서열)	545,386평방도(28위)

⟨ 작은사자자리의 주요 구성 별 ⟩

약어	고유명	의미(위치)	밝기(등급)	색	거리(광년)
βLMi		작은 사자	4.2	노란색	154
46LMi*	Praecipua**	작은사자자리의 우두머리 별	3.8	주황색	95

* 작은사자자리에서 가장 밝은 별로, 그림에서 베타별 왼쪽에 보이는 별이다.
** 2017년 국제천문연맹에 의해 공식 승인된 이름으로, 어원은 라틴어이다.

⟨ 살쾡이자리의 주요 구성 별 ⟩

약어	위치	밝기(등급)	색	거리(광년)
αLyn	살쾡이의 꼬리	3.1	주황색	203

빈 공간을 채우는 어두운 별자리

이른 봄 머리 위에는 쌍둥이자리와 마차부자리의 1등성들이 밝게 빛난다. 북두칠성은 북쪽 산등성이 위로 선명한 모습을 나타내고, 동쪽 하늘에는 백수의 왕 사자가 위엄 있는 모습으로 포효하는 것을 볼 수 있다. 그런데 이들 사이의 공간에는 특별히 밝은 별이 없어 허전한 느낌을 준다. 이 빈 공간을 채우려고 17세기 후반에 두 별자리가 만들어졌는데, 그것이 바로 작은사자자리와 살쾡이자리이다. 작은사자자리를 이루는 별은 큰곰자리와 사자자리 사이에 희미하게 보인다. 또한 큰곰자리의 얼굴과 앞다리 옆에도 희미한 별이 일렬로 띠를 이루는데, 이들이 살쾡이자리이다.

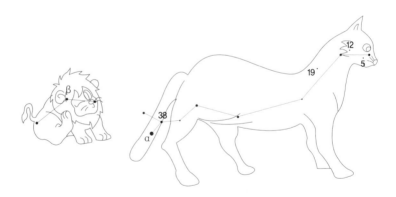

작은 사자와 살쾡이의 상상도

찾는 법

두 별자리 모두 희미한 별로 이루어져 있으므로 이들을 찾을 때는 상당한 주의를 기울여야 한다. 이들처럼 눈에 띄지 않는 별자리를 찾을 때는 우선 주위에서 눈에 잘 띄는 별을 확인하고 성도에서 그 자리를 비교해가면서 찾는 것이 좋다.

작은사자자리는 가장 밝은 별이 4등성인 무척 희미한 별자리지만 사자자리의 머리 위에 붙어 있어 위치를 찾기는 어렵지 않다. 이 별자리를 찾으려면 사자자리의 1등성 레굴루스(αLeo)에서 시작하는 낫 모양의 사자 머리를 먼저 찾아야 한다. 그리고 그 북쪽으로 둘씩 모인 큰곰자리의 두 뒷발을 찾으면 된다. 그 사이에 보이는 4등성으로 이루어진 납작한 삼각형이 바로 작은사자자리이다. 어미 사자가 한눈을 파는 사이 큰 곰 뒷발에 밟힌 새끼 사자로 기억하면 도움이 될 것이다.

살쾡이는 큰 곰과 사자에 쫓기고 있다고 기억하자. 큰곰자리와 사자자리 사이의 오른쪽에서부터 이 별자리가 시작되기 때문이다. 가장 눈에 잘 띄는 Y자 모양의 꼬리를 먼저 찾아보자. 살쾡이자리에서 가장 밝은 3등성 α별이 이 꼬리에 있다. 먼저 둘씩 나란히 있는 큰곰자리의 앞발과 뒷발을 찾고, 이 둘을 꼭지점으로 하여 남쪽으로 정삼각형을 그려 살쾡이자리의 Y자 꼬리를 찾으면 된다. 살쾡이의 머리 부분은 마차부자리의 델타δ별과 큰곰자리의 오미크론ο별 사이에서 시작하여 큰곰자리의 앞부분을 따라가면서 꼬리로 연결된다.

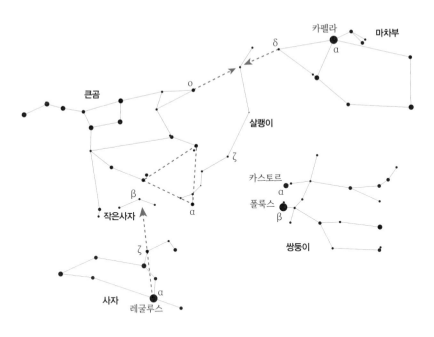

작은사자자리와 살쾡이자리 찾는 법

이 두 별자리를 찾을 수 있다면 여러분은 이미 밤하늘과 굉장히 친숙해진 것이다. 설사 찾지 못했더라도 실망할 이유는 전혀 없다. 초보자들에게는 당연한 일이니까! 밤하늘을 자꾸 대하면서 여러분도 이 별자리들에 익숙해지길 바란다.

작은사자자리와 살쾡이자리를 이루는 별

희미한 별이 크고 작은 두 덩어리로 나뉘어진다. 오른쪽(서쪽)에 길게 띠를 이루는 별이 살쾡이자리이고, 왼쪽(동쪽)에 보이는 작은 삼각형이 작은사자자리이다. 바로 사자를 떠올리기는 어려운 모양에서도 짐작할 수 있듯이 작은사자자리는 그저 사자자리의 위쪽에 있어서 그런 이름이 붙었다. 살쾡이자리는 그 이름이 수긍될 정도로 그럴듯한 모양이다.

최근에 만들어진 별자리가 거의 그렇듯이 이들 별자리도 대부분 희미한 4등성 이하의 별로 이루어져 있어서 그 모습을 그리기는 쉽지 않다. 하늘이 맑다고 해도 사자의 이미지는 여러분의 완전한 창작이 될 것이다. 그렇지만 살쾡이자리는 이미지를 상상하기 쉽다. 살쾡이는 산고양이를 이르는 말이므로, 고양이라고 생각해도 된다. 그렇다면 어느 쪽이 머리일까?

살쾡이자리의 가장 밝은 별인 3등성의 알파α별은 살쾡이 꼬리 끝에 보인다. 중간의 별들이 몸통을 이루고, 띠에서 α별 반대편 부분이 살쾡이의 머리에 해당한다. 그러나 살쾡이의 다리를 나타내는 별은 없다.

살쾡이자리에는 특별히 눈에 띄는 별이 없지만 작은 망원경으로 볼 수 있는 멋진 이중성이 많다. 특히 살쾡이의 머리 쪽에 있는 5번, 12번, 19번 별과 Y자 꼬리 중심에 자리 잡은 38번 별이 이 별자리에서 관측하기 좋은 대표적인 이중성들이다. 망원경을 갖게 되면 꼭 한번 이곳을 찾아보자. 맨눈으로는 하나로 보였던 별이 망원경으로 보았을 때 둘, 혹은 셋이 되는 경험은 아주 특별하다.

전해지는 이야기

큰 사자와 작은 사자

작은사자자리와 살쾡이자리는 폴란드의 천문학자 헤벨리우스에 의해 17세기 말에 만들어진 별자리이다.

그 전에 작은사자자리는 큰 곰의 뒷발에 포함된 별들 정도로 알려졌으나 헤벨리우스가 이곳에 있는 별 18개로 작은사자자리를 만들었다. 그는 이웃한 큰곰자리와 작은곰자리를 본떠, 사자자리를 큰 사자로 보고 이 별자리에 작은사자라는 이름을 붙였다.

살쾡이 같아야 찾을 수 있는 별자리

살쾡이자리는 고대 그리스의 천문학자 **아라토스**Aratus, B.C. 315~B.C. 240에 의해 큰곰자리의 앞부분 정도로 언급되던 별이었으나, 헤벨리우스가 이곳의 별 19개를 모아 살쾡이자리를 만들었다. 살쾡이자리는 살쾡이처럼 좋은 눈을 가졌다는 헤벨리우스가 '살쾡이 같은 눈을 갖지 않으면 찾을 수 없는 별자리'를 만들겠다고 공언하고 만든 별자리라고 전해진다. 그의 말처럼 살쾡이자리를 찾으려면 아주 좋은 눈이 필요하다는 것을 여러분도 느끼게 될 것이다. 별자리의 경계선이 명확하게 설정되기 전까지는 큰곰자리의 별들과 혼동을 일으키기도 했다. 사실 살쾡이자리로 인해 큰곰자리가 불완전한 별자리가 되었다고 볼 수도 있다. 특히 큰곰자리의 다리에 해당하는 별들이 세 줄기밖에 없어서 살쾡이자리의 별을 이용해서 큰 곰의 네 번째 다리를 그리는 학자도 많았다.

두 별자리 모두 고대의 별자리가 아니어서 특별한 신화나 전설은
없다.

소백산천문대와 북두칠성.
소백산천문대의 첨성대 모양을 한 돔 옆으로 국자 모양의 북두칠성이 보인다.

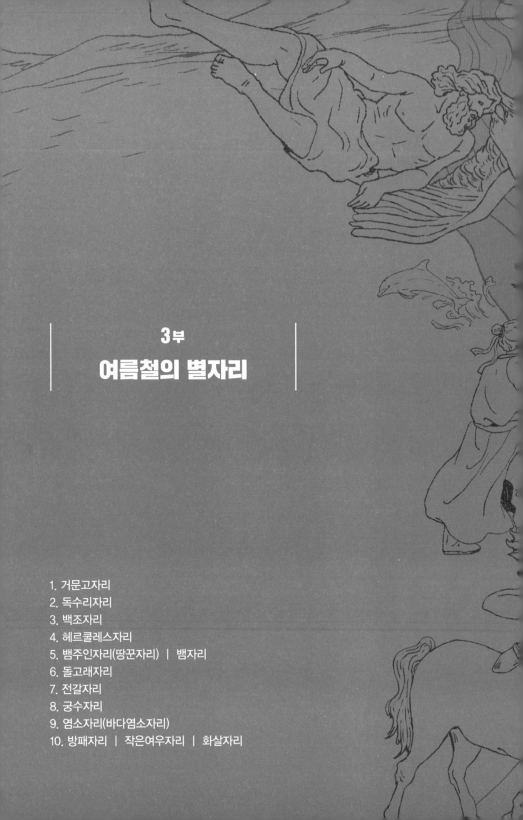

3부
여름철의 별자리

그림으로 기억하는 여름철 하늘

은하수를 사이에 두고 하늘나라 공주인 직녀와 목동 견우가 마주 보고 있다. 이 둘과 삼각형을 이루는 위치에는 백조로 변한 제우스가 보인다. 사랑에 빠진 견우 옆에는 에로스의 화살과 사랑의 전령사 돌고래가 있다. 은하수 강을 따라 내려온 남쪽 하늘에서는 반인반마인 켄타우로스가 사막에 있는 전갈을 향해 활을 겨누고 있다.

6월 1일 02시 기준
7월 1일 00시 기준
8월 1일 22시 기준

누구에게나 보이는 별들이지만
누구나의 것은 아니다.
별은 보는 사람들만의 보화,
보고 또 보는 중에 우리는 별들의 속삭임을
들을 수 있고, 별들의 맥박을
짚어보게 될 것이다.

-나일성의 시 〈성도〉에서

───── 여름철만 되면 사람들이 별에 더 관심을 갖는다. 왜 그럴까? 사실 여름은 일 년 중 밤이 가장 짧고 그만큼 별을 볼 수 있는 시간도 적다. 그래서 천문학자나 아마추어 천문가들에게 여름은 그리 즐거운 계절이 아니다. 하지만 별을 즐기는 이들에게 여름은 최고의 계절이다. 휴가의 계절, 사랑하는 이와 함께 야외에서 별을 볼 수 있는 계절이기 때문이다.

별자리에 전해져 오는 이야기의 가장 흔한 주제는 역시 사랑이다. 그중에서도 여름철만큼 다양한 사랑 이야기가 있는 계절도 없다. 하룻밤 정도는 별을 보며 사랑 타령을 해도 좋을 것이다.

여름철 별자리 둘러보기

먼저 날이 어두워지기 전에 방위를 익혀두어야 한다. 해가 지는 방향을 안다면 어렵지 않게 동서남북을 찾을 수 있을 것이다. 저녁 무렵 하늘 중심을 기준으로 서쪽에는 봄철의 별자리가 있고, 동쪽에는 여름철의 별자리가 있다. '어느 계절의 별자리'라고 하는 것은 그 계절의 한밤중에 하늘 중앙에 보이는 별자리를 뜻한다. 따라서 여름철이라고 여름철의 별자리만 보이는 것은 아니다.

황혼의 아름다운 불꽃놀이가 끝나고 나면 하늘에는 별이 하나둘 보이기 시작한다. 그리고 조금 더 시간이 흐르면 북서쪽 하늘 높은 곳에 익숙한 별무리가 보일 것이다. 국자 모양을 한 일곱 별, 북두칠성을 찾는 일에서부터 여름철 별 여행은 시작된다. 해가 지기 전에 방위를 확인하지 않은 사람이라도 시간이 약간 더 필요할 뿐 별을 관찰하는 데 큰 무리는 없을 것이다.

북두칠성의 휘어진 손잡이를 따라 남서쪽으로 내려오면 앞에서 배운 봄철의 대곡선에 속하는 별을 찾을 수 있다. 봄철의 별자리가 서쪽 하늘로 옮겨갈 무렵 하늘 중앙은 밝은 여름 별로 가득 찬다. 여름 하늘에는 누구나 찾기 쉬운 이정표가 곳곳에 놓여 있는데, 이를 길잡이별이라고 한다. 그럼 이제부터 길잡이별을 찾아 여름철 별자리 여행을 떠나보자.

먼저, 여름밤에 머리 바로 위 정중앙에서 가장 밝게 빛나는 별이 직녀성이다. 이 별은 겉보기등급이 0등급에 해당할 정도로 밝다. 직녀와 짝을 이루는 견우는 직녀 남쪽에 보이는 1등성이다. 남남북녀 南男北女라는 말을 기억하면 두 별의 위치를 기억하는데 도움이 될 것이다. 그리고 견우보다는 조금 덜하지만 거의 견우와 비슷한 정

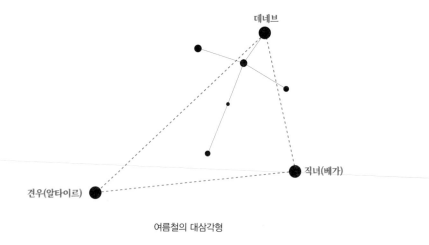

여름철의 대삼각형

도로 환하게 직녀 가까이에서 빛나는 별이 백조자리의 으뜸별이자 백조의 꼬리에 해당하는 데네브이다. 직녀, 견우, 데네브 이렇게 세 1등성이 은하수를 사이에 두고 만드는 커다란 직각삼각형을 '여름철의 대삼각형'이라고 한다. 데네브가 직녀성에 더 가까이 있고, 견우성은 조금 멀리 남쪽으로 떨어져 있다. 제우스가 철새인 백조로 변신해서 견우, 직녀와 삼각관계를 이루고 있다고 기억할 수도 있겠다.

견우성 근처에는 사랑을 상징하는 별자리가 둘 있는데, 에로스의 화살이라는 화살자리와 사랑의 전령사로 알려져 있는 돌고래자리가 그것이다. 견우와 직녀 사이에는 전설이 밝히는 바와 같이 은하수가 흐르고 있다.

백조를 견우성 기준으로 정반대편 아래쪽으로 뒤집은 위치에서는 궁수자리를 이루는 반인반마의 켄타우로스(켄타우루스) 키론을 볼 수 있다. 그리스 신화에 따르면 키론은 이아손을 비롯한 제자들이 아르고호를 타고 황금 양피를 구하러 떠날 때 그들이 방향을 잃지 않도록 하늘에 자리하여 활과 화살로 방향을 가르쳐주었다고 한다. 아르고호가 떠나온 곳이 튀르키예 근처의 사막이었으므로 궁수자리 오른쪽에는 사막을 상징하는 동물 전갈이 있다. 전갈의 심장에 해당하는 붉은색 1등성을 궁수자리 오른쪽에서 어렵지 않게 찾을 수 있을 것이다. 여름 밤하늘의 또 다른 주인공인 헤르쿨레스자리는 백조자리를, 직녀를 기준으로 하여 오른쪽 아래로 뒤집은 위치에 자리한다.

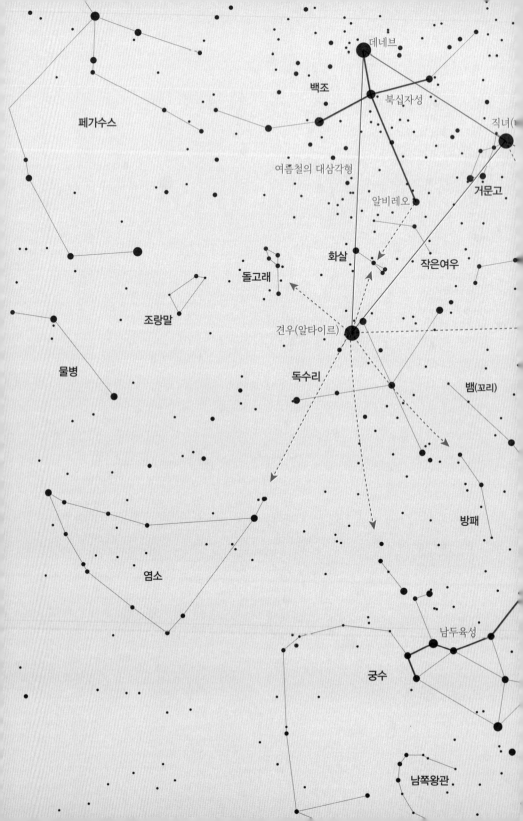

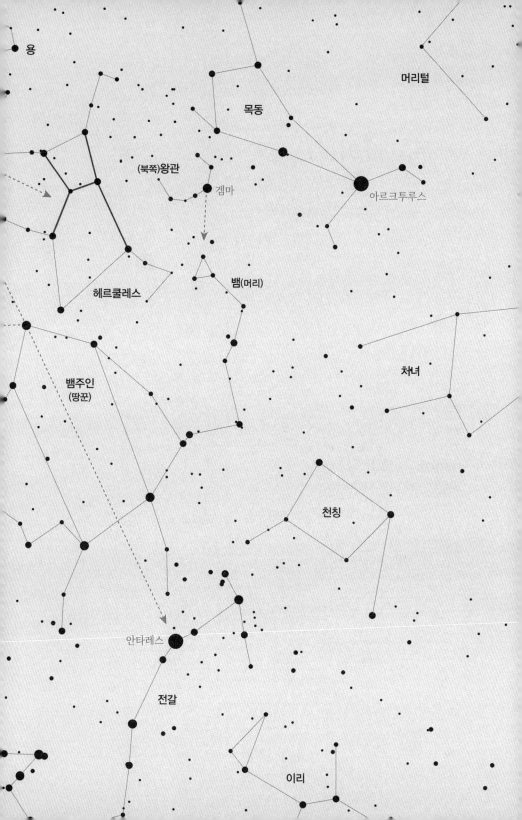

용

머리털

목동

(북쪽)왕관

겜마

아르크투루스

헤르쿨레스

뱀(머리)

처녀

뱀주인
(땅꾼)

천칭

안타레스

전갈

이리

①

거문고자리

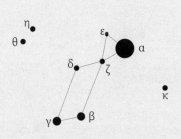

학명	Lyra
약자	Lyr
영문	the Lyre, the Harp
위치	적경 18h 45m 적위 +36°
자오선 통과	8월 27일 오후 9시
실제 크기(서열)	286,476평방도(52위)

⟨ 거문고자리의 주요 구성 별 ⟩

약어	고유명	의미(위치)	밝기(등급)	색	거리(광년)
αLyr	Vega	낙하하는 독수리 (어깨걸이)	0.0	흰색	25
βLyr	Sheliak	거북이(현의 오른쪽)	3.5	청백색	960
γLyr	Sulafat	거북이(현의 왼쪽)	3.3	청백색	620
ηLyr	Aladfar	하강하는 독수리의 발톱(하프의 왼쪽 옆)	4.4	청백색	1,390

178   3부. 여름철의 별자리

거문고가 된 하프

거문고자리의 영문명은 'the Harp' 또는 'the Lyre'로, 리라Lyra라고 불리던 고대 그리스 시대의 작은 하프를 가리키는 말이다. 거문고 자리는 이 단어가 우리말로 번역되어 붙은 이름이다. 그리스 신화에 따르면 이 하프는 신의 선율을 내는 최고의 악기였다고 한다.

　은가루를 뿌린 것 같은 작은 별들의 흐름 위로 밝게 빛나는 1등성 하나가 특히 눈에 띈다. 이 별이 바로 거문고자리의 알파α별 직녀성이다. 직녀 아래로 작은 삼각형과 평행사변형으로 연결되는 3등성과 4등성들이 있는데, 이들이 거문고자리의 나머지 별이다. 이 별들을 놓고 하프를 상상할 때에는 처음부터 하프 전체의 모습을 그리기보다는, 먼저 현과 어깨에 닿는 부분을 떠올리면 더 쉽다.

　α별 직녀(베가)와 그 아래 별들이 이루는 작은 삼각형이 하프의 왼쪽 어깨걸이를 만든다. 삼각형을 이루는 제타ζ와, 그 아래에 있는 베타β, 감마γ, 델타δ가 이루는 약간 긴 평행사변형은 하프의 현이

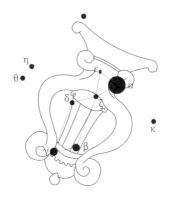

리라의 상상도

있는 부분이다. 하프의 현만 놓고 보면 정말 그럴듯한 모습이다.

별이 놓인 모습만 보면 어린아이가 타고 노는 목마가 떠오르기도 한다. 삼각형이 목마의 머리이고, 나머지가 목마의 몸에 해당한다. 가장 밝은 직녀성은 목마의 머리 위 손잡이 부분에 위치해 있어, 손잡이가 반질반질해진 것처럼 느껴지기도 한다.

찾는 법

거문고자리에서 가장 밝은 별이 직녀성이라는 것만 알면 이 별자리를 찾기는 쉽다. 여름밤 머리 위에서 가장 밝게 빛나는 별인 직녀성을 먼저 찾고, 그 별을 꼭짓점으로 하는 작은 삼각형과 평행사변형으로 이루어진 거문고자리를 찾으면 된다. 직녀성은 여름철 별자리를 통틀어 가장 밝은 별이므로, 이것을 찾는 방법에 대해 더 설명할 필요는 없겠다.

직녀가 보이면 그 아래쪽으로 은하수 건너편에 역시 1등성인 견우가 보이고, 왼쪽 위에는 두 별과 직각삼각형을 이루는 곳에 백조자리의 1등성 데네브(꼬리)가 보인다. 이 셋을 묶어 '여름철의 대삼각형'이라고 하는데, 여름철에 다른 별을 찾는 가장 중요한 길잡이가 되므로 꼭 기억해두자.

3부. 여름철의 별자리

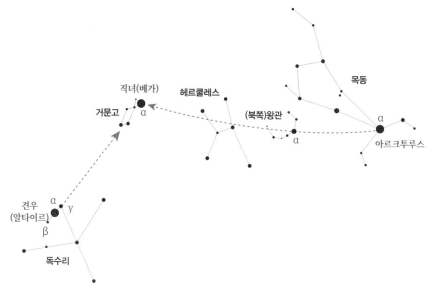

거문고자리 찾는 법

거문고자리를 이루는 별

거문고자리의 α별 직녀성은 '하늘의 아크등', '여름밤의 여왕', '온 하늘에서 하나뿐인 다이아몬드'와 같은 수식어가 여럿 붙을 정도로 밝고 아름다운 별이다. 밤하늘 전체를 통틀어 가장 밝은 별은 겨울 밤에 볼 수 있는 큰개자리의 시리우스지만, 여름밤 하늘 중앙에서 볼 수 있는 가장 밝은 별은 직녀이다.

직녀성 혹은 베가

'직녀織女'라는 이름은 베틀을 돌리는 소녀라는 의미를 지니고 있다. 서양에서는 직녀성을 '베가Vega'라고 부르며 이는 '날개를 접고 하강하는 독수리'라는 의미이다. 이것은 베가 근처에 있는 거문고 자리의 엡실론ε과 제타ζ를 독수리의 날개로 보면 이 세 별이 독수리가 날개를 접은 모습 같아서 붙은 이름이다.

거북이별

거문고자리의 β, γ, δ, ζ 별이 만드는 평행사변형은 하프의 현에 해당한다고 했다. 그런데 이 중 β별 쉐리아크Sheliak(3등성)와 γ별 수라파트Sulafat(3등성)는 특이하게도 둘 다 '거북이'라는 의미를 지니고 있다. 그리스 신화에서 헤르메스가 거북의 등껍질로 이 하프를 만들었다고 하여 그런 이름이 붙었다.

전해지는 이야기

베가, 직녀 혹은 선녀

견우와 직녀가 칠월 칠석에 만난다는 이야기는 견우성과 직녀성이 그 시기에 가까워지기 때문에 생겼다. 해와 달이 뜨고 질 때 더 커 보이는 것처럼, 두 별 사이의 거리도 지평선에 가까이 있을 때에 머리 위에 있을 때보다 더 멀리 떨어져 보인다.

두 별은 봄부터 동쪽 하늘에 보이기 시작해서 칠석 무렵의 한밤 중에 가장 하늘 높이 올라간다. 이때가 두 별이 가장 가까워 보이는 때다. 칠석 무렵이 지나면 두 별은 다시 서쪽 하늘로 기울어 다시 멀어지는 것처럼 보인다. 옛사람들은 이렇게 봄부터 은하수를 사이에 두고 가까워지다가 멀어지는 두 별을 보면서 견우와 직녀의 애틋한 사랑 이야기를 만들어냈다. 서양에서는 직녀성과 견우성을 서로 사랑하는 독수리로 보아 각각 베가(날개를 접고 하강하는 독수리)와 알타이르(날개를 펴고 날아오르는 독수리)라는 이름을 붙이기도 했다.

직녀성은 흔히 '선녀와 나무꾼' 전설 속 선녀로도 알려져 있다. 하늘나라에 살던 한 선녀는 지상에 내려와 목욕을 하던 중, 나무꾼에게 날개옷을 도둑맞아 하늘로 돌아갈 수 없게 되었다. 그는 나무꾼과 결혼하여 자녀를 둘 낳고 지내다가 어느 날 나무꾼이 숨겨둔 날개옷을 발견하자, 그것을 입고선 아이 둘을 안고 하늘로 올라갔다. 직녀성과 ε별, ζ별이 이루는 작은 삼각형이 바로 직녀가 두 아이를 안고 하늘로 올라가는 모습이라고 한다. 이 이야기는 훗날 나무꾼도 하늘나라에 올라가 모두 함께 행복하게 살았다는 해피엔딩으로 마무리된다.

옛사람들은 이 세 별을 가리켜 짚신 할매라고도 불렀다. 짚신을 짜는 할매가 다소곳이 다리를 오므린 모습이 바로 이 삼각형이라는 것이다. 짚신 할배는 견우성과 그 옆의 두 별이었다. 다리를 양쪽으로 쫙 벌리고 짚신을 짜는 모양이 꼭 짚신 할배 같았기 때문이다.

오르페우스 신화

그리스 신화에 의하면 거문고자리는 최고의 시인이자 음악가 오르페우스가 연주하던 하프로 알려져 있다. 이 하프는 헤르메스가 거북 껍질을 이용하여 만든 것으로, 지상에서 가장 아름다운 소리를 내는 악기였다. 헤르메스는 이 하프를 아폴론에게 가져가 '신의 전령'을 상징하는 카두세우스Caduseus(두 마리의 뱀이 감겨 있고 꼭대기에 두 날개가 달린 지팡이)와 바꾸어 전령의 신이 되었다. 아폴론은 헤르메스에게서 얻은 하프를 아들 오르페우스에게 주었는데, 오르페우스가 하프로 연주하는 음악은 신과 인간은 물론 동물까지도 넋을 잃게 만들 정도로 아름다웠다. 그것은 바람과 강물의 흐름도 멈추게 할 정도였다.

오르페우스는 에우리디케라는 물의 요정과 사랑하여 결혼했고, 둘은 행복하게 살고 있었다. 그러던 어느 날, 아내 에우리디케가 뱀에게 물려 죽게 되었다. 아내를 몹시 사랑했던 오르페우스는 슬픔을 참지 못하고 지하세계로 에우리디케를 찾아 떠났다. 지하세계를 지키던 보초도, 문을 지키던 머리 셋 달린 개 케르베로스도 오르페우스의 연주를 듣고는 길을 열어주었다.

오르페우스는 지하세계의 신 하데스와 그의 아내 페르세포네 앞에서 하프를 뜯으며 아내 에우리디케를 돌려보내줄 것을 간청했다. 연주에 감동한 하데스는 에우리디케가 오르페우스를 따라 나가게 하되, 오르페우스가 지옥을 떠날 때까지 뒤를 돌아보지 않는다는 조건으로 에우리디케를 살려주기로 하였다. 하지만 지상이 시야에 들어올 정도로 거의 다 왔을 즈음 궁금증을 참지 못한 오르페우스는 뒤를 돌아보았고, 그 찰나에 에우리디케는 깊고 어두운 지하 세계로 다시 돌아가버렸다. 오르페우스는 통곡했지만 한 번 닫힌 문은 두 번 다시 열리지 않았다.

실의에 젖은 오르페우스는 하프를 타며 트라케의 언덕을 방황했다. 많은 이들이 그의 음악에 반해 그를 유혹했지만, 오르페우스의 눈에는 아무것도 보이지 않았다. 그런 오르페우스의 태도는 여인들의 원한을 샀고, 결국 그는 얼마 후 활에 맞아 죽임을 당한다. 그런데도 주인을 잃은 하프는 그의 품속에서 아름답고 슬픈 음악을 계속 연주했다. 제우스는 모든 사람이 영원히 오르페우스의 음악을 기억하도록 그의 하프를 하늘에 올려놓았다.

독수리자리

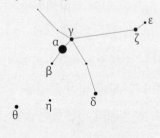
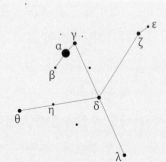

학명	Aquila
약자	Aql
영문	the Eagle
위치	적경 19h 30m 적위 +2°
자오선 통과	9월 8일 오후 9시
실제 크기(서열)	652,473평방도(22위)

독수리자리의 주요 구성 별

약어	고유명	의미(위치)	밝기(등급)	색	거리(광년)
αAql	Altair	날아오르는 독수리(머리)	0.8	흰색	17
βAql	Alshain	송골매(머리 또는 부리)	3.9	노란색	45
γAql	Tarazed	왕 매(머리 혹은 목)	2.7	주황색	395
δAql		(몸통 혹은 왼쪽 날개)	3.4	연노란색	51
εAql	Deneb el Okab	독수리의 꼬리 (오른쪽 날개 혹은 꼬리)	4.0	주황색	136
ζAql	Okab*	독수리(오른쪽 날개 혹은 꼬리)	3.0	흰색	83
ηAql	Wonchul Star**		3.9	연노란색	1,400
λAql	Al Thalimain	타조 두 마리(꼬리)	3.4	청백색	125

* 전통적인 고유명은 엡실론별과 함께 '데네브 엘 오카브Deneb el Okab'였으나, 국제천문연맹에 의해
2018년 '오카브Okab'가 정식 이름으로 등록되었다.
** η별의 별칭으로 1923년 이원철 박사가 이 별을 연구하여 한국인 최초로 천문학 박사학위를 받았다.

우산처럼 생긴 독수리

칠월 칠석이 가까워지면 하늘 중앙에는 밝은 1등성 셋이 커다란 직각삼각형 모양으로 자리를 잡는다. 그중 직각이 있는 꼭짓점에서 가장 밝게 보이는 별이 직녀이고, 그 아래쪽으로 보이는 밝은 별이 견우이다. 직녀 아래쪽에 있는 견우성 주위를 자세히 보면 우산 같은 모양으로 별이 모여 있다. 나는 이 별자리를 비 오는 날 견우와 직녀가 은하수 둑을 거닐 때 함께 썼던 우산이라고 생각했다. 우산을 자주 잃어버리는 독자라면 자기 우산이 하늘에 올라 별자리가 되었다고 여길 수도 있을 것이다. 또 이 별자리는 잘 보면 어떤 날짐승이 날아가는 모습처럼 보이는데, 이것이 바로 독수리자리이다.

중심부에 밝은 1등성을 사이에 두고 3등성과 4등성의 별이 나란히 있다. 근처에는 3, 4등성의 별이 띄엄띄엄 자리 잡은 모습도 보인다. 주변의 은하수와 더불어, 마치 비오는 날 우산이 펼쳐진 장면을 떠오르게 하는 별들이다. 고대 서양인들은 이 형태를 하늘의 제왕 독수리라고 생각했다. 한국을 비롯한 동양에서는 은하수를 건너는 배로 여기기도 했다. 성도마다 별을 연결하는 방법이 다르므로 여기에는 많이 알려진 두 가지 그림을 함께 싣는다. 마음에 드는 그림을 골라 독수리를 상상해보자. 날개와 꼬리의 위치를 먼저 잡으면 쉽게 상상할 수 있을 것이다.

독수리가 날쌔게 하늘을 날아간다. 개인적으로는 오른쪽 그림이 더 그럴듯한 것 같지만 왼쪽 그림이 가장 널리 알려져 있다. 두 그림에서 독수리가 날아가는 방향이 각기 다르다. 왼쪽 그림의 독수리는 남서쪽으로, 오른쪽 그림의 독수리는 북서쪽으로 날아간다.

독수리의 상상도

왼쪽 그림에서는 견우성으로 알려진 알파α별 알타이르(1등성)가 독수리의 머리를, 베타β별이 부리를, 감마γ별이 목을 이룬다. 제타 ζ별과 엡실론ε별은 그 고유명이 뜻하는 바와 같이 꼬리 부분에 있다. 오른쪽 날개에 해당하는 별은 주의해서 찾지 않으면 확인하기 어려울 정도로 희미하게 보인다. 오른쪽 그림에서는 α별이 머리의 중앙에 있고, β와 γ는 함께 머리의 좌우를 이룬다.

이 뒤부터는 오른쪽 그림만 실었지만, 왼쪽 그림이 더 그럴듯하다고 생각하는 독자는 왼쪽 그림대로 별자리 선을 그리길 바란다. 별자리 선을 연결하는 방법에는 정답이 없다.

찾는 법

한여름 머리 위에서 가장 밝게 보이는 별은 거문고자리의 직녀(베

3부. 여름철의 별자리

가)이고, 그 남쪽에 독수리자리의 α별 견우(알타이르)가 있다. 이 둘에다가 백조자리의 데네브까지 이으면 그려지는 커다란 직각삼각형이 **여름철의 대삼각형**Summer Triangle이라는 것까지 기억한다면 견우를 찾기가 더 쉬울 것이다.

견우만 찾으면 독수리자리를 찾기는 쉽다. 견우 양쪽으로 약간 덜 밝은 두 별이 나란히 놓여서 견우를 호위하는 것처럼 보인다. 이 세 별을 확인하고 그 아래에서 우산의 윗부분에 해당하는 마름모꼴(γ,

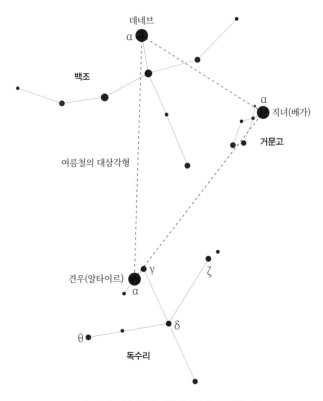

여름철의 대삼각형을 이용해 독수리자리 찾는 법

ζ, 델타δ, 세타θ,)을 찾아서 전체적인 모습을 그려보자.

견우가 칠석날 우산을 들고 직녀를 만나러 은하수를 건너는 모습으로 독수리자리를 상상하는 것도 위치와 모양을 기억하는 데 도움이 될 것이다.

독수리자리를 이루는 별

두 개의 견우성

사실 견우성이라고 이야기되는 별은 두 개가 있다. 서양에서도 같은 별 이름이 여러 별에 붙은 경우가 많다. 각기 다른 곳에서 다른 사람들이 별을 보고 이야기를 붙였으니 어쩌면 당연한 일이다. 그래서 어느 것이 맞고 어느 것이 틀렸다고 주장하기보다는 그런 이름이 붙여진 시대와 상황을 이해하는 것이 중요하다.

견우라고 이야기되는 다른 별은 염소자리의 β별이다. 견우가 소를 몰았기 때문에 동아시아에서 사용한 28수 별자리 체계에서는 견우를 우牛수의 중심별로 여겼으며, 한국의 옛 별 지도인 천상열차분야지도에는 염소자리의 β별이 견우牽牛라고 표기되어 있다. 이 별은 3등성으로, 황도 옆에 있지 않았다면 결코 관심의 대상이 되지 않았을 그냥 보통의 별이다. 천상열차분야지도는 귀족이나 학자와 같이 비교적 높은 계층이 사용한 별 지도였다. 왕족이나 귀족들이 목동 신분인 견우가 공주인 직녀와 같은 밝기의 별이라는 사실을 용납할 수 없었기 때문에 직녀보다 훨씬 어두운 3등성을 견우로 여기지 않았을까 싶다.

　그런데 견우와 직녀의 이야기는 천상열차분야지도가 만들어지기 훨씬 이전부터 일반인에게 널리 알려져 있었다. 이 구전설화에서 견우와 직녀는 은하수를 사이에 두고 밝게 빛나는 두 별이다. 일본 과 중국에서도 일반적으로 널리 알려진 견우는 염소자리의 β별이 아니라 독수리자리의 α별이다.

원철 스타

우산 모양의 독수리자리에서 왼쪽 우산살 중간쯤에 있는 에타η별 은 '원철 스타Wonchul Star'라는 별칭으로도 불린다. 이 별은 약 7.2일 을 주기로 밝기가 변하는 **맥동변광성**脈動變光星인데, 1923년 천문학 박사학위를 받은 첫 한국인인 이원철 박사가 학위 논문에서 그 변 광 원인을 밝혔기 때문이다. 이 별의 밝기는 최고 3.5등급에서 최저

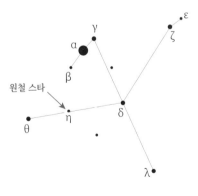

원철 스타

4.3등급까지 변하는데, 근처의 β별 알샤인Alshain(3.9등급)과 비교하면 맨눈으로도 그 밝기 변화를 실감할 수 있다. 독수리자리가 자오선을 지나는 9월 초저녁이 관측하기에 가장 좋은 때다.

전해지는 이야기

견우와 직녀 설화

거문고자리의 직녀와 독수리자리의 견우에는 예로부터 전해 내려오는 애틋한 사랑 이야기가 있다.

먼 옛날 옥황상제에게는 직녀라는 어여쁜 딸이 하나 있었다. 직녀는 온종일 베틀에 앉아 별자리, 태양, 빛 그림자와 같은 형상을 직물로 짰다. 그것이 얼마나 아름다웠던지 하늘을 도는 별들도 그녀가 하는 일을 지켜보기 위해 멈추어 서곤 하였다.

세월이 흐르면서 직녀는 자주 일에 싫증을 느끼게 되었다. 때때로 그녀는 베틀의 북을 내려놓고 창가에 서서 성벽 아래로 넘실거리는 하늘의 강을 바라보곤 하였다. 그러던 어느 봄날 그녀는 강둑을 따라 왕궁의 양과 소 떼를 몰고 가는 한 목동을 보았다. 매우 잘생긴 젊은이였고, 그와 눈이 마주치는 순간 직녀는 그가 자신의 남편감임에 틀림이 없다고 생각했다. 직녀는 자신의 마음을 아버지인 옥황상제에게 이야기하고 그 목동과 혼인시켜달라고 요청했다.

옥황상제는 견우란 이름의 이 젊은 목동이 영리하고 친절하며 하늘의 소를 잘 돌본다는 사실을 익히 들어서 알고 있었으므로 딸의 선택에 반대하지 않고 이들을 혼인시켰다. 그러나 혼인한 이들은 너무 행복한 나머지 자신들의 일을 잊고 게을러졌다. 화가 난 옥황상제는 이들에게 몇 번이나 주의를 주었지만 두 사람은 계속해서 노는 일에만 몰두하였다. 마침내 옥황상제의 분노는 극에 달했고 이들을 영원히 떼어놓을 결심을 하기에 이르렀다.

견우는 은하수 건너편으로 쫓겨났고, 직녀는 성에 쓸쓸히 남아 베를 짜야 했다. 옥황상제는 일 년에 단 한 번, 즉 일곱 번째 달 일곱 번째 날 밤에만 이들이 강을 건너 만날 수 있게 허락하였다. 이들은 음력으로 7월 7일이 되면 '칠일월'이라는 배를 타고 하늘의 강을 건너 만났는데 비가 내리면 강물이 불어 배가 뜨지 못했다. 그래서 강 언덕에서 직녀가 울고 있으면 많은 까치와 까마귀들이 날아와 날개로 오작교烏鵲橋를 만들어 이들을 만나게 해준다고 전해진다. 이때 견우와 직녀에게 밟혀 까치의 머리가 벗겨진다고 하는데, 아마도 칠석 무렵 까치들이 털갈이를 하기 때문에 이런 이야기가 만들어진 듯하다.

보통 칠석날을 전후해서 비가 내리는 경우가 많았는데, 옛사람들은 그 비가 견우와 직녀가 타고 갈 수레의 먼지를 씻어낼 때 사용한 물이라고 했다. 칠석날 저녁에 내리는 비는 견우와 직녀가 만나서 흘리는 기쁨의 눈물이고 이튿날 새벽에 내리는 비는 헤어지는 것이 아쉬워 흘리는 눈물이라고 여겼다.

가니메데를 납치하는 제우스

그리스 신화에서는 독수리자리가 가니메데를 납치하기 위하여 제우스가 변신한 모습이라고 전한다. 그 자세한 이야기는 다음과 같다. 청춘의 신 헤베는 신들을 위해 술을 따르는 일을 했는데, 어느 날 발목을 삐어서 더 이상 달콤한 술과 음식을 나를 수 없게 되었다. 그래서 제우스는 그녀의 일을 대신할 젊은이를 찾으려고 독수리의 모습으로 땅으로 내려와 이다산에서 트로이의 양떼를 돌보던 아름다운 왕자 가니메데를 발견하고 그를 납치해 갔다. 그 후 가니메데는 올림포스산에서 신들을 위해 술을 따르는 일을 하게 되었다. 하늘의 독수리자리는 변신한 제우스의 모습이고, 불멸의 컵에 무언가를 가득 따르고 있는, 물병자리의 잘생긴 젊은이가 납치된 가니메데라고 한다.

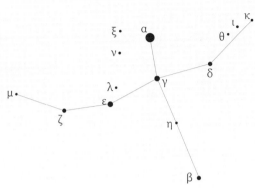

백조자리

학명	Cygnus
약자	Cyg
영문	the Swan
위치	적경 20h 30m 적위 +43°
자오선 통과	9월 23일 오후 9시
실제 크기(서열)	803.983평방도(16위)

백조자리의 주요 구성 별

약어	고유명	의미(위치)	밝기(등급)	색	거리(광년)
αCyg	Deneb	암탉의 꼬리	1.2	흰색	1,550*(2,615)
βCyg	Albireo	암탉(부리)	3.2	주황색	430
γCyg	Sadr	암탉의 가슴	2.2	연노란색	1,800
δCyg	Fawaris**	기수騎手(왼쪽 날개)	2.9	흰색	165
εCyg	Aljanah*** (Gienah)	날개(오른쪽 날개)	2.5	주황색	73

* 1990년대 초에 수행된 히파르코스 위성 측정 결과에서는 2,615광년으로 나왔으나, 2009년 연구에서는 1,550광년(오차범위 15%)으로 나왔다.
** 국제천문연맹에 의해 2018년에 공식 이름으로 등록되었으며, 어원은 아랍어이다.
*** 오랫동안 아랍어인 '알 자나흐Al Janah'에서 따온 '기에나흐Gienah'로 불렸으나, 국제천문연맹에 의해 2016년 기에나흐가 까마귀자리 γ별의 고유명이 되면서 2017년 '알자나흐Aljanah'로 공식 등록되었다.

남쪽을 향해 날아가는 백조

은하수 위에 걸친 백조자리는 직녀와 견우 사이를 날아 남쪽을 향해 가는 모습이다.

가운데 부분에 밝은 1등성을 기점으로 2등성과 3등성이 커다란 십자가 모양으로 모여 있다. 이들은 백조자리의 중심이 되는 별들로, **북십자성**北十字星이라고 불린다. 북십자성 주위에는 4, 5등성들이 얼마간 대칭을 이루면서 좌우에 흩어져 있다. 이것을 보다 보면 새 한 마리가 나는 모습을 쉽게 찾을 수 있다.

백조자리에서 가장 밝은 알파α별 **데네브**Deneb(1등성)는 그 이름의 의미처럼 백조의 꼬리에 있다. 베타β별 알비레오가 백조의 머리에 해당하고, α와 β 사이의 별들이 목과 몸통을 이룬다. 머리와 꼬리를 잇는 선의 양쪽으로 보이는 북십자성의 나머지 두 별(델타δ, 엡실론 ε)과 그 주위 별들이 펼쳐진 백조의 날개를 나타낸다.

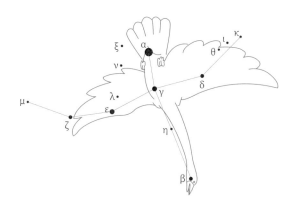

백조의 상상도

찾는 법

백조자리는 밝은 별들로 이루어져 있고 모양이 뚜렷해서 찾는 데 큰 무리가 없다. 특히 이 별자리의 α별인 1등성 데네브가 북쪽에 역시 1등성인 직녀(베가), 남쪽의 견우(알타이르)와 직각삼각형을 이룬다는 것을 알면 쉽게 찾을 수 있다. 이 세 1등성을 묶어 여름철의 대삼각형이라고 부른다.

북쪽 하늘 케페우스자리의 β별과 α별을 이어 남쪽으로 2배 정도 연장하거나, 북두칠성의 손잡이와 그릇 부분이 만나는 감마γ별과 δ별을 이어 50°(북두칠성 전체 크기의 두 배) 정도 연장해도 백조자리의 α별 데네브를 찾을 수 있다. 또한 데네브는 북극성과 직녀와 직각

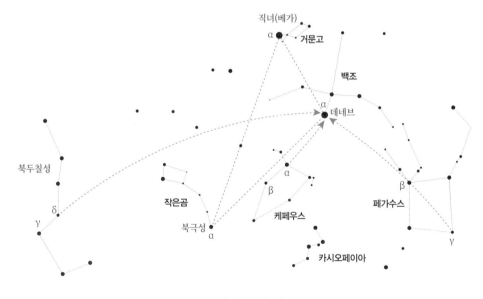

백조자리 찾는 법

삼각형을 이루는 곳에 위치하며, 페가수스자리의 몸체에 해당하는 페가수스사각형의 북동쪽 방향 대각선의 연장선 위에서도 찾을 수 있다.

백조자리를 이루는 별

백조자리에는 α별 데네브를 정점으로 β, 감마γ, 델타δ, 그리고 엡실론ε 별이 십자가를 형성하고 있다. 이 별들은 **남십자성**南十字星, Crux에 대하여 북십자성이라고 부른다. 북십자성은 남반구 하늘에서 볼 수 있는 남십자성(적위 -60도. 한국에서는 보이지 않는다)보다 크고 모양도 훨씬 가지런한 십자가이다. 북십자성이 정확하게 지평선 위에 세워지는 모습이 되는 때는 백조자리가 서쪽 하늘로 가라앉는 겨울밤이다. 성탄절 저녁 무렵 서쪽 하늘에 나타나는 커다란 십자가를 보며 기도를 올려보라.

북십자성을 이루는 α, γ, ε와 사각형을 이루는 위치에 연한 오렌지색을 띠는 희미한 별이 있는데 이것이 백조자리 61번별61 Cygni(5등성)이다. 이 별은 밝은 별은 아니지만 매우 유명한 별로 오랫동안 사람들의 관심 대상이었다. 이 별은 5등성과 6등성의 이중성인데 두 별이 약 7세기를 주기로 느린 회전운동을 하는 것으로 알려져 있다.

1792년경 이탈리아의 천문학자 주세페 피아치는 이 별이 매년 5.22초라는 비정상적으로 큰 고유운동을 하는 것을 발견하여 이 별에 '나는 별Flying Star'이라는 이름을 붙였다. 아마 이 별이 유명해지기 시작한 것은 그때부터였을 것이다. 그 후 이 별이 결정적으로 유명해지게 된 것은 1838년의 일로, 프로이센의 유명한 천문학자 **프리드리히 빌헬름 베셀**Friedrich Wilhelm Bessel, 1784~1846이 삼각측량법을 이용하여 처음으로 별의 거리를 측정한 것이 이 별이었기 때문이다. 당시에 측정된 결과로는 이 별까지의 거리가 10.4광년이었다. 현재의 정밀한 측정방법에 의해 조사된 이 별까지의 거리는 11.4광년인데, 당시 장비를 고려한다면 놀랄 만큼 정확한 관측 결과라고 할 수 있다.

백조의 부리에 해당하는 β별 알비레오Albireo(3등성)는 가장 아름다운 이중성 중 하나이지만, 맨눈으로 두 별을 구별하는 것은 불가능하다. 쌍안경이나 망원경으로 보면 금빛 3등성 옆에 푸른빛의 작은 별이 함께 있는 아름다운 모습을 확인할 수 있다.

전해지는 이야기

그리스 신화에는 백조가 나오는 이야기가 여럿 있으며, 백조자리는 그 이야기 속의 백조들로 여겨져왔다. 그중 가장 널리 알려진 이야기는 이러하다. 제우스는 많은 여성들과 가까워지기 위해 여러 동물의 모습으로 변신하곤 했으며, 백조도 그렇게 제우스가 변신했던 동물 중 하나이다. 제우스는 스파르타의 왕비 레다의 아름다움에 빠져 그녀를 유혹하기로 한다. 하지만 아내 헤라에게 들킬 것을 염려하여 레다를 만나러 갈 때면 언제나 백조의 모습으로 땅에 내려왔다. 레다는 백조로 변한 제우스와의 사이에서 2개의 알을 낳았는데 그중 하나에서는 카스토르Castor라는 남자아이와 클리타임네스트라Klytaimnestra라는 여자아이가, 다른 하나에서는 폴룩스Pollux라는 남자아이와 헬레네Helene라는 여자아이가 태어났다. 카스토르와 폴룩스는 로마를 지키는 위대한 영웅이 되었고 후에 쌍둥이자리의 주인공이 되었다. 클리타임네스트라는 이후에 트로이 전쟁에서 승리한 미케네의 왕비가 되며, 헬레네는 빼어난 외모로 트로이 전쟁의 원인이 되었다고 전해진다. 그리고 제우스는 레다를 기리며 이 별자리를 만들었다고 한다.

거문고자리의 신화에 나오는 오르페우스가 살해당한 후 백조가 되어 자신의 하프(거문고자리) 근처에서 별자리가 되었다는 이야기도 있다.

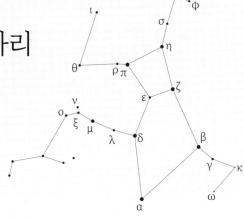

헤르쿨레스자리

4

학명	Hercules
약자	Her
영문	Hercules
위치	적경 17h 00m 적위 +27°
자오선 통과	8월 3일 오후 9시
실제 크기(서열)	1225.148평방도(5위)

헤르쿨레스자리의 주요 구성 별

약어	고유명	의미(위치)	밝기(등급)	색	거리(광년)
αHer	Rasalgethi	무릎 꿇은 사람의 머리	3.3	빨간색	360
βHer	Kornephoros	몽둥이 든 사람 (오른쪽 어깨)	2.8	노란색	139
δHer	Sarin	기원 불명(왼쪽 어깨)	3.1	흰색	75
ζHer		(허리)	2.8	연노란색	35
ηHer		(오른쪽 허벅지)	3.5	노란색	112

한 손에 뱀을, 한 손에 몽둥이를 든 영웅의 별자리

여름이 시작되면서 은하수의 물줄기는 점점 하늘의 정상을 향해 솟구치는 형상을 띤다. 봄철의 가장 밝은 별인 목동자리의 아르크투루스는 어느덧 서쪽 하늘로 기울고, 여름철의 사파이어별 직녀는 하늘 높은 곳으로 자리를 옮긴다. 이 무렵이면 목동자리와 거문고자리 사이에 놓인 '하늘을 거꾸로 걷는 사나이' 헤르쿨레스(헤라클레스)의 별자리가 하늘 정상에 자리 잡는다. 마치 직녀를 향해 무릎을 꿇고 꽃다발을 바치는 것처럼 보이기도 하는 헤르쿨레스자리는 비록 밝은 1등성이나 2등성이 하나도 없지만 하늘에 있는 많은 별자리 중에서 가장 그럴 듯하게 사람의 모습을 띠고 있다. 별자리 이름은 라틴어를 기본으로 하므로 별자리를 지칭할 때에는 그리스어 이름 '헤라클레스'를 라틴어 이름인 '헤르쿨레스'라고 부르겠다.

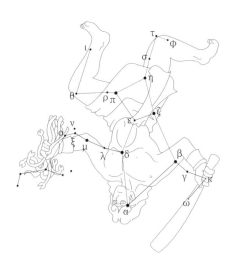

헤르쿨레스의 상상도

가운데 여섯 별이 찌그러진 H자의 모양을 하고 있다. 이것이 H자로 시작되는 헤르쿨레스자리의 가장 중심이 되는 별들이다. 얼핏 보아도 사람이 거꾸로 서 있다는 생각이 들 정도로 사람의 모습을 몹시 빼닮았다.

옛 그리스 사람들은 이 별자리를 그리스 신화의 가장 위대한 영웅 헤라클레스의 모습이라고 생각했다. 왼손으로는 괴물 뱀인 히드라를 잡고 있고, 오른손으로는 몽둥이를 들고 있다. 찌그러진 H자를 이루는 여섯 별이 헤르쿨레스의 몸통을 만들고, H자의 위쪽을 이루는 파이π별과 에타η별에서 시작되는 두 줄기의 별이 각각 왼쪽 다리와 오른쪽 다리에 해당한다. H자 아래쪽(남쪽)에 있는 3등성의 알파α별 라스알게티가 머리, 그 아래에서 양쪽으로 뻗어 나간 별들이 팔을 이룬다.

찾는 법

헤르쿨레스자리는 주변의 왕관자리와 거문고자리의 위치를 알고 있으면 수월하게 찾을 수 있다. 두 별자리 사이에 찌그러진 H자가 놓여 있기 때문이다. 이 H자만 찾을 수 있다면 헤르쿨레스자리의 나머지 별을 찾기는 어렵지 않다.

거문고자리 α별 직녀(베가)에서 백조자리 α별 데네브의 정반대편으로 같은 거리만큼 떨어진 곳에 헤르쿨레스자리의 찌그러진 H자가 있다. 헤르쿨레스가 왼손에 든 괴물 뱀 히드라를 꽃다발로 보고

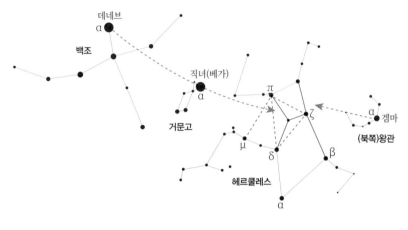

헤르쿨레스자리 찾는 법

헤르쿨레스가 무릎을 꿇고 직녀에게 꽃을 바친다고 기억할 수도 있다.

　헤르쿨레스자리의 찌그러진 H자 윗부분에 해당하는 네 별(엡실론 ε, 제타ζ, η, π)이 만드는 사다리꼴을 서양에서는 '주춧돌Keystone'이라고 부르며, 이 별자리를 찾는 지표로 이용한다.

헤르쿨레스자리를 이루는 별

H자 아래쪽에 주황색으로 빛나는 α별 라스알게티(3등성)가 있는데, 이 별은 반지름이 태양의 300배나 되는 큰 별이다. 만약 라스알게티의 중심이 지금 태양의 중심에 자리했다면 그 끝은 거의 화성 가까이 있게 된다. 이 별은 태양 질량의 2~3배나 되는 별로, 생의 마

지막에 다다른 적색거성이다. 크게 부풀었다가 원래대로 되돌아가는 것을 반복하는 맥동변광성이기도 한 이 별은 그 밝기가 3등급에서 4등급까지 불규칙적으로 변한다. 이 별은 수축과 팽창을 반복하다 머지않은 장래에 대폭발을 일으키면서 장렬한 최후를 맞이할 것이다. 이런 현상을 초신성 폭발이라고 한다.

옛날 동양에서는 이 별을 천시원天市垣(목동자리, 뱀주인자리, 뱀자리를 포함하는 큰 별자리)이라는 큰 별자리의 주인으로 생각하여 제좌帝座라는 이름으로 불렀다. 제좌는 옥황상제가 앉는 자리를 뜻하는 말이다.

전해지는 이야기

헤르쿨레스자리는 고대 아라비아에서부터 있었던 별자리인데, 처음에는 헤르쿨레스라는 이름이 아니라 '뛰는 사람', '곤봉을 들고 있는 사람', '무릎 꿇은 자', '괴물' 등의 여러 이름으로 불렸다. 헤르쿨레스의 머리에 해당하는 α별 **라스알게티**Rasalgethi는 아라비아 말로 '무릎 꿇은 자의 머리'라는 의미이다. 기원전 3세기경 살았던 그리스의 천문학자이자 시인 **아라토스**Aratus, B.C. 315~B.C. 240는 이 별자리에 대해 다음과 같이 말했다.

···용머리 근처를 비실비실 걷는 사나이···
···그가 누구인지 확실히 아는 사람은 없다.

무엇을 하고 있는지도 모르는데,

단지, 사람들은 '무릎 꿇은 자'라고 부른다.…

　이 별자리는 아라비아에서 그리스로 전해진 후 세월이 지나면서 주인공이 헤라클레스로 바뀐 듯하다.

　헤라클레스는 제우스가 알크메나라는 여인에게서 얻은 아들이다. 제우스는 알크메나의 남편이었던 티린스의 왕 암피트리온으로 변신하여 알크메나와 관계했다. 그리스 이름 '헤라클레스Heracles'는 '헤라의 영광'이라는 뜻으로, 제우스가 바람을 피워 얻은 아들을 올림포스산으로 데리고 오면서 아내 헤라의 용서를 구하기 위해 붙인 이름이다. 그럼에도 헤라클레스를 미워했던 헤라는 어린 헤라클레스를 죽이려 했으나 성공하지 못하고, 헤라클레스가 청년이 되자 그를 에우리스테우스 왕의 노예로 만들었다. 그 후 헤라클레스는 자유를 얻는 대가로 열두 가지 과제를 해결하게 되는데, 이것이 바로 그 유명한 '헤라클레스의 열두 과업the Twelve Lavors of Heracles'이다.

　노역으로 그가 한 일은 다음과 같다. 먼저 네메아 계곡의 황금 사자(사자자리), 아홉 개의 머리를 가진 물뱀 히드라(바다뱀자리), 사람을 잡아먹고 농작물을 해치는 스팀팔로스의 새를 죽였다. 또 아르테미스의 사슴, 에리만토스산의 멧돼지, 크레타섬의 괴물 소, 디오메데스의 식인 말, 지옥 문을 지키는 개 케르베로스를 생포해 왔고, 게리온의 황소 떼를 데려왔다. 30년 동안이나 청소가 안 된 아우게이아스 왕의 외양간을 청소하라는 지시를 받았을 때는 근처에 흐르는 두 강물을 외양간으로 끌어들여 하루 만에 이 일을 해치웠다. 이 외에도 아마존 족의 여왕 히폴리테의 허리띠를 훔쳐 오고, 화룡이 지키던 헤스페리데스의 황금 사과를 따 오는 일도 했다.

노역에서 풀려난 헤라클레스는 그 후 오이네우스 왕의 딸 데이아네이라와 결혼하게 되는데, 이것이 간접적으로 헤라클레스의 죽음에 원인을 제공하게 된다. 어느 날 헤라클레스가 강을 건널 때 네수스Nessus라는 반인반마半人半馬의 켄타우로스에게 아내를 건네줄 것을 부탁하였다. 물속에 살던 네수스는 이것을 허락하는 듯했으나 강의 중심에 이르자 반항하는 데이아네이라를 데리고 강물 속으로 도망을 치기 시작했다. 헤라클레스는 그의 활로 한 번에 네수스의 심장을 꿰뚫어버렸다. 이 켄타우로스는 죽기 직전 그의 피 일부를 데이아네이라에게 주며 그것이 헤라클레스의 사랑을 영원히 지켜줄 것이라고 말한다. 언젠가 헤라클레스의 사랑이 의심스러울 때 그의 옷에 이 피를 묻히면 헤라클레스가 영원히 그녀에게 충실할 것이라면서 말이다.

네수스의 피를 안전하게 숨긴 데이아네이라는 얼마 후 헤라클레스가 노예 소녀와 사랑에 빠졌다고 생각되었을 때 네수스의 피를 바른 옷을 헤라클레스에게 주었다. 헤라클레스는 죽음의 옷을 입자마자 자신이 속은 것을 알았고 그것을 몸에서 떼어내려 하였다. 그러나 그럴수록 옷은 살에 더 단단히 붙었으며 네수스의 증오는 그의 몸속으로 점점 더 깊이 퍼져갔다. 그것은 마치 몸을 둘러싼 불꽃 같았고 어떠한 방법으로도 제거할 수 없었다. 마침내 헤라클레스는 아픔을 견디지 못하고 높은 산에 올라가 나무통을 모아 자신의 장례를 준비했다. 그러고는 많은 싸움에서 그의 무기였던 믿음직한

곤봉을 머리맡에 두고, 어깨에는 사자 가죽을 걸치고 나무에 불을 붙였다. 용감했지만 가련한 영웅의 최후였다.

그리하여 사람 손으로는 다 쓸 수도 없을 만큼 많은 모험을 했고, 이후에도 초인적인 힘의 대명사로 여겨질 영웅 헤라클레스는 죽었다. 이때 그의 몸을 태운 불꽃은 핏빛으로 하늘에까지 닿았다고 한다. 이것을 바라보던 제우스는 그의 구름 전차를 타고 하늘에서 내려와 아들의 몸을 불에서 꺼내 하늘에 올려 별들 사이에 두었다. 이 영웅이 얼마나 크고 무거웠던지 하늘을 떠받치고 있던 신인 아틀라스도 우주에 더해진 무게를 느끼고 그때 약간 신음하며 비틀거렸을 정도였다고 한다.

⑤

뱀주인자리(땅꾼자리) | 뱀자리

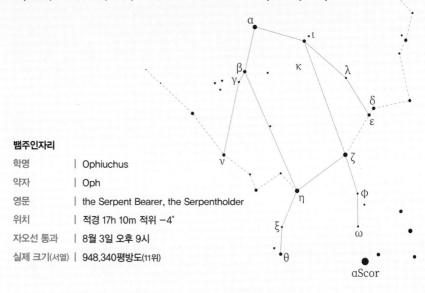

뱀주인자리

학명	Ophiuchus
약자	Oph
영문	the Serpent Bearer, the Serpentholder
위치	적경 17h 10m 적위 −4°
자오선 통과	8월 3일 오후 9시
실제 크기(서열)	948,340평방도(11위)

뱀주인자리의 주요 구성 별

약어	고유명	의미(위치)	밝기(등급)	색	거리(광년)
αOph	Rasalhague	땅꾼의 머리	2.1	흰색	49
βOph	Cebalrai	목동의 개(오른쪽 어깨)	2.7	주황색	82
γOph	Muliphen*	기원 불명(오른쪽 팔)	3.7	흰색	103
δOph	Yed Prior	앞쪽의 손(왼쪽 손)	2.7	빨간색	171
εOph	Yed Posterior	뒤쪽의 손(왼쪽 손)	3.2	노란색	107
ζOph		(왼쪽 무릎)	2.6	파란색	366
ηOph	Sabik	몰이꾼, 앞선 것(오른쪽 무릎)	2.4	흰색	88
λOph	Marfik	팔꿈치	3.8	흰색	173

* 큰개자리의 감마별인 '무리페인Muliphein'과 혼동하기 쉽다.

뱀주인자리(땅꾼자리) | 뱀자리

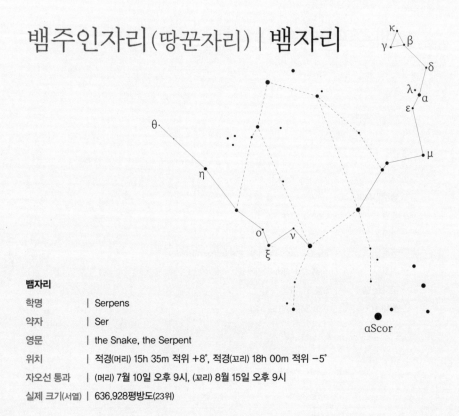

뱀자리

학명	Serpens
약자	Ser
영문	the Snake, the Serpent
위치	적경(머리) 15h 35m 적위 +8°, 적경(꼬리) 18h 00m 적위 −5°
자오선 통과	(머리) 7월 10일 오후 9시, (꼬리) 8월 15일 오후 9시
실제 크기(서열)	636,928평방도(23위)

뱀자리의 주요 구성 별

약어	고유명	의미(위치)	밝기(등급)	색	거리(광년)
αSer	Unukalhay*, Cor Serpentis	뱀의 목, 뱀의 심장	2.6	주황색	74
βSer		(뱀의 머리)	3.6	흰색	155
θSer	Alya	양의 살찐 꼬리(뱀의 꼬리)	4.0	흰색	150

* 두 개의 이름 중 국제천문연맹에 의해 2016년 '우누칼하이Unukalhai'가 공식 이름으로 승인되었다.

뱀을 든 채 넓은 공간을 차지한 사람

한국에서 뱀주인자리 혹은 땅꾼자리라고 불리는 이 별자리의 영문 명은 정확히 번역하면 '뱀을 나르는 사람Serpent bearer' 혹은 '뱀을 잡고 있는 사람Serpent Holder'이라는 뜻이다. 이 별자리는 사람이 뱀을 들고 있는 형상이어서 이런 이름이 붙었다.

무더위가 시작되면서 서쪽 하늘로 봄철의 별들이 하나둘 모습을 감추기 시작할 때 잠시 눈을 돌려 새롭게 변한 남쪽 하늘을 바라보면, 헤르쿨레스자리와 전갈자리 사이 넓은 공간에 작은 별로 이루어진 커다란 별자리를 발견할 수 있다. 양손에 뱀을 잡고 전갈 위에 올라탄 것처럼 보이는 이 별자리는 헤르쿨레스자리와 머리를 맞대고 선 뱀주인자리이다. 뱀주인자리 아래의 밝은 별은 전갈자리의

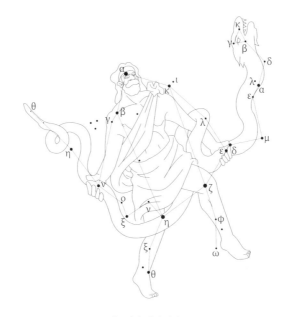

뱀주인과 뱀의 상상도

알파α별인 1등성 안타레스이다.

머리를 나타내는 α별을 포함해서 남쪽으로 보이는 두 개의 2등성이 커다란 오각형을 만들고 있는데, 이들을 제외하고는 모두 3등성 이하의 별로 이루어져 있어 특별히 시선을 끄는 별자리는 아니다. 오각형의 양쪽으로 뱀주인이 들고 있는 것이 바로 뱀자리이다. 고개를 치켜든 뱀 머리는 별 세 개를 이은 삼각형 모양이고, 그 아래로 일련의 별이 구불구불하게 줄지어 뱀의 몸통을 만들고 있다. 가운데 부분이 점선으로 잘린 것은 이 부분이 뱀주인(땅꾼)자리에 해당하기 때문이다. 뱀자리는 잘린 곳을 기준으로 뱀의 머리Serpent Caput와 꼬리Serpent Cauda 부분으로 나뉜다. 이렇듯 뱀자리와 뱀주인자리는 서로 섞여 있고 퍼져 있는 공간도 매우 넓으며 특별히 눈에 띄는 별도 없어 밤하늘이 친숙하지 않은 사람은 찾기가 쉽지 않다.

찾는 법

뱀주인자리를 찾는 데 가장 편리한 길잡이별은 직녀(베가)와 견우(알타이르)다. 뱀주인의 머리에 해당하는 α별 라스알하게(2등성)는 직녀, 견우와 커다란 이등변삼각형을 이루고 있다. 그러나 헤르쿨레스자리를 정확하게 아는 사람은 헤라클레스의 머리에 해당하는 라스알게티(αHer)의 바로 왼쪽에서 라스알하게를 찾는 것이 쉬울 수 있다. 뱀주인의 발이 전갈자리 위에 얹혀 있다는 것을 알면 나머지 별의 위치를 찾는 데 도움이 될 것이다.

뱀주인자리의 주인공이 의학의 신 아스클레피오스Asclepius라는 것을 아는 사람이라면 다른 방법으로 이 별자리를 찾을 수도 있다. '독도 잘만 쓰면 약이 된다'는 말과, 독을 지닌 동물인 전갈을 연상해보자. 여름철 남쪽 하늘에서 가장 밝게 빛나는 붉은 별(안타레스)은 전갈자리의 심장에 해당하며, 그 바로 위에 아스클레피오스가

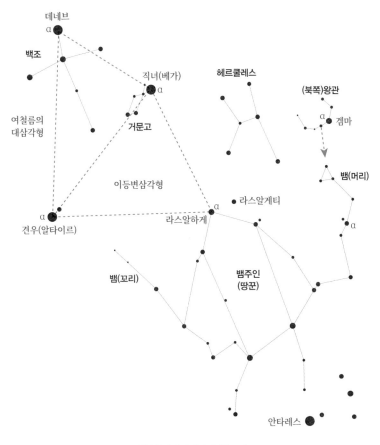

뱀주인자리와 뱀자리 찾는 법

있다. 그리스 신화에서도 아스클레피오스가 전갈이 죽인 오리온을 다시 살리려고 하는 이야기가 나온다. 또 일설에 아내가 뱀에게 물려 죽었다고 전해지는 거문고자리의 주인공 오르페우스도 아스클레피오스의 도움이 필요했다고 한다. 그래서 아스클레피오스의 별자리는 거문고자리의 직녀와 전갈의 심장인 안타레스, 두 1등성 중간에서 찾을 수 있다.

뱀자리의 경우에는 머리 부분을 찾는 것이 우선인데, 이 부분을 확실하게 알려면 먼저 반원형의 왕관자리를 알아야 한다. 왕관자리 바로 아래에 4등성으로 이루어진 조그만 삼각형이 보이는데, 이것이 뱀 머리이다. 뱀 머리에서 왼쪽 아래로 뻗은 별들의 열을 따라가면 곧 뱀주인자리의 몸통 부분과 만난다. 여기를 지나 다시 왼쪽 위로 시선을 옮기면 뱀 몸통이 계속 이어지는 것을 발견하게 될 것이다.

뱀주인자리와 뱀자리를 이루는 별

라스알하게

옛날 동양에서는 뱀주인자리의 α별 **라스알하게**Rasalhague를 천시원天市垣이라는 큰 별자리의 천후天侯(신하)라는 이름으로 부르며 중요하게 여겼다. 바로 옆에 자리 잡은 헤르쿨레스자리의 α별 **라스알게티**Rasalgethi는 하늘의 임금인 천제天帝로 여겨졌다.

13번째 황도 별자리?

뱀주인자리는 황도 12궁에는 포함되지 않지만 실제로는 황도에 걸쳐 있는 별자리이다. 이 별자리가 처음부터 황도 위에 만들어진 것인지에 대해서는 정확한 자료가 없지만, 국제천문연맹IAU이 1930년에 현대의 별자리 경계를 발표할 때 뱀주인의 다리 부분이 황도에 포함되었다. 태양은 매년 11월 30일부터 12월 17일 사이에 이 별자리를 통과한다. 황도 12궁에 이 별자리를 포함하여 황도 13궁으로 해야 한다는 주장이 논란이 되기도 하였으나, 이는 황도와 세차운동을 정확하게 이해하지 못해서 생겨난 해프닝이다.

세차운동으로 변하는 것은 황도가 아니라 춘분점의 위치이다. 3,000년 전이나 지금이나 태양은 거의 같은 별들 사이를 지나간다. 즉 3,000년 전의 황도와 지금의 황도가 큰 차이가 없다는 말이다. 세차운동은 지구의 운동이고, 황도는 태양이 별들 사이를 움직이는 길이다. 즉 세차운동으로 지구가 어느 방향을 가리키든 태양의 위치인 황도에는 영향을 주지 않는다. 쉬운 예로 여러분(지구)이 멀리 있는 유리창(천구) 앞에 놓인 화분(태양)을 본다고 생각해보자. 여러분이 고개를 어느 쪽으로 기울여서 보든 창과 화분의 상대적인 위치는 다르게 보이지 않는다. 유리창과 반대쪽으로 고개를 돌리면 창과 화분이 아래쪽에 보이고, 같은 쪽으로 고개를 돌리면 창과 화분이 조금 위쪽에 보인다는 차이가 있을 뿐이다. 세차운동으로 자전축이 가리키는 방향이 바뀌면 별자리가 뜨는 고도가 바뀔 뿐이며, 황도에는 변화가 없다. 황도 별자리가 13개라는 주장은 1930년에 별자리 경계선이 발표되었을 때부터 나왔는데, 이것은 별자리 경계선을 그렇게 만들었기 때문이지 결코 세차운동으로 지구 자전 축이 변해서 나타난 현상이 아니다.

아울러 황도 12궁에서 말하는 **궁**宮, sign과 천문학에서 말하는 **별자 리**constellation의 의미가 다르다는 것도 알아야 한다. 황도 12궁은 그 이름을 별자리에서 따오긴 했지만 별자리 모양이나 경계선과는 아무런 관련이 없다. 황도 12궁은 황도를 춘분점부터 30도씩 나눠서, 각 구역에 열두 별자리의 이름을 붙인 것이다.

3,000년 전쯤 고대의 천문학자들(당시엔 이들이 모두 점성술사였다)이 황도 12궁을 결정할 때에는 황도 12궁의 각 영역에 포함된 별자리 이름을 채택하여 각 궁의 이름을 정했다. 당시에 춘분점이 있는 별자리가 양자리였으므로 황도 1궁은 양이 되었다. 하지만 세차운동으로 이미 2,000년 전에 춘분점은 물고기자리로 옮겨갔고, 양 궁에는 양자리가 아닌 물고기자리가 자리 잡게 되었다. 이렇게 황도 12궁은 이미 오래전부터 그 속에 그 이름의 별자리가 있는 것이 아니라 단순히 황도 위의 영역을 표시하는 용법으로 쓰였다. 그래서 이미 오래전부터 황도에 걸친 별자리는 모두 13개였고, 점성술에서 사용되는 황도 12궁을 13궁으로 바꾸어야 할 이유는 없다. 세차운동에 관한 자세한 내용은 작은곰자리 장을 참고하기 바란다.

바너드별

뱀주인자리의 베타β별 케레브Cheleb(3등성)에서 왼쪽으로 약 4도 떨어진 곳에 바너드별Barnard's Star이라고 불리는 10등성의 작은 별이 있다. 이 별은 맨눈으로는 볼 수 없지만 항성 가운데 고유운동(관측자의 시선과 직각으로 천구를 움직이는 별의 겉보기 운동. 보통 1년 동안 움직인 각도를 측정한다)이 가장 큰 별로 유명하다. 1916년 미국의 천문학자 **에드워드 바너드**Edward Emerson Barnard, 1857~1923가 측정한 바에 따르면 이 별은 1년에 10.25초나 위치가 변한다. 달의 지름만큼 이동하려면 180년 정도가 걸리는 속도지만, 천구의 움직임으로 보았을 때는 대단히 빠른 것이다. 이 별의 고유운동이 큰 이유는 별 자체의 운동 속도가 빠른 것에도 그 이유가 있지만, 이 별이 태양에서 가장 가까운 별인 켄타우루스자리 α별(4.3광년) 다음으로 가깝게, 지구에서 6광년 정도 떨어져 있기 때문이다.

전해지는 이야기

인류에 대한 헌신적인 사랑을 보여준 의학의 신

그리스 신화에서 뱀주인자리의 주인공은 '의학의 신'이라고 이야기되는 아스클레피오스라고 여겨졌다. 아스클레피오스의 이야기에서는 뱀이 중요하게 등장한다. 고대 그리스 사람들에게 뱀은 지혜, 치유, 부활을 의미하는 신성한 존재였다. 의학과 의료를 상징하는 뱀이 감긴 지팡이의 형상이 '아스클레피오스의 지팡이'라고 불리는 것도 이러한 이유에서이다.

아스클레피오스는 아폴론과 트리카의 공주였던 코로니스 사이에서 태어난 아들이다. 코로니스는 임신 중일 때 바람을 피웠는데, 아폴론에게 충실하지 못했다는 이유로 아르테미스에게 살해당한다. 아폴론은 제왕절개를 통해 죽은 코로니스의 몸에서 아스클레피오스를 꺼내, 켄타우로스인 키론에게 양육을 맡겼다. 아스클레피오스는 키론에게서 기초 의술을 비롯하여 많은 것을 배웠다.

어느 날 아스클레피오스는 친구 집에서 뱀을 한 마리 죽였는데, 이때 놀랍게도 또 다른 뱀이 어떤 약초를 물고 와 죽은 뱀을 살려내는 것을 보게 되었다. 이후에 그 약초가 무엇인지 알아낸 아스클레피오스는 그것을 사용하여 병을 고치고 죽은 이를 부활시키는 방법을 알아냈다.

그는 난폭한 말 네 마리에게 사지가 찢긴 히폴리투스를 비롯하여 죽은 사람을 여럿 되살렸고, 아르고호의 항해에서도 의사로 활약했으며, 항해 후에는 전적으로 의학 연구에만 전념하였다. 그는 인류의 오랜 소망이었으나 어떤 인간도 결코 해내지 못했던, 불멸의 신비를 벗기는 일에 몰두하였다.

죽음의 신 하데스는 그런 아스클레피오스의 의학이 못마땅했다. 하데스는 아우인 제우스에게 아스클레피오스가 죽은 자를 살리는 일을 그만두게 해달라고 부탁했고, 제우스도 죽음이 인간의 벗어날 수 없는 한계이자 어떤 의술로도 깨뜨릴 수 없는 법칙이어야 한다는 데 동의했다. 제우스는 아스클레피오스를 찾아가 죽은 사람을 살려내는 것을 그만두도록 주의를 주었다. 그런데도 아스클레피오스가 생명을 구하는 것이 의사의 사명이라며 말을 듣지 않자, 제우스는 아스클레피오스를 벼락으로 죽였다.

이에 아들의 죽음을 슬퍼한 아폴론은 제우스에게 번개를 만들어준 키클롭스들을 죽인다. 제우스는 아폴론을 올림포스에서 추방하고 일 년간 벌을 받게 한다. 하지만 제우스는 아스클레피오스의 업적과 공을 기리고자 그를 뱀과 함께 하늘의 별자리로 만들어주었다.

세월이 흐르면서 아스클레피오스의 별자리는 옆의 뱀자리 때문에 '뱀을 잡고 있는 사람Ophiuchus'으로 불리게 되었다. 이 외에도 이 별자리의 주인공을 뱀을 잘 잡는 거인 상가리우스Sangarius, 혹은 트립톨레모스의 용을 죽인 게타이의 왕 카르나본Charnabon이라고도 한다.

6

돌고래자리

학명	Delphinus
약자	Del
영문	the Dolphin
위치	적경 20h 35m 적위 +12°
자오선 통과	9월 24일 오후 9시
실제 크기(서열)	188.549평방도(69위)

돌고래자리의 주요 구성 별

약어	고유명	의미(위치)	밝기(등급)	색	거리(광년)
αDel	Sualocin	사람 이름	3.8	청백색	354
βDel	Rotanev	사람 이름	3.6	언노란색	101
εDel	Aldulfin, Deneb	돌고래의 꼬리	4.0	청백색	330

물 위로 뛰어오르는 돌고래

밝고 커다란 별이 만드는 별자리는 화려하지만 작고 어두운 별이 좁은 공간에 모여서 만드는 예쁜 기하학적 모양에는 또 다른 아름다움이 있다. 독수리자리 왼쪽에 있는 작고 귀여운 돌고래자리를 보고 있으면 그런 소박하고 정돈된 아름다움을 느낄 수 있다.

트럼프 카드의 다이아몬드 같은 모양을 이루고 있는 4등성들이 보인다. 그리고 이 다이아몬드 약간 아래에 역시 4등성인 별이 하나 더 있다. 이 별들을 보고 옛사람들은 바다에 사는 돌고래를 생각했다. 다이아몬드 모양의 별들이 돌고래의 몸통에 해당하고 그 아래의 별이 꼬리다. 돌고래가 물을 박차고 뛰어오르는 모습을 상상해보자.

작고 귀여운 돌고래가 물 위로 막 뛰어오른 모습이다. 돌고래의 꼬리에 해당하는 별은 엡실론 ε 별이며, 그 별의 고유명은 꼬리라는 뜻의 '데네브Deneb'이다. 백조자리에서 백조의 꼬리를 이루는 알파 α별 데네브와 이름이 같다. 그래서 이 별과 구별하려고 돌고래자리

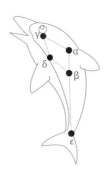

돌고래의 상상도

의 데네브를 '데네브 델피니Deneb Delphini'(돌고래의 꼬리)라고 부르기도 한다. 2017년 국제천문연맹은 이 별의 이름으로 '알둘핀Aldulfin'을 지정하였는데, 이 역시 '돌고래 꼬리'라는 뜻이다.

찾는 법

돌고래자리는 오래전부터 알려진 별자리지만 그 크기가 워낙 작고 밝기도 어두운 별들로 이루어져 있어, 그 위치를 정확하게 알고 있지 않으면 찾기가 쉽지 않다.

다른 작은 별자리를 찾을 때와 마찬가지로 이 별자리를 찾으려면

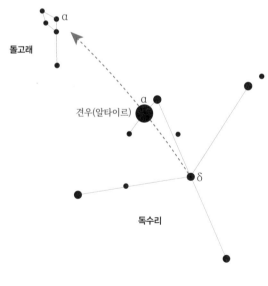

돌고래자리 찾는 방법

주위의 밝은 별을 길잡이로 삼아야 하는데 독수리자리의 α별 견우, 즉 알타이르가 여기에 가장 적격이다. 견우의 남쪽에 있는 독수리자리의 델타δ별(3등성)과 견우를 이어 같은 거리만큼 연장하면 그곳에서 다이아몬드 모양의 돌고래자리를 발견할 수 있다.

뒤에서 더 이야기하겠지만 돌고래는 예로부터 사랑의 전령사로 여겨졌다. 그런 돌고래가 직녀의 메시지를 전하러 은하수를 건너 견우 앞에 와 있다고 생각하면 이 별자리의 위치를 기억하는 데 도움이 될 것이다. 이 별자리를 찾을 때 꼭 염두에 두어야 할 것은 돌고래의 크기가 생각보다 작다는 것이다.

돌고래자리를 이루는 별

돌고래의 몸체에 해당하는 마름모꼴의 네 별(α, β, γ, δ)에는 '욥의 관 Job's Coffin'이란 이름이 붙어 있다. 이 이름은 구약성서에도 언급되지만, 이 이름이 언제 누구에 의해서 왜 여기에 붙었는지는 알려져 있지 않다.

돌고래자리의 α별 수아로킨Sualocin(4등성)과 베타β별 로타네브 Rotanev(4등성) 역시 오랜 세월 동안 그 이름의 의미가 밝혀지지 않았던 의혹의 별이었다. 그런데 19세기 후반 영국의 아마추어 천문가였던 **토머스 윌리엄 웨브**Thomas William Webb, 1807~1885 목사가 이들 이름의 기원을 밝혀내서 세상을 깜짝 놀라게 했는데, 그 사연은 다음과 같다.

이 이름들은 이탈리아의 시칠리아섬에 있는 팔레르모 천문대에서 1814년 **주세페 피아치**Giuseppe Piazzi, 1746~1826가 발간한《팔레르모 별목록Palermo Catalogue》에 처음으로 소개되었다. 당시 이 천문대에서는 **니콜로 카차토레**Niccolo Cacciatore라는 사람이 조수로 일했는데, 그는 별에 자신의 이름을 붙이는 것이 평생 소원이었다. 피아치 밑에서 별 이름을 정리하던 그는 어느 날 아무도 모르게 자신의 이름을 라틴어로 바꾸고 이를 다시 거꾸로 써서 이 두 별에 원래 붙어 있던 이름처럼 적어버렸다. 즉 그의 라틴어 이름인 '니콜라우스 베나토르Nicolaus Venator'를 거꾸로 써서 '수아로킨-로타네브Sualocin-Rotanev'라는 이름을 붙인 것이다.

결국 웨브 목사에 의해 이 이름이 한 사람의 욕심을 채우기 위해 붙은 것임이 밝혀졌지만 그때는 이미 많은 사람들이 그 이름을 사용하고 있었으므로 다시 바꿀 수가 없었다. 어쨌거나 카차토레는 자신의 소원을 이룬 셈이 되었다.

개인적으로는 자신의 이름을 별에 붙인 카차토레도 대단하지만 끝까지 그 내막을 파헤친 웨브 목사의 집념은 그보다 더 대단한 것 같다. 웨브 목사는 19세기에 활동했던 가장 유명한 아마추어 천문가 중 한 사람으로, 그가 1859년에 출간한《소형 망원경을 위한 천체 가이드Celestial Objects for Common Telescopes》는 20세기 중반까지도 전 세계 아마추어 천문가들에게 가장 기본적인 관측 교재로 보급되었다.

전해지는 이야기

돌고래가 사랑의 전령이 된 사연

돌고래자리 설화 중에서 가장 널리 알려진 것은 바다의 신 포세이돈의 심부름꾼으로서 암피트리테를 설득하여 포세이돈과 결혼하게 한 돌고래에 대한 이야기이다.

어느 날 포세이돈은 낙소스섬에서 춤을 추던 바다의 님프 암피트리테를 보고 사랑에 빠졌다. 그는 암피트리테에게 달려가 자신의 사랑을 받아줄 것을 간청했지만, 암피트리테는 포세이돈의 무서운 외모를 보고 도망친다. 포세이돈은 바다의 동물들에게 그녀를 찾아올 것을 명령했고, 그의 충실한 부하였던 돌고래가 그녀를 찾아냈다. 돌고래는 암피트리테를 열심히 설득했고, 결국 설득된 암피트리테는 포세이돈과 결혼하여 바다의 신이 되었다. 그 공로로 돌고래는 하늘의 별자리가 되었고, 사랑을 전하는 동물을 상징하게 되었다.

아리온의 목숨을 구해준 돌고래

그리스 신화에는 다음과 같은 이야기도 전해진다. 옛날 코린트의 페리안데르 궁궐에 그리스 제일의 하프 연주자인 아리온이라는 사람이 살았다. 아리온은 우연한 기회에 시칠리아섬에서 열린 음악 경연대회에 참가하여 큰 명성을 얻었다. 시칠리아의 사람들은 그 음악에 대한 보답으로 그가 돌아갈 때 많은 보물을 주었다.

그러나 아리온이 이 보물들을 싣고 돌아오던 도중 배의 선원들이 보물을 빼앗으려고 폭동을 일으켰다. 이들은 아리온의 보물을 빼앗고 그를 묶어 바다에 던지려고 했다. 아리온은 죽기 전에 마지막 하프 연주를 할 수 있게 해달라고 애원했다. 선원들은 유명한 음악가의 음악을 들을 수 있다는 생각에 그의 청을 들어주었고, 아리온은 뱃전에 걸터앉아 바다를 바라보며 하프를 뜯었다.

아리온의 하프 소리가 얼마나 애절하고 아름다웠던지 하늘의 새와 바다의 물고기가 배 주위로 모여들었고, 멀리 떨어진 해변의 사람들까지 눈물을 흘렸다. 아리온이 연주를 마치고 바다로 뛰어들었을 때 마침 뒤를 따르던 돌고래 한 마리가 그를 싣고 무사히 해변까지 옮겨주었다. 해변에 도착한 아리온은 곧장 자신의 고향인 코린트로 돌아와 배가 닿을 때를 기다렸다. 아리온이 죽은 줄로만 알고 태평하게 항구로 들어오던 선원은 모두 붙잡혔고, 아리온은 그의 보물을 모두 되찾았다.

그 후 아리온은 돌고래에 의해 기적적으로 구출된 일을 기리려고 청동으로 '사람을 태운 돌고래 상像'을 만들어 타에하룬 사원에 세웠고, 신들은 아리온을 구해준 돌고래를 하늘의 별자리로 만들어 영원히 빛나게 하였다고 한다.

직녀가 던진 베틀의 북

한국에서는 돌고래자리에 있는 마름모꼴을 '베틀의 북'이라고도 했다. 북은 베를 짤 때 씨실을 풀어주는 역할을 하는, 배舟처럼 생긴 나무통인데, 직녀가 베를 짜다가 화가 나서 던진 북이라는 것이다.

이 이야기는 견우와 직녀의 이별이 부부싸움에서부터 시작되었다는 민담에서 유래한다.

들판을 돌아다니며 자유롭게 생활하던 견우에게 궁궐의 생활은 따분할 수밖에 없었을 것이다. 반대로 하늘나라 궁전에서 책만 읽고 베만 짜던 직녀에게 견우의 자유분방한 행동은 낯설기만 했을 것이다. 매일같이 놀자고만 하는 견우에게 직녀는 서서히 실망하게 되었고, 어느 날 화가 난 직녀는 베틀을 돌리다 창 밖에서 놀고 있던 견우에게 베틀의 북을 던져버렸다. 견우 옆에 보이는 돌고래자리의 마름모꼴 별들이 바로 견우의 머리를 맞고 옆으로 튄 베틀의 북이라고 한다.

화가 난 견우는 옥황상제를 찾아가 직녀와의 이혼을 허락해줄 것을 요구하였으나, 체면을 중요시했던 옥황상제는 딸이 이혼하는 것을 허락할 수 없었다. 결국 옥황상제는 둘이 이혼하는 대신 견우에게 은하수 남쪽의 땅을 주고 별거를 하게 했고, 화해를 위해 일 년에 하루는 서로 만나도록 했다. 그래서 매년 칠월 칠석이 되면 견우는 보기 싫은 직녀를 보기 위해 어쩔 수 없이 은하수를 건너야 했고, 이때 자신의 처지를 슬퍼하면서 눈물을 흘렸는데 이것이 칠석비라고 한다. 견우와 직녀가 헤어진 정확한 이유를 알 수는 없지만 돌고래자리를 보고 부부싸움 이야기를 만들어낸 옛사람들의 상상이 재미있다.

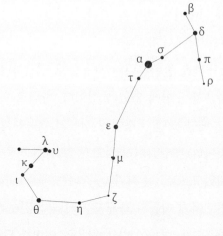

전갈자리

학명	Scorpius
약자	Sco
영문	the Scorpion
위치	적경 16h 20m 적위 −6°
자오선 통과	7월 21일 오후 9시
실제 크기(서열)	496.783평방도(33위)

전갈자리의 주요 구성 별

약어	고유명	의미(위치)	밝기(등급)	색	거리(광년)
αSco	Antares*, Cor Scorpii	화성의 라이벌, 전갈의 심장	1.0(0.6~1.6)**	빨간색	550
βSco	Arcab	전갈(왼쪽 집게발)	2.6	청백색	400
δSco	Dschubba	전갈의 이마	2.0	청백색	443
θSco	Sargas	화살촉(전갈의 꼬리)	1.8	연노란색	329
λSco	Shaula	올려진 꼬리(전갈의 독침)	1.6	청백색	570
σSco	Alniyat	동맥(심장의 오른쪽)	2.9	청백색	568
τSco	Paikauhale***, Al Niyat	집없는 떠돌이, 동맥(심장의 왼쪽)	2.8	청백색	470
υSco	Lesath	안개 덩이(전갈의 독침)	2.7	청백색	580

* 두 개의 이름 중 국제천문연맹에 의해 2016년 공식적으로 승인된 이름은 '안타레스Antares'이다.

** 안타레스의 밝기는 수년에 걸쳐 0.6등급에서 1.6등급까지 변하기도 하는데, 특별한 주기성은 없다.

*** 오랫동안 δ별과 함께 아랍어에서 기원한 '알 니야트Al Niyat'라는 이름으로 불렸으나, 2018년 국제천문연맹에 의해 하와이어에서 기원한 '파이카우할레Paikauhale'라는 이름이 공식적으로 붙었다.

화성의 라이벌을 품은 별자리

여름밤 남쪽의 낮은 하늘을 보면 먼저 밝게 빛나는 붉은색 1등성 하나가 눈에 띈다. 이 별은 전갈자리의 으뜸별로, '화성의 라이벌'이란 뜻을 가진 **안타레스**Antares라는 별이다. 그 별 옆에는 두 별이 마치 호위병처럼 나란히 붙어 있는데, 이들이 바로 여름철의 삼태성이라고 불리는 별들이다. 이 세 별 주위를 보면 여러 별들이 앞뒤로 S자 모양으로 길게 늘어져 있어 마치 바다에 던져놓은 낚싯바늘을 보는 것 같은 착각을 불러일으키는데, 이 별무리가 바로 여름철 남쪽 하늘의 대표적인 별자리인 전갈자리이다.

여름이 시작되는 6월경 남동쪽 하늘에 전갈의 앞발에 해당하는 2, 3등성의 별들이 떠오르면, 그 뒤로 여름철의 삼태성을 따라 긴 사슬에 매달린 보석 같은 별들이 S자 모양으로 열을 이뤄 올라온다.

이 별자리의 가장 밝은 별 안타레스(αSco, 1등성)는 전갈의 몸통

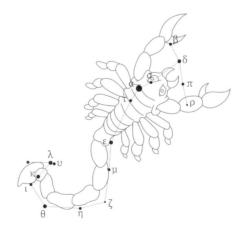

전갈의 상상도

중심 부분에 있으며, 앞부분(오른쪽)에 일자로 늘어진 2등성의 델타 δ별과 3등성의 베타β별, 파이π별은 전갈의 머리와 앞발에 해당한다. 옛날에는 이 별자리의 앞에 있는 천칭자리도 이 별자리에 속해 있었으므로 전갈의 집게발이 더 확실하게 그려졌었다. S자의 왼쪽 끝부분에서 밝게 빛나는 람다λ별 샤울라Shaula는 전갈의 독침에 해당한다. 샤울라와 3등성 입실론υ별이 거의 붙어 있는 모습이 특히 인상적이다.

찾는 법

가운데 특히 밝은 1등성이 보이고 그 아래로 2, 3등성의 밝은 별들이 길게 S자 모양으로 펼쳐져 있다. 1등성 앞에 있는 별들은 일자로 길게 늘어져 있어 이 별자리를 전갈로 생각하게 하는 결정적인 역할을 한다. S자의 왼쪽 끝부분에 붙어서 보이는 2등성의 λ별과 3등성의 입실론υ별을 전갈의 독침이라고 생각하면 그림이 조금은 쉽게 그려진다.

여름 해변에서 이 별자리를 보면 낚싯바늘이 바다에 걸린 것처럼 보여서 전갈자리를 낚싯대나 낚싯바늘의 별자리로 보는 곳도 있다. 지평선 근처에 있어서 모습이 약간 어색하기는 하지만, 전갈자리가 하늘 높은 곳으로 떠오르는 남반구에서는 크기도 작게 느껴져서 더 낚싯바늘처럼 보인다.

전갈자리는 밝은 별이 모여 이루어져 있어서 여름밤 남쪽 하늘에

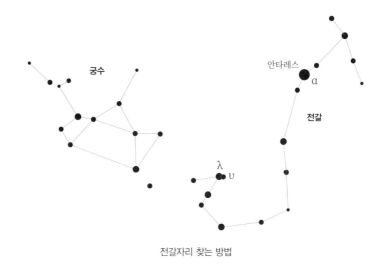

전갈자리 찾는 방법

서 이 별자리를 찾기는 크게 어렵지 않다. 다만 꼬리 부분을 궁수자리의 별들과 혼동하지 않는 것이 중요하다. 그래서 S자 왼쪽 끝에 붙은 2등성의 λ별 샤울라와 3등성의 υ별을 꼭 확인해야 한다.

이 전갈은 태양이 지나는 길목(황도)에 있어서인지 태양의 신 아폴론이 풀어놓았다고 알려져 있다. 전갈을 뜻하는 영어 단어 'Scorpion'이 S자로 시작한다는 것을 기억하면 이 별자리의 전체 모습을 떠올리는 데 도움이 될 것이다.

전갈자리를 이루는 별

안타레스

이 별자리의 α별에 화성의 라이벌을 뜻하는 '안타레스'라는 이름이 붙은 것은 아마도 이 별의 붉은 빛이 화성(고대 그리스에서는 화성을 전쟁의 신의 이름인 아레스Ares로도 불렀다)과 비슷한데다 황도에 가깝게 있어 약 2년에 한 번씩 화성이 근처를 지나갈 때 서로 만나는 것처럼 보였기 때문일 것이다.

한국의 천상열차분야지도에는 안타레스가 28수 중 하나인 심心수의 중심이 되는 별이라고 적혀 있는데, 이것은 이 별을 동쪽 하늘을 지키는 청룡의 심장으로 보았기 때문이다. 안타레스는 독특한 붉은 색깔 때문에 화火나 대화大火라고도 불렀고, 임금님을 뜻하는 별로도 여겨졌다. 이렇게 보면 옆에 있는 두 별은 왕자의 별이 된다.

동양의 점성술에서는 화성이 안타레스에 근접할 때 왕이 궁궐을 벗어나면 왕에게 불길한 일이 생긴다고 하여 조심하도록 하였다. 마야 문명에서도 안타레스를 죽음의 신으로 여겨 불길하게 생각하였다.

왜 붉은 별들 중에서도 안타레스가 불길한 별의 대명사처럼 여겨지게 되었을까? 별들은 지평선에 가까울수록 더 붉게 보이는데, 안타레스가 지평선에 가깝게 떠서 붉은 빛이 더 붉게 느껴졌기 때문이지 않을까 싶다.

하지만 안타레스가 항상 불길한 별로만 여겨졌던 것은 아니다. 목성이나 토성이 안타레스에 근접하면 나라에 좋은 일이 생길 징조로 여겼다. 그런데 화성이 안타레스에 근접하는 것은 약 2년에 한 번인데 목성은 약 12년에 한 번, 토성은 약 30년에 한 번 화성에 근접하므로 좋은 일보다는 나쁜 일을 더 많이 걱정했던 것 같다.

여름철의 삼태성

전갈의 심장인 안타레스와 더불어 그 양쪽에서 심장의 외벽 즉 '알니야트Al Niyat'로 불리는 시그마σ와 타우τ별은 안타레스를 중심으로 약간 굽어져 있다. 이 세 별은 겨울철의 밤하늘에서 볼 수 있는 오리온자리의 삼태성과 비교하여 여름철의 삼태성이라는 별명으로도 불린다. 겨울철의 삼태성은 모두 2등성인데, 여름철의 삼태성은 1등성(안타레스) 하나와 3등성 둘로 이루어져 있다.

황도 제8궁 천갈궁

전갈자리는 황도 12궁 중 제8궁인 천갈궁天蝎宮으로, 춘분점을 기준으로 황도의 210도에서 240도까지의 영역이 이에 해당한다. 태양은 2023년을 기준으로 10월 24일부터 11월 21일까지 이 영역에 머물며, 이때 태어난 사람들은 전갈자리가 탄생 별자리가 된다. 세차운동의 영향으로 태양이 실제 전갈자리를 통과하는 시기는 11월 23일부터 11월 29일 사이이며, 11월 30일부터 12월 17일까지는 뱀주인자리를 지나간다. 전갈자리는 황도 별자리 중 가장 남쪽에 위치한 별자리이지만 황도가 전갈자리의 남쪽까지 지나가지는 않는다. 황도의 가장 남쪽 지점은 바로 옆의 궁수자리에 있다.

전갈자리에는 황도 별자리인 28수 중 청룡을 상징하는 동방칠수東方七宿 세 개가 속해 있다. 전갈의 머리 부분에 해당하는 네 별(β, δ, π, ρ)이 청룡의 배에 해당하는 방房수이고, 안타레스를 포함한 세 별(여름철의 삼태성)이 청룡의 심장인 심心수, 그리고 전갈의 꼬리 부

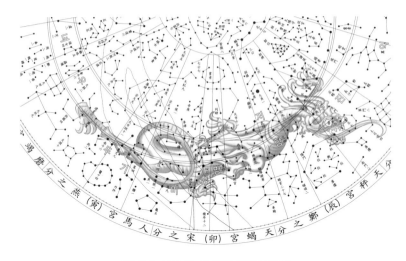

동양에서는 동쪽 하늘에 청룡이 있다고 여겼다.

분에 해당하는 아홉 별이 청룡의 꼬리인 미尾수이다.

샤울라와 레사쓰

전갈의 꼬리 끝 독침에 해당하는 λ별 샤울라(2등성)와 υ별 레사스
Lesath(3등성)에는 '해와 달이 된 오누이' 설화가 전해진다. 어린 오누
이가 호랑이에게 쫓기다 숨을 곳을 찾지 못하고 나무 위에서 잡히
게 됐을 때 하늘에서 금줄이 내려와 이들 오누이를 구해주었다는
이야기를 한 번쯤은 들어보았을 것이다. 이때 어린 오누이가 매달
린 금줄이 길게 늘어진 전갈자리의 별들이고, 꼬리 끝의 λ별과 υ별
이 매달린 아이들이라고 한다. 아마도 전갈자리가 남쪽 하늘 지평
선 바로 위에 띠처럼 길게 놓여서 이런 이야기가 붙은 듯하다. 이야

3부. 여름철의 별자리

기의 마지막에는 아이들이 하늘에 올라 해와 달이 된다.

전해지는 이야기

전갈이 오리온을 쫓는 이유

그리스 신화에 따르면 이 별자리는 오리온을 죽이려고 아폴론이 풀어놓은 거대한 전갈이다. 달의 신 아르테미스와 사냥꾼 오리온은 신과 인간이라는 차이를 뛰어넘어 서로를 사랑했다. 결국 둘은 결혼을 결심했고, 아르테미스는 오빠인 아폴론에게 오리온과의 결혼을 허락해줄 것을 부탁했다. 하지만 아폴론은 결혼에 반대했고, 결혼을 막고자 전갈을 풀어 오리온을 죽게 하였다. 제우스가 아르테미스의 슬픔을 달래려고 오리온을 별자리로 만들어주자, 아폴론은 전갈을 별자리로 만들어 하늘에서도 오리온을 쫓게 하였다.

전갈을 풀어놓은 것이 헤라라는 이야기도 있다. 오리온이 자기보다 강한 자는 없다며 거만하게 굴었기 때문에 헤라가 전갈을 풀어 오리온을 죽이려 했다는 것이다. 어느 이야기든 전갈은 오리온을 죽이려고 지금도 하늘에서 오리온을 쫓고 있다. 전갈자리가 뜰 때 서쪽 하늘로 오리온자리가 지는 모습이 서로 쫓고 쫓기는 것처럼 보여 이런 이야기가 생긴 듯하다.

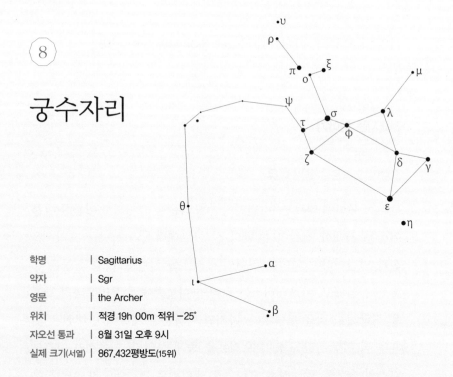

궁수자리

학명	Sagittarius
약자	Sgr
영문	the Archer
위치	적경 19h 00m 적위 −25°
자오선 통과	8월 31일 오후 9시
실제 크기(서열)	867.432평방도(15위)

궁수자리의 주요 구성 별

약어	고유명	의미(위치)	밝기(등급)	색	거리(광년)
αSgr	Rukbat	무릎	4.0	청백색	182
β¹Sgr	Arkab Prior	아킬레스건의 앞부분	4.0	청백색	310
β²Sgr	Arkab Posterior	아킬레스건의 뒷부분	4.3	연노란색	134
γSgr	Alnasl	화살촉	3.0	주황색	97
δSgr	Kaus Media	활의 중앙	2.7	주황색	348
εSgr	Kaus Australis	활의 남쪽	1.8	청백색	143
ζSgr	Ascella	겨드랑이	2.6	흰색	88
ηSgr		(활의 남쪽 아래)	3.1	빨간색	146
λSgr	Kaus Borealis	활의 북쪽	2.8	주황색	78
σSgr	Nunki	바다의 시작을 알리는 별(어깨)	2.0	청백색	228

별들의 늪에 있는 켄타우로스

여름 휴가를 남쪽 지평선이 터진 곳으로 가면 밤에 하늘에서 은하수가 뭉쳐 환한 구름처럼 보이는 광경을 볼 수 있다. 구름처럼 뭉쳐 있는 은하수 중심에서 왼쪽을 자세히 보면 국자 모양의 여섯 별이 마치 북두칠성처럼 낯익은 모습으로 빛난다. 이 별들이 바로 남두육성인데, 근처에 있는 다른 별들과 함께 주전자 모양의 궁수자리를 이룬다. 궁수자리는 은하수의 중심 부분에 자리 잡고 있는데, 그곳은 별들의 늪처럼 느껴질 정도로 별이 많이 모여 있다. 사수자리라는 이름으로도 불리지만 궁수자리가 좀 더 정확한 표현이다.

남쪽 은하수 옆에 2등성과 3등성의 밝은 별들이 어우러져 주전자 모양의 별무리를 이루고 있다. 이 별들의 오른쪽에는 우리은하(은하수)의 중심부가 위치하는데, 작은 별들이 마치 구름처럼 모여 있다.

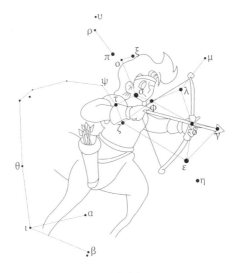

궁수의 상상도

옛사람들은 주전자 모양의 별과 그 주위 별들을 가지고 반인반마의 켄타우로스가 활을 쏘는 모습을 하고 있는 궁수자리를 만들었다.

주전자의 앞부분에 해당하는 람다λ, 델타δ, 그리고 엡실론ε별이 활대를 나타내고, 화살에 해당하는 피φ와 델타δ별을 따라가면 화살촉인 감마γ별을 찾을 수 있다. 활을 쏘는 켄타우로스의 전체적인 모습을 찾기는 어렵지만 활과 화살만큼은 아주 멋진 것 같다.

찾는 법

여름밤 은하수는 남쪽 지평선 위에서 그 화려한 모습이 절정을 이룬다. 그것은 은하수의 중심이 바로 궁수자리에 있기 때문이다. 도시에서는 그 부근에서 그저 아기자기하게 놓인 주전자 모양의 별을 발견할 수 있을 뿐이지만, 시골 하늘에서는 전갈자리의 별들과 은하수의 중심이 서로 어우러져 마치 주전자 입에서 더운 김이 피어오르는 것과 같은 장면을 볼 수 있다. 그래서 별을 보는 사람들은 궁수자리를 가리켜 '이열치열의 별자리'라고 부르기도 한다.

궁수자리를 찾고자 한다면 백조자리의 알파α별 데네브(1등성)와 독수리자리의 견우성(알타이르)을 이어 같은 거리만큼 연장한 곳에서 주전자의 손잡이를 찾으면 된다. 그러나 충분히 어두운 시골이라면 남쪽의 낮은 하늘에서 구름이 걸린 것처럼 은하수가 뭉쳐 있는 부분을 찾는 것이 더 낫다. 남쪽 지평선 위에서 가장 눈에 띄는 전갈자리의 붉은 1등성 안타레스를 찾고 전갈을 향해 활을 쏘는 궁

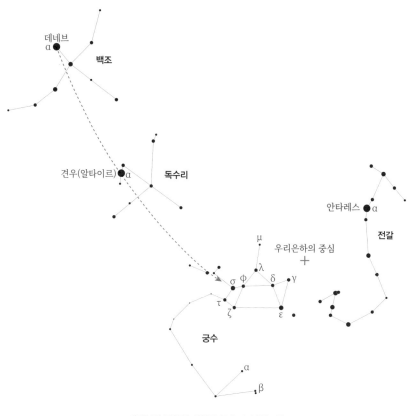

데네브와 견우를 이용해 궁수자리 찾는 법

수를 그리며 별자리의 위치를 찾아도 된다.

앞서 이야기했듯 전갈자리 근처의 은하수가 특별히 밝은 이유는 우리은하의 중심이 궁수자리에 있어서이다. 은하 중심의 정확한 위치는 γ별의 오른쪽 위 방향으로 약 4도 떨어진 곳이다. 태양은 은하 중심으로부터는 약 2만 6,000광년 떨어져 있다.

궁수자리를 이루는 별

주전자별

한국에서는 궁수자리의 윗부분에 해당하는 별만 볼 수 있다. 우리 눈에 보이는 별은 그 모양 때문에 서양에서는 주전자Teapot라고 부른다. 주전자의 앞부분에 있는 γ별 알나슬Alnasl(3등성)의 위쪽은 은하수의 가장 밝은 부분에 해당하며, 이 부분이 있어 마치 물이 끓는 주전자에서 김이 새어 나오는 듯한 모양이 만들어진다.

키별

주전자의 입구에 해당하는 δ, γ, 에타η, ε가 이루는 사각형별을 동양에서는 '키별'이라고 불렀다. 키는 시골에서 곡식을 까불러 쭉정이나 티끌을 골라낼 때 쓰는, 커다란 쓰레받기 모양의 도구이다.

남두육성

주전자의 손잡이와 뚜껑을 이루는 제타ζ, 타우τ, 시그마σ, φ, λ, 뮤μ는 북두칠성을 축소한 것과 매우 비슷한 모양이지만 자루 부분의 별이 둘밖에 없어서 '육성六星'이다. 이 별무리는 북두칠성과 비교되어 **남두육성**南斗六星이라고 불린다. 서양에서는 남두육성을 은하수 옆의 국자라고 해서 우유 국자Milk Dipper라고도 한다.

남두육성은 예부터 사람들에게 행운과 복을 주는 신선이 사는 곳

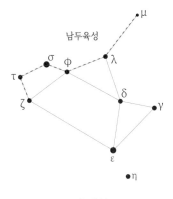

남두육성

남두육성

으로 알려져왔다. 한국의 신화에 따르면 사람의 운명은 북두칠성과 남두육성에 의해 정해지는데, 그중 불행은 북두칠성에서 오고 행운은 남두육성에서 온다. 그래서 옛날 사람들은 불행을 막기 위해 칠성단을 쌓아 놓고 칠성님께 소원을 빌었고, 죽음을 맞으면 북두칠성을 그린 칠성판을 시신과 함께 묻으면서 다음 생애의 행복을 빌었다. 아무래도 인간에게는 행운을 바라는 일보다 불행을 피하는 일이 더 간절한 것 같다.

동양에서 본 궁수자리

궁수자리에는 동양의 황도 별자리인 28수 중 청룡을 상징하는 동방칠수 중 마지막에 해당하는 기箕수와, 현무玄武(거북과 뱀의 특징이 합쳐진 상상의 동물)를 상징하는 북방칠수 중 첫 번째인 두斗수가 속해 있다. 궁수자리의 주전자 앞부분에 해당하는 네 별(γ, δ, ε, η)이 청룡의 항문에 해당하는 기수인데, 여기서 기箕는 앞서 언급한 키를 뜻하기도 한다. 키가 바람을 내는 도구여서 기수를 바람의 신인 풍백風伯으로도 여겼다. 두수는 거북의 머리와 뱀에 해당하는 별로 남두육성의 여섯 별이 여기에 속한다.

황도 제9궁 인마궁

궁수자리는 황도 12궁 중 제9궁인 인마궁人馬宮으로, 춘분점을 기준으로 황도의 240도에서 270도까지의 영역이 이에 해당한다. 태양은 2023년을 기준으로 11월 22일부터 12월 21일까지 이 영역에 머물며, 이 시기에 태어난 사람은 궁수자리가 탄생 별자리이다. 세차운동의 영향으로 태양이 실제 궁수자리를 통과하는 시기는 12월 18일부터 1월 19일 사이이다. 황도의 가장 남쪽 지점이 궁수자리에 있어서 태양이 가장 낮게 뜨는 동짓날 태양이 이 별자리를 지난다.

전해지는 이야기

제자를 떠나보내며 만든 별자리

그리스 신화에 따르면 켄타우로스 키론Chiron은 가장 뛰어난 스승이었다. 그는 포악한 성격을 가진 일반적인 켄타우로스(반인반마인 종족)들과 달랐다. 그는 어떤 인간이나 신보다도 총명했고, 학문과 예술, 무술에 두루 능하여 많은 영웅을 제자로 두었다.

그의 제자 테살리아의 영웅 이아손이 헤라클레스와 오르페우스 등 많은 동료와 함께 아르고호를 타고 콜키스로 황금 양피를 찾아 떠날 때, 키론은 제자를 걱정해서 황도 위에 활을 잡은 자신의 모습을 별자리로 만들어 길을 안내했다. 이 별자리가 바로 궁수자리이다. 콜키스는 흑해의 서부 연안에 있고 이는 그리스의 테살리아에서 보면 동쪽에 해당하여, 궁수의 화살이 서쪽을 가리키고 있다는 사실과는 맞지 않지만 말이다.

궁수자리와 켄타우루스자리

그런데 헷갈리지 말아야 할 것이, 궁수자리와 다른 '켄타우루스자리Centaurus'라는 별자리도 있다. 별자리 이름은 라틴어가 기준이기 때문에 그리스어 이름 '켄타우로스'를, 별자리를 가리킬 때에는 라틴어 이름 '켄타우루스'라고 부른다. 켄타우루스자리에 얽힌 이야기는 이렇다. 키론은 뛰어난 지성과 인성으로 부모를 잃은 고아들을 돌보아 훌륭한 영웅으로 키워내기도 했고, 천구 위에는 별자리를 만들어 사람들이 영원히 지표로 삼을 수 있도록 했다. 그가 얼마나 별자리를 꼼꼼하게 정리해놓았던지, 그가 죽은 뒤 제우스가 그를 하늘의 밝은 별자리로 만들려고 했을 때 공간이 없을 정도였다. 결국 제우스는 잘 보이지 않는 남쪽 하늘에 그를 올려놓을 수밖에 없었다. 그래서 한국에서도 남쪽 지역에서 일부만 볼 수 있다.

9

염소자리(바다염소자리)

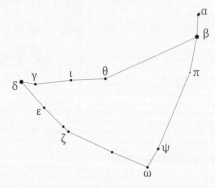

학명	Capricornus
약자	Cap
영문	the Goat, the Sea Goat the Goathorn
위치	적경 20h 50m 적위 −20°
자오선 통과	9월 28일 오후 9시
실제 크기(서열)	413.947평방도(40위)

염소자리의 주요 구성 별

약어	고유명	의미(위치)	밝기(등급)	색	거리(광년)
α¹Cap	Algedi Prima	염소(뿔)	4.3	노란색	870
α²Cap	Algedi* (Algiedi Secunda)	염소(뿔)	3.6	노란색	102
βCap	Dabih	도살자(머리)	3.0	주황색	390
γCap	Nashira	좋은 소식의 전달자(꼬리)	3.7	연노란색	157
δCap	Deneb Algedi	염소의 꼬리	2.8	흰색	39

* α¹별과 함께 쓰는 이름이었으나 국제천문연맹에 의해 2016년에 α²별의 공식 이름으로 등록되었다.

머리는 염소이고 꼬리는 물고기

저녁 바람에 선선한 기운이 감돌 즈음 은하수는 하늘의 가장 높은 곳을 지나 서서히 서쪽으로 기울 준비를 한다. 은하수의 화려함에 한눈을 파는 사이 동쪽 하늘에는 어느덧 가을 별자리들이 하나둘 모습을 드러내기 시작한다. 늦은 여름밤 독수리자리의 남동쪽 아래에는 커다란 역삼각형 모양의 별무리가 보이는데, 바로 목동의 수호신 판Pan이 변한 염소자리이다.

염소자리의 본래 이름은 바다염소Sea Goat로 번역되는데, 이 별자리의 주인공이 상반신은 염소이고 하반신은 물고기인 이상한 모습을 하고 있어서이다. 염소자리라는 이름이 오랫동안 사용되고 있어 더 익숙하지만, 모양을 기억하려면 바다염소자리라고 기억하는 것도 좋겠다.

염소자리는 크기에 비해 밝은 별이 별로 없는 평범한 별자리지만, 황도 12궁에 속해 있어서 이름만큼은 잘 알려져 있다. 이제 여름을

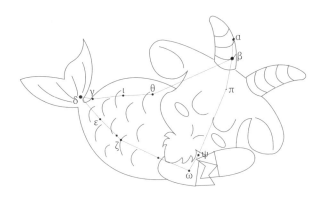

염소의 상상도

마감하는 마지막 황도 별자리인 염소자리에 대해 알아보자.

3, 4등성으로 이루어진 일련의 별이 커다란 역삼각형 모양으로 모여 있다. 밤하늘에 던져진 부메랑을 연상하게 하는 이 별무리는, 앞서 말했듯 상반신은 염소이고 하반신은 물고기인 바다염소로 여겨져왔다. 각자의 상상력을 총동원하여 이 역삼각형의 별들로 바다염소를 만들어보자. 기억할 것은 머리는 염소, 꼬리는 물고기라는 것이다. 어느 쪽이 머리인지에 대해서는 별들의 고유명이 힌트가 될 수 있겠다.

이중성으로 보이는 알파 α 별 알게디Algedi와 그 아래쪽의 베타 β 별 다비흐Dabih가 바다염소의 머리에 해당하고, 역삼각형의 왼쪽 끝에 놓인 델타 δ 별 데네브 알게디Deneb Algedi는 그 이름이 의미하는 것처럼 꼬리를 차지한다.

찾는 법

궁수자리 왼쪽의 넓은 공간에 3, 4등성들이 큰 역삼각형 형태로 염소자리를 만들고 있다. 특별히 밝은 별은 없지만 주변에 눈에 띄는 다른 별이 없어서 찾는 데는 큰 무리가 없다. 주의해야 할 것은 역삼각형의 크기가 궁수자리의 중심에 있는 주전자 모양보다 커서 시야를 넓게 하고 찾아야 한다는 점이다.

거문고자리의 직녀(베가)에서 독수리자리의 견우(알타이르)를 이어서 같은 길이만큼 나아가면 역삼각형의 오른쪽 끝에 해당하는 염소자리의 α별 알게디(4등성)와 β별 다비흐(3등성)를 발견하게 된다. 역삼각형의 왼쪽 끝에 있는 δ별 데네브 알게디(3등성)까지 확인하면 염소자리의 다른 별도 쉽게 찾을 수 있을 것이다. 별이 서로 끈으로 연결된 것처럼 열을 이루고 있으니 말이다.

  남쪽물고기자리의 1등성 포말하우트가 보인다면, 독수리를 피해 물속으로 뛰어들다 남쪽물고기에게 꼬리를 물린 염소를 상상하고 이 별자리를 찾으면 좋다. 독수리자리의 1등성 견우와 포말하우트의 중간쯤에 이 별자리가 보일 것이다.

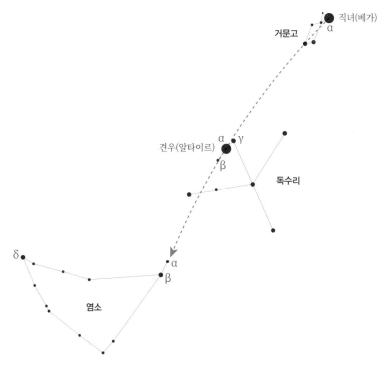

직녀와 견우를 이용해 염소자리 찾는 법

염소자리를 이루는 별

새로운 시력검사의 별

이 별자리의 α별 알게디는 맨눈으로 구별할 수 있는 이중성으로, $α^1$ (알파1)과 $α^2$(알파2) 두 별이 아주 가깝게 붙어 있다. 하늘에서 두 별 사이의 거리는 약 6.24분($'$)으로 보름달 지름(30분)의 5분의 1 정도 이다. 이 간격은 북쪽 하늘에서 시력검사의 별로 알려진 큰곰자리 의 미자르와 알코르의 거리(11.8분)의 절반 정도가 된다. 북쪽 하늘 의 시력검사에 통과한 사람은 여기서 다음 단계의 시력검사를 해보 자. 시력이 나쁜 사람은 쉽게 통과하기 어려울 수도 있다.

이 새로운 시력검사의 별 $α^1$, $α^2$가 진짜 이중성은 아니다. 실제로 는 약 100광년이나 떨어진 겉보기 이중성이다. 그리고 미자르와 알 코르처럼 이 별들의 거리도 계속 변하는데, 100년에 6초 정도의 속 도로 멀어지고 있다고 한다.

황도 제10궁 마갈궁

이 별자리는 황도 12궁 중 제10궁인 마갈궁磨羯宮으로, 춘분점을 기 준으로 황도의 270도에서 300도까지의 영역이 이에 해당한다. 태 양은 2023년을 기준으로 12월 22일부터 1월 19일까지 이 영역에 머물며, 이 시기에 태어난 사람은 염소자리가 탄생 별자리가 된다.

고대 그리스 시대에는 동지冬至(태양이 천구에서 가장 남쪽에 머무는 날로, 밤이 가장 긴 날이다. 12월 22일경에 해당한다)에 태양이 머무는 천구 위의 **동지점**冬至點,winter solstice point이 이곳에 있었다. 지금은 지구의 세차운동으로 동지점은 궁수자리로 옮겨갔고, 태양은 1월 20일부터 2월 15일까지 이 별자리를 지난다. 그러나 오늘날에도 동짓날 태양이 머무는 천구의 위도(적위)를 뜻하는 **남회귀선**Tropic of Capricorn에는 여전히 이 별자리의 이름이 쓰이고 있다.

동양에서 바라본 염소자리

염소자리에는 동양의 황도 별자리인 28수 중 현무를 상징하는 북방칠수 중 두 번째인 우牛수가 속해 있다. 소를 뜻하는 우수는 뱀의 몸에 해당하는 부분으로, 염소자리의 β별인 다비흐를 중심으로 하여 그 주위에 있는 여섯 별이 여기에 속한다.

다비흐는 28수 중 하나인 우수의 중심이 되는 별로, 천상열차분야지도에는 견우牽牛라고 표시되어 있다. 따라서 한국에는 민담 속에 등장하는 견우와 천상열차분야지도에 등장하는 두 개의 견우가 있는 셈이다. 신분제 사회였던 옛날에 귀족이나 학자들이 보기에 평민인 견우를 공주인 직녀와 비슷한 밝기의 1등성에 이름을 붙이는 것이 못마땅해서 염소자리에 견우를 만든 것일까? 견우별에 대한 자세한 내용은 독수리자리 장의 견우 이야기를 읽어보기 바란다.

전해지는 이야기

동료를 구한 판

그리스 신화에서 염소자리는 목동과 양떼의 신 판을 기리기 위해 만들어졌다고 하여, 이 별자리는 '판의 별자리'라고 불리기도 한다. 그 이야기는 다음과 같다.

어느 날, 판이 다른 신들과 어울려 나일 강가에서 연회를 즐기고 있을 때였다. 막 연회가 끝나고 판이 그의 풀피리를 불려는 순간 갑자기 거인족 티폰이 나타나 그들을 공격하기 시작했다. 깜짝 놀란 신들은 화를 모면하기 위해 짐승의 모습으로 변하여 달아났다.

판도 주문을 외우면서 나일강의 물속으로 뛰어들지만 너무 서두르는 바람에 주문이 섞여버렸다. 그래서 그는 상반신은 뿔과 수염을 지닌 염소로, 하반신은 물고기로 변했다. 판은 주문을 다시 외우려고 했으나 그 순간 티폰에게 붙잡힌 제우스의 비명소리가 들려왔다. 그는 급히 풀피리를 입에 물고, 살을 에는 듯한 처절한 소리를 내기 시작했다. 우둔한 티폰은 이 소리를 듣고서는 겁이 나 제우스를 놓고 달아나버린다. 판의 순간적인 기지로 살아난 제우스는 이에 대한 보답으로 하늘의 별들 속에 반양반어半羊半魚인 바다염소를 놓아 판의 도움을 영원히 기렸다. 비록 괴물 같은 이상한 모습이지만, 동료의 어려움을 외면하지 않은 용감한 판의 이야기를 떠올린다면 이 별자리가 멋져 보일지도 모른다.

3부. 여름철의 별자리

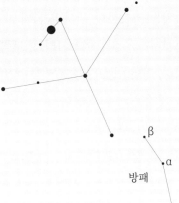

방패자리
작은여우자리
화살자리

방패자리

학명	Scutum
약자	Sct
영문	the Shield, Sobieski's Shield
위치	적경 18h 40m 적위 −10°
자오선 통과	8월 23일 오후 9시
실제 크기(서열)	109,114평방도(84위)

방패자리의 주요 구성 별

약어	위치	밝기(등급)	색	거리(광년)
αSct	중앙	3.8	주황색	199

작은여우자리

학명	Vulpecula
약자	Vul
영문	the Little Fox
위치	적경 20h 10m 적위 +25°
자오선 통과	9월 18일 오후 9시
실제 크기(서열)	268,165평방도(55위)

작은여우자리의 주요 구성 별

약어	위치	밝기(등급)	색	거리(광년)
αVul	중앙	4.4	빨간색	291

화살자리

학명	Saggita
약자	Sge
영문	the Arrow
위치	적경 19h 40m 적위 +18°
자오선 통과	9월 10일 오후 9시
실제 크기(서열)	79,932평방도(86위)

화살자리의 주요 구성 별

약어	위치	밝기(등급)	색	거리(광년)
βSge	화살 깃	4.4	노란색	420
γSge	화살촉	3.5	빨간색	288
δSge	화살대	3.8	빨간색	550

비교적 최근에 만들어진 작은 별자리들

무수히 많은 작은 별이 구름처럼 모인 은하수에는 거의 모르고 지나치는 조그마한 별자리가 몇 개 있다. 독수리자리 위쪽에 보이는 화살자리와 작은여우자리, 아래쪽에 보이는 방패자리가 바로 그들이다. 워낙 어두운 별로 이루어진 별자리들이어서 은하수에서 이들을 찾기는 매우 힘들다. 화살자리를 제외하고는 두 별자리 모두 그 이름과는 무관한 모양이어서 위치를 찾는다 해도 그 위에 별자리 이름의 형상을 떠올리기는 어렵다. 마음을 비우고 창작을 하는 예술가의 심정으로 여름철의 마지막 세 별자리에 대해 알아보자.

하늘 가운데에 우산 모양을 한 독수리자리의 별들이 보인다. 우산 위로는 작은 별자리 둘이 액세서리처럼 놓여 있다. 화살자리의 별

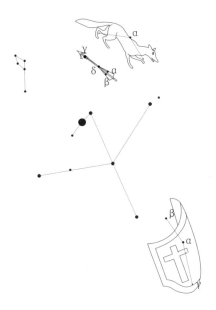

화살자리, 작은여우자리, 방패자리의 상상도

3부. 여름철의 별자리

들은 워낙 모양이 확실해서 굳이 설명하지 않아도 쉽게 알아볼 수 있을 것이다. 화살자리 위로는 세 별이 낮은 산 모양을 이루고 있는데, 이들은 작은여우자리의 별들이다. 실제로 별들은 더 많지만 우리 눈으로는 알아보기 힘들다. 독수리자리의 우산 손잡이 아래로 나란히 보이는 별 몇은 방패자리를 이룬다. 세 별자리 중 화살자리를 제외하고는 모두 하늘의 빈 공간을 메우려고 17세기 후반에 만들어진 것들이어서 모양이 조금 어색하다. 별자리 이름에 어울리는 모양을 자기 나름대로 상상해서 기억하자.

찾는 법

화살자리는 4등성 네 개로 이루어져 있고, 그 모습이 워낙 그럴 듯해서 페르시아와 아라비아, 그리고 로마 등 많은 곳에서 화살로 보았다. 그러나 화살자리를 제외하면 나머지 두 별자리는 모두 어두운 별로 이루어져 있고, 모양도 선명하지 않아 찾기가 매우 힘들다. 아마 우리가 볼 수 있는 별자리 중에서 가장 찾기 힘든 별자리들이 아닐까 생각한다.

화살자리는 모양이 워낙 뚜렷해서 조금만 신경을 쓰면 쉽게 찾을 수 있다. 찾는 데 도움을 주는 별은 독수리자리의 알파α별 견우(알타이르)와 백조자리의 베타β별 알비레오이다. 이 두 별 사이를 보면 그 중간에서 화살 모양을 한 별 네 개를 찾을 수 있다.

작은여우자리도 역시 견우와 알비레오의 연결선 위에서 찾을 수 있다. 화살자리에서 좀 더 알비레오 쪽으로 나아간 은하수 속에 작은여우자리가 있다. 그러나 위치를 알더라도, 은하수 속에서 어두운 작은여우자리의 별들을 확실하게 구분하기는 굉장히 힘들다. 성도를 참고하면서 세심하게 찾아나가야 한다.

방패자리는 독수리자리와 뱀자리 사이에 있으며, 우산 모양을 한 독수리자리의 손잡이에 해당하는 람다λ별 서쪽(오른쪽)에서 찾을

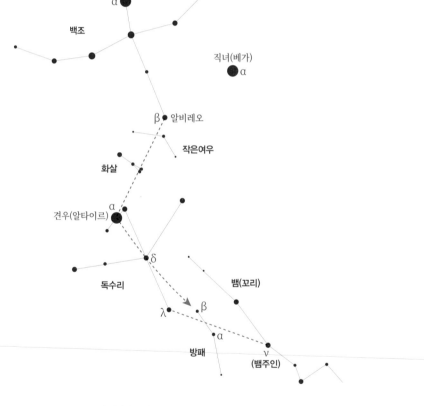

방패자리, 작은여우자리, 화살자리 찾는 법

3부. 여름철의 별자리

수 있다. 그러나 이 별자리의 별들이 독수리자리나 뱀자리의 어두운 별들과 혼동을 일으킬 수 있으므로 그 경계를 성도에서 확실히 알아두는 것이 중요하다. 방패 모양을 상상하기보다는 나란히 놓인 α별(4등성), β별(4등성) 두 별만 염두에 두고 찾는 편이 수월하다.

하늘에서 이런 별자리를 찾을 때는 숨은 그림 찾기를 하는 기분으로 한 부분, 한 부분 찾아가는 것이 흥미를 잃지 않는 방법이다.

전해지는 이야기

소비에스키의 방패자리

방패자리의 본래 이름은 '소비에스키의 방패자리Scutum Sobiescianum'로, 폴란드의 국왕이었던 얀 3세 소비에스키Jan Ⅲ Sobieski의 위대한 업적을 기리려고 17세기 후반 폴란드의 천문학자 헤벨리우스가 만든 별자리이다. 소비에스키는 1683년 빈에서 오스만제국을 무찔러 서구 문명의 수호자로 받들어진 인물이다. 이름이 실존 인물과 관련된 별자리는 봄철에 볼 수 있는 머리털자리와 이 방패자리뿐이다. 하지만 머리털자리에서와 달리 방패자리의 공식 이름에 소비에스키라는 사람 이름은 빠져 있다.

거위와 작은 여우

5등성 다섯 개 정도로 이루어진 작은여우자리를 왜 만들었을까? 그

것도 하필이면 가장 찾기 힘든 은하수 속에다 말이다. 이 별자리도 17세기 후반에 헤벨리우스가 만들었는데, 그가 이것을 만들지 않았다면 아마 이 별자리는 백조자리에 포함되었을 것이다.

이 별자리의 원래 이름은 '거위와 작은 여우Vulpecula cum Ansere'로, 헤벨리우스는 독수리자리와 거문고자리의 α별 베가Vega(날개를 접고 하강하는 독수리라는 뜻. 이 별은 직녀라고도 한다) 사이에 독수리처럼 사납고 욕심 많은 동물의 별자리를 만들고자 거위를 문 여우를 이곳에 그렸다고 한다. 한국에서는 여우자리로 불리기도 한다.

에로스의 두 화살

그리스 신화에 따르면 화살자리는 사랑의 신 에로스가 쏘아 올린 화살이라고 한다. 하지만 에로스의 화살이 항상 사랑의 화살인 것은 아니다. 황금 화살은 사랑을 하게 하는 화살이지만, 납으로 된 화살은 미움의 화살이다. 여름철 은하수 속으로 에로스가 쏘아 올린 화살이 그 둘 중 무엇인지, 그리고 누구를 향해 쏜 것인지에 대해서는 알 길이 없다. 다만 화살이 가리키는 방향을 따라가면 페가수스자리를 지나 멀리 안드로메다의 머리에 이른다.

일설에는 화살자리가 플레이아데스의 잃어버린 자매 엘렉트라가 북두칠성의 손잡이별 미자르(ζUMa)로 날아가는 모습이라고도 한다. 엘렉트라에 관한 이야기는 겨울 별자리인 황소자리 장의 플레이아데스 신화를 읽어보자.

운해가 깔린 대둔산 위에 뜬 여름철 대삼각형.
거문고자리의 직녀(베가), 독수리자리의 견우(알타이르), 백조자리의 데네브가 보인다.

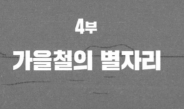

4부
가을철의 별자리

그림으로 기억하는 가을철 하늘

바닷가에서 낚시를 즐기는 안드로메다 공주와 페르세
우스 왕자 부부가 보인다. 안드로메다는 작은 물고기
두 마리를 낚았지만 페르세우스는 커다란 고래를 낚고
싶어 한다. 안드로메다 옆에는 길 잃은 작은 양 하나가
울고 있다.

부부를 여기까지 데려다준, 하늘을 나는 천마 페가수
스는 심심한 듯 날갯짓을 하면서 물병에 담긴 물고기
를 보고 있고, 그 옆에는 물에 빠져 허우적대는 염소가
있다.

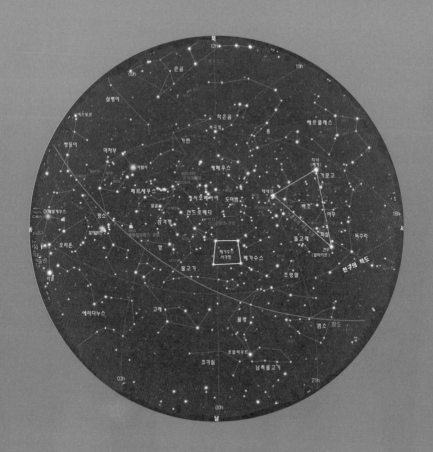

9월 1일 02시 기준
10월 1일 00시 기준
11월 1일 22시 기준

별 하나에 추억과

별 하나에 사랑과

별 하나에 쓸쓸함과

별 하나에 동경과

별 하나에 시와

별 하나에 어머니, 어머니

-윤동주의 시 〈별 헤는 밤〉에서

────── 한국에서 하늘이 가장 청명한 계절이 바로 가을이지만 가을철의 밤하늘은 그렇게 멋지거나 화려하지 않다. 저녁 하늘에 보이는 여름 별자리가 서쪽 하늘로 넘어갈 무렵, 하늘 높은 곳에 자리하는 가을 별자리들은 추수가 끝난 황량한 가을 들판 같기도 하다.

가을철 별자리에 별이 많지 않은 이유는 이 계절에 우리가 바라보는 방향이 은하수와 수직인 우리은하의 남쪽 방향이기 때문이다. 그래서 별은 많이 보이지 않지만, 거꾸로 생각하면 우리은하를 벗어나 외부 은하를 관찰하기 좋은 때이기도 하다. 영화나 만화에 자주 등장하는 안드로메다은하가 보이는 계절 또한 가을이다.

가을철 별자리 둘러보기

'천고마비의 계절' 즉 하늘은 높고 말은 살찌는 계절이라는 말은 별을 좋아하는 이들에게는 '하늘 높은 곳에 살찐 말의 별자리가 있는 계절'로 번역된다. 가을 밤하늘의 중앙에는 살찐 말의 별자리가 늠름하게 자리를 차지하기 때문이다. 여름 별자리가 서쪽으로 넘어갈 무렵, 머리 위에 커다란 사각형 모양의 네 별이 보인다. 이 네 별이 바로 페가수스의 몸통에 해당하는 사각형으로, '페가수스사각형'이라고 불린다. 이 사각형은 가을 하늘 중심부에 자리 잡고 있어서 가을철의 다른 별자리를 찾는 데 중요한 길잡이 역할을 한다.

페가수스 옆에는 안드로메다 공주와 페르세우스 왕자가 있다. 안드로메다자리가 페가수스자리에 붙어서 먼저 떠오르며, 그 뒤에 페르세우스 왕자가 등장한다. 페르세우스자리를 보면 남쪽을 향해 낚싯대를 드리운 것처럼 별들이 곡선으로 휘어져 연결되어 있고, 그 끝에 황소자리에서 황소 등 부분에 위치한 플레이아데스성단이 마치 낚싯바늘에 꿰인 미끼처럼 보인다.

이 남쪽에는 주로 바다 혹은 물과 관련된 별자리들이 있어서 그곳을 바다라고 기억해도 좋다. 그곳에는 고래자리, 물고기자리, 물병자리, 남쪽물고기자리가 있다. 이들 별자리 근처에는 돌고래자리, 염소자리(바다염소자리)도 있다. 안드로메다자리 남쪽에 눕혀진 V자 모양의 별자리는 물고기 두 마리가 끈에 묶여 있는 모양의 물고기자리이다. 페가수스의 머리 남쪽으로는 물병자리와 남쪽물고기자리가 차례로 자리한다. 물병자리 서쪽의 염소자리는 반양반어인 바다염소로 여겨졌다. 덧붙여 황소자리와 페가수스자리 중간의 양자리, 페르세우스자리와 안드로메다자리와 양자리 가운데의 삼각형자리까지 기억하자.

이런 가을의 별자리들을 기억하기 위해 공주와 왕자가 말을 타고 바닷가에 놀러와 낚시를 하는 풍경을 떠올려봐도 좋겠다. 허풍이 센 왕자는 고래(고래자리)를 잡겠다고 긴 낚싯대를 던지고 있고, 실속을 중요시하는 공주는 릴 낚시로 작은 물고기(물고기자리)를 잡으려 한다. 이들을 기다리는 페가수스는 여유롭게 풀을 뜯으며 물병(물병자리) 속에 잡혀 있는 물고기(남쪽물고기자리)를 내려다보는데, 그때 말에게 자리를 뺏긴 염소(염소자리) 한 마리가 바닷물에 뛰어들어 낚시를 방해한다. 페가수스의 머리 앞 작은 별자리는 조랑말자리로, 페가수스와 같이 놀고 있는 조랑말이라고 기억하자.

I L♥VE ☆

치악산의 밤하늘.
카시오페이아자리가 보인다.

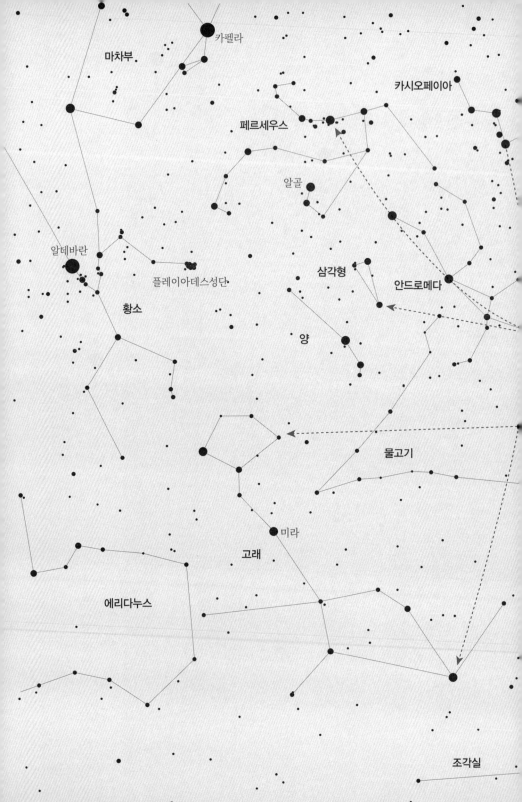

마차부

카펠라

카시오페이아

페르세우스

알골

삼각형

안드로메다

알데바란

플레이아데스성단

황소

양

물고기

미라

고래

에리다누스

조각실

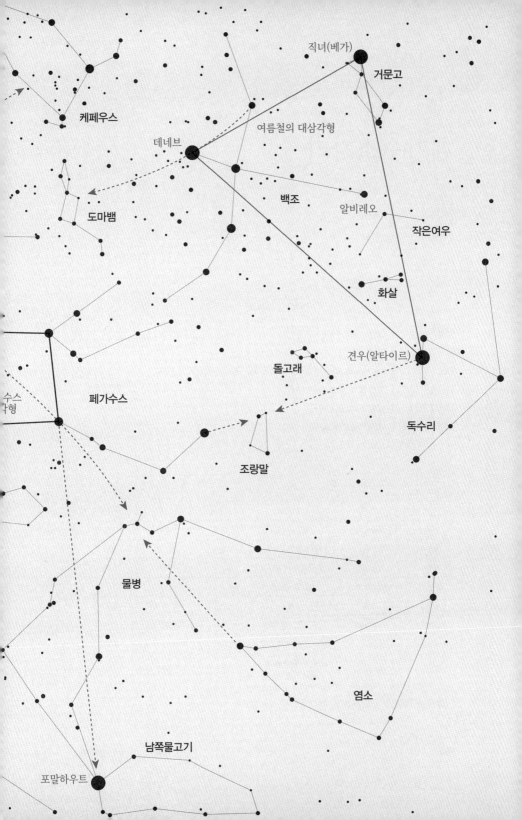

페가수스자리

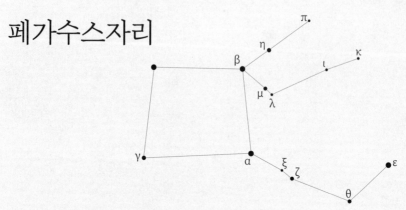

학명	Pegasus
약자	Peg
영문	the Horse, the Winged Horse, the Flying Horse
위치	적경 22h 30m 적위 +17°
자오선 통과	10월 23일 오후 9시
실제 크기(서열)	1120.794평방도(7위)

페가수스자리의 주요 구성 별

약어	고유명	의미(위치)	밝기(등급)	색	거리(광년)
αPeg	Markab	말안장(등의 앞부분)	2.5	흰색	133
βPeg	Scheat	팔의 윗부분(가슴)	2.4	빨간색	196
γPeg	Algenib	옆구리(등의 뒷부분)	2.8	청백색	470
δPeg*	Alpheratz	말의 배꼽	2.1	청백색	97
εPeg	Enif	코	2.4	주황색	690
ζPeg	Horman	고귀한 사람(목)	3.4	청백색	204
ηPeg	Matar	비의 행운의 별(앞다리)	2.9	노란색	196
θPeg	Biham	어린 짐승들의 행운의 별(이마)	3.5	흰색	92

* δ별 알페라츠는 공식적으로는 안드로메다자리의 α별이다.

천고마비의 계절을 대표하는 별자리

견우와 직녀를 포함한 화려한 여름철의 별이 은하수와 함께 서쪽 하늘로 기울고 나면, 그 뒤에는 밝은 별이 보이지 않아 공연이 끝난 무대처럼 쓸쓸한 느낌마저 준다. 하지만 하늘을 자세히 보면 2등성과 3등성으로 이루어진 커다란 직사각형 모양의 페가수스자리가 우아한 자태를 뽐내고 있는 것을 발견하게 된다.

　하늘을 나는 천마 페가수스는 천고마비의 계절 가을철의 가장 대표적인 별자리로, 가을철의 말답게 매우 살이 찐 큰 별자리이다. 특히 페가수스의 몸체에 해당하는 사각형의 별들은 가을철에 가장 눈에 잘 띄는 별들이다.

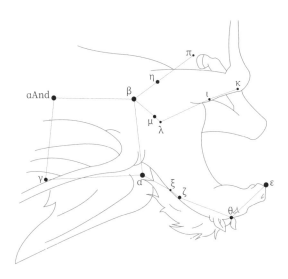

페가수스의 상상도

찾는 법

페가수스자리는 날개를 이루는 별이 없는 것을 제외하고는 아주 그
럴듯한 형태를 갖추고 있다. 페가수스가 머리를 아래쪽에 두고 거
꾸로 날고 있다는 것을 알면 쉽게 형상을 그릴 수 있을 것이다. 여기
에서는 말의 상반신만 볼 수 있는데, 밝은 별로 이루어진 커다란 사
각형(페가수스사각형)의 오른쪽으로 약간 덜 밝은 별들이 늘어선 모
습이다. 그래서 이 별자리는 마치 커다란 방패연이 나는 것 같기도
하고, 페가수스의 배꼽에 해당하는 곳부터 길게 늘어서 있는 밝은
별들까지 보면 연이 실에 매달려 있는 것처럼 보이기도 한다.

　페가수스사각형은 천마의 몸통, 그 윗부분의 두 줄기 선이 앞다
리에 해당한다. 사각형 아래 부분에서 뻗어나간 선은 세타θ별 비함

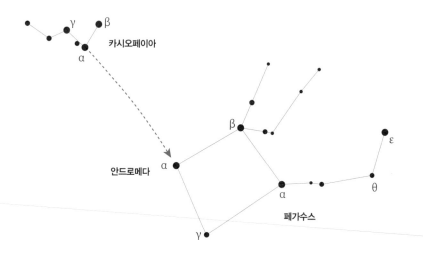

페가수스자리 찾는 법

Biham(4등성)에서 엡실론 ε 별 에니프$_{Enif}$(2등성)로 연결되어 천마의 머리를 이룬다.

페가수스자리를 찾는 데 지침이 되는 별자리는 북쪽 하늘 높이 떠오른 W자 모양의 카시오페이아자리이다. 카시오페이아의 감마 γ별(2등성)에서 알파α 별을 이어 6배 정도(30도) 연장하면 페가수스 사각형에 이른다. 페가수스사각형을 찾으면 그 서쪽에 있는 나머지 별은 큰 어려움 없이 알아볼 수 있을 것이다. 다만 사각형의 왼쪽 꼭 짓점에 해당하는 안드로메다자리에 있는 별과 혼동하지 않도록 주의가 필요하다.

페가수스자리를 이루는 별

페가수스사각형

페가수스자리의 α별 마르카브$_{Markab}$(2등성), 베타 β별 쉬트$_{Scheat}$(2등성), γ별 알게니브$_{Algenib}$(3등성), 그리고 안드로메다자리의 α별 알페라츠(2등성)가 만드는 커다란 사각형을 **페가수스사각형**$_{Square of Pegasus}$이라고 부른다. 이것은 거의 반듯한 직사각형을 이루는데, 동서 방향의 길이가 약 16도, 남북 방향의 길이가 14도 정도(참고로 북두칠성의 손잡이 길이가 15도 정도이다)로 크고, 비교적 밝은 2, 3등성으로 이루어져 있어서 밝은 별이 거의 없는 가을 밤하늘에서는 가장 중요한 길잡이별로 쓰인다.

세 안내별

페가수스사각형의 왼쪽 변에 해당하는 두 별(γ별과 안드로메다자리의 α별)과 카시오페이아자리의 β별에는 '세 안내별Three Guides'이라는 별명이 붙어 있다. 과거에는 이 세 별이 천구좌표의 기준선인 적경 0도에 있어서, 이 별을 이으면 북쪽으로는 북극성에 닿고 남쪽으로는 춘분점에 도달하였다.

그러나 세차운동으로 춘분점은 조금씩 서쪽(오른쪽)으로 옮겨가서, 현재는 이들 별을 연결한 선에서 2~3도 정도 떨어진 곳에 있다. 하지만 춘분점 근처에 밝은 별이 없어서 아직도 이들 별은 춘분점과 하늘의 경도인 적경 0도를 짐작하는 좋은 지표가 된다. 이는 페가수스사각형이 머리 위에 왔을 때 확인하는 것이 가장 좋다.

세 안내별의 위치

동양에서 본 페가수스자리

페가수스자리에는 동양의 황도 별자리인 28수 중 현무를 상징하는 북방칠수의 실室수와 벽壁수가 포함되어 있다. 하늘나라 임금님의 사당인 실수는 페가수스사각형의 오른쪽 변에 해당하는 α, β 두 별로 현무 몸에 있는 반룡蟠龍(아직 승천하지 않고 땅에 머물고 있는 용)에 해당한다. 건물의 벽을 뜻하는 벽수는 규룡虯龍(뿔이 달린 새끼 용)에

4부. 가을철의 별자리

해당하는 별로, 페가수스사각형의 왼쪽 변에 해당하는 두 별(γPeg, αAnd)로 이루어진다. 벽수는 문필가의 별자리나 하늘나라 도서관으로도 여겨졌다.

페가수스의 다른 모습

별자리 그림에 있는 페가수스의 모습을 위아래가 뒤집어진 모양으로 보는 사람도 있다. 즉, 페가수스사각형의 윗부분을 날개로 보고, 오른쪽 위에 자리한 별들을 머리로 생각하는 것이다. 이렇게 하면 물병자리 위에 놓인 머리와 목 부분이 페가수스의 앞발이 된다. 이것은 페가수스가 하늘을 똑바로 나는 모습이다.

이 모습은 페가수스가 히포크레네 샘을 파려고 앞발로 바위를 부

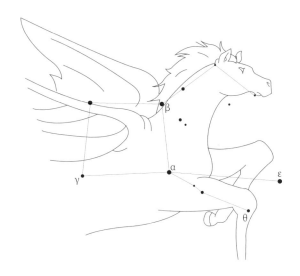

페가수스의 다른 모습을 그린 상상도

순 이야기에서 비롯되었다. 앞발이 놓인 부분이 물병자리의 물 항아리이므로 설득력이 있는 이야기다.

별자리 그림에 논란이 있는 것은 이 그림이 별자리가 만들진 고대에 그려진 것이 아니라 16세기 이후에 그려졌기 때문이다. 여러분은 어느 쪽의 상상이 더 그럴듯하다고 생각되는가?

전해지는 이야기

그리스 신화에 따르면 페가수스는 영웅 페르세우스의 모험 중에 창조된 동물이다. 그와 관련된 자세한 이야기는 다음과 같다.

페르세우스가 안드로메다를 구하려고 바다 위에서 괴물 고래(고래자리)와 싸우고 있을 때, 마침 그가 들고 있던 메두사의 머리에서 피가 흘러 바다에 떨어졌다. 메두사가 괴물로 변하기 이전에 아름다운 사람이었을 때 그녀를 좋아했던 포세이돈은 이 피를 보고 안타깝게 여겨 그 피와 바다의 물거품으로 하늘을 나는 천마 페가수스를 만들었다. 눈처럼 하얀 털을 가진 페가수스는 특히 뮤즈Muse(기억의 신 므네모시네와 제우스 사이에서 태어난 예술의 신)들에게 많은 사랑을 받았다.

그러던 어느 날 지상의 벨레로폰이라는 청년이 상반신은 사자와 산양의 혼합이고, 하반신은 산양의 형태를 한 불을 뿜는 괴물 키메라Chimaera를 무찌르려고 지혜의 신 아테나에게 도움을 청했다. 아테나는 그의 용기를 가상히 여겨 어느 날 밤 그의 꿈에 나타나 황금

4부. 가을철의 별자리

고삐를 주고 페가수스를 찾아가게 하였다. 황금 고삐를 받은 벨레로폰은 아테나의 계시에 따라 페가수스를 찾아내어 자신의 말로 삼았다.

페가수스를 얻은 벨레로폰은 그의 도움으로 어렵지 않게 키메라를 처치하였고, 그 후에도 갖가지 모험에 성공하여 마침내 공주와 결혼한다. 얼마 후 왕의 후계자가 된 벨레로폰은 연이은 승리로 자만심에 빠져버려 자신을 신이라고 생각하기에 이르렀다.

오만에 빠진 그는 신들이 사는 세계로 가려고 페가수스를 타고 하늘로 날아올랐다. 이때 그 모습을 지켜보던 제우스는 말파리를 보내 페가수스를 쏘게 하였다. 놀란 페가수스는 주인을 버리고 하늘로 날아갔고, 벨레로폰은 땅으로 떨어져 시력도 잃고 제대로 걸을 수도 없게 되었다. 별자리 그림은 페가수스가 말파리에 쏘여 물(은하수) 속으로 뛰어드는 모습이라고 한다.

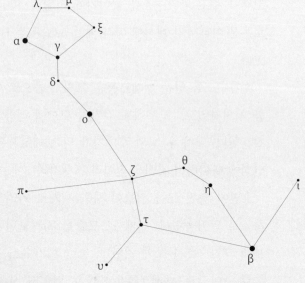

고래자리

학명	Cetus
약자	Cet
영문	the Whale
위치	적경 1h 45m 적위 −12°
자오선 통과	12월 11일 오후 9시
실제 크기(서열)	1231.411평방도(4위)

고래자리의 주요 구성 별

약어	고유명	의미(위치)	밝기(등급)	색	거리(광년)
αCet	Menkar	고래의 콧구멍	2.5	빨간색	249
βCet	Diphda*, Deneb Kaitos	두 번째 개구리, 고래의 꼬리(꼬리)	2.0	주황색	96
γCet	Kaffaljidhma	잘린 짧은 손(머리)	3.5	흰색	80
ζCet	Baten Kaitos	고래의 배	3.7	주황색	235
ηCet	Deneb Algenubi	고래의 남쪽 꼬리	3.4	주황색	124
oCet	Mira	불가사의한 별	2.0~10.1	빨간색	300

* 남쪽물고기자리의 α별 포말하우트를 첫 번째 개구리로 보고 그 뒤에 나타난 두 번째 개구리라는 의미이다. 데네브 카이토스라는 고유명이 널리 쓰였으나 '디프다Diphda'가 국제천문연맹에 의해 2016년 이 별의 공식 이름으로 승인되었다.

넓은 공간에서 희미하게 빛나는 고래

가을철의 남쪽 하늘은 물과 관련된 별자리로 채워지는데, 물병자리와 물고기자리, 그리고 그 뒤에 나타나는 고래자리가 바로 그 주인공이다. 이들 별자리는 차지하는 공간이 넓은 데 비해 이렇다 할 밝은 별은 하나도 없다. 그중에서도 가장 넓은 공간을 차지하는 것이 바로 바다의 왕 고래의 별자리이다.

가운데 놓인 오미크론o별 미라의 양쪽으로 일단의 별무리가 오각형을 그리며 연결되어 있다. 하지만 이 별에서 고래의 모습을 상상하는 것은 아무래도 쉽지 않을 것 같다. 왼쪽 오각형을 머리로 삼고 뒷부분을 꼬리로 생각한다면 그런대로 고래의 골격이 만들어진다.

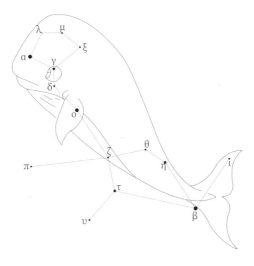

고래의 상상도

찾는 법

고래자리는 영역이 넓어서 찾기가 꽤 어렵다. 먼저 페가수스사각형
의 왼쪽 변(αAnd와 γPeg)을 아래쪽으로 두 배 정도 연장하여 고래의
꼬리 끝에 자리 잡은 2등성인 베타 β별을 찾는다. β별의 고유명 '데
네브 카이토스Deneb Kaitos'는 고래의 꼬리라는 뜻이다. 이는 남쪽 하
늘의 유일한 1등성인 남쪽물고기자리의 알파 α별 포말하우트의 동
쪽에 보이는 가장 밝은 별이므로 포말하우트를 이용해서도 찾을 수
있다.

또 고래자리는 고래 머리에 보이는 α별 멘카르Menkar(3등성)가 양
자리의 α별 하말Hamal(2등성), 그리고 황소자리의 플레이아데스성단
과 정삼각형을 이룬다는 사실을 통해서도 찾을 수 있다. 페르세우
스자리를 고래를 잡는 낚시대라고 생각하는 것도 하나의 방법이다.
그렇게 하면 낚싯줄 끝에 있는 플레이아데스성단이 미끼가 되고,
그 아래에 보이는 별들이 고래의 머리 부분이 된다.

α, β 두 별을 찾은 후 이들을 포함하는 각각의 오각형을 찾아 서
로 연결하여 고래자리를 완성하면 된다. 찾기 쉽지 않은 별자리이
므로 초보자는 주변의 다른 별자리를 먼저 익힌 후에 찾을 것을 권
한다.

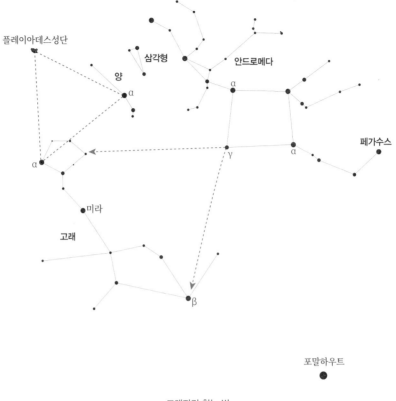

플레이아데스성단

삼각형

양

안드로메다

α

α

페가수스

γ

α

미라

고래

β

포말하우트

고래자리 찾는 법

고래자리를 이루는 별

불가사의의 별 미라

이 별자리의 중간 부분에 있는 ο별은 '미라Mira'라고 불리는 매우 불
가사의한 별이다. 이 별은 최초로 발견된 변광성으로, 약 330일을
주기로 그 밝기가 최대 2등급에서 최저 10등급까지, 평균적으로는

3등급에서 9등급까지 변하는 놀라운 별이다. 한 별의 밝기가 1년도 채 안 되는 기간에 수백 배에서 1,000배 이상 변한다는 사실은 직접 보지 않고는 믿기 어려울 정도다.

이 별이 관심을 끌기 시작한 것은 1596년 8월 13일의 일이다. 당시 이 별을 최초로 관측한 독일의 **다비드 파브리치우스**David Fabricius, 1594~1617는 이 별이 **신성**新星, nova이라고 생각했다. 보이지 않던 별이 보였으니 그렇게 생각할 법하다. 그 후 이 별은 신성이 아니라 주기적으로 크기가 변하고 그에 따라 밝기도 변하는 맥동변광성이라는 것이 밝혀졌고 그 주기도 정밀하게 조사되었다.

이 별이 고래자리의 o별로 처음 기록된 것은 1603년 독일의 천문학자 바이어에 의해서다. 그는 이 별이 변광성이라는 것을 알지 못했으므로 성도에는 그냥 4등성이라고 기록했으며, 1662년 폴란드의 천문학자 헤벨리우스가 이 별에 불가사의한 별이라는 뜻의 미라Mira라는 이름을 붙였다.

제2의 지구를 가진 별

고래자리의 꼬리 부분에 위치한 타우τ별은 지구에서 12광년 떨어져 있는 가까운 별로, 그 주위에 지구와 같은 행성이 돌 것이라고 여겨졌다. 1960년 6월 이곳에 전파를 보내 우주 통신을 시도한 오즈마 계획Project Ozma이 실행되었다. 그곳에 존재하는 지적 생명체가 이 신호를 받는다면 1984년까지 답신을 보내올 것으로 기대했지만 지금까지 특별한 전파가 수신된 적은 없다.

전해지는 이야기

페르세우스가 물리친 괴물 고래

고래자리의 주인공은 페르세우스 신화의 뒷부분에 등장하는 괴물 고래 케투스Cetus이다. 바다의 신 포세이돈은 에티오피아의 왕비 카시오페이아를 혼내주려고 괴물 고래를 보낸다. 이 고래는 에티오피아의 해안을 습격하여 그곳을 황폐하게 만들고 많은 사람들을 죽였다. 그러나 케투스는 안드로메다 공주를 해치려던 순간 영웅 페르세우스에게 죽임을 당하고 훗날 페르세우스의 위업을 기리는 기념물이 되어 하늘의 별자리로 남는다. 자세한 이야기는 페르세우스자리 장의 이야기를 읽어보자.

③

남쪽물고기자리

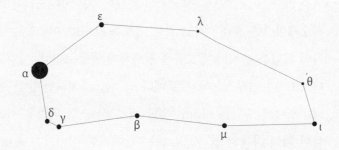

학명		Piscis Austrinus
약자		PsA
영문		the Southern Fish
위치		적경 22h 00m 적위 −32°
자오선 통과		10월 15일 오후 9시
실제 크기(서열)		245,375평방도(60위)

남쪽물고기자리의 주요 구성 별

약어	고유명	의미(위치)	밝기(등급)	색	거리(광년)
αPsA	Fomalhaut, Lonely Star*	남쪽 물고기의 입	1.2	흰색	25

* 가을 남쪽 하늘에서 유일하게 빛나는 1등성이라서 붙은 별명이다.

외로운 별과 함께하는 별자리

가을철 밤하늘은 다른 계절에 비해 뚜렷하게 밝은 별이 없다. 가을에는 북쪽 하늘의 북두칠성이 지평선 아래로 모습을 감추고, 동쪽 하늘에는 아직 화려한 겨울철의 1등성이 본격적으로 등장하지 않았기 때문이다. 이 무렵 눈을 돌려 남쪽 산등성이 위를 보면 밝은 별 하나가 연한 붉은색을 띤 채 외롭게 빛나는 것을 발견하게 된다. 밤하늘의 외로운 등대처럼 홀로 빛을 발하는 이 별은 가을을 상징하는 가장 대표적인 별로, '외로운 별'이라는 별명이 있다. 이 별은 아마 가을철 도시의 남쪽 하늘에서 확인할 수 있는 거의 유일한 별일 것이다.

남쪽 하늘의 외로운 별로 알려진 1등성 **포말하우트**Fomalhaut (αPsA)는 그 이름이 의미하는 것처럼 물고기의 입에 놓여 있다. 주변에 있는 4등성들이 그런대로 물고기 모양을 만든다. 꼬리 부분을 차지하는 별이 몇 개 더 있었으면 하는 아쉬움은 남는다.

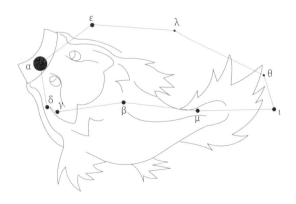

남쪽물고기의 상상도

중세에 그려진 성도에 의하면 남쪽물고기자리는 바로 위에 있는 물병자리의 물을 받아 마시는 모습이다. 남쪽물고기자리의 위치가 물병자리의 아래인 것이 매우 그럴듯하다는 생각이 든다.

찾는 법

남쪽물고기자리의 알파α별인 1등성 포말하우트는 그 주위에 밝은 별이 없어서 가을철 남쪽 하늘에서 쉽게 찾을 수 있다. 머리 위에 높이 떠 있는 가을철의 길잡이별 페가수스사각형이 이 별까지의 길을 인도해준다. 사각형의 오른쪽 변에 해당하는 베타β별과 α별을 이어 남쪽으로 3배 정도 연장하면 밝게 빛나는 별과 만나는데, 그 별이 바로 포말하우트이다. 가을밤 남쪽 바다에서 낚은 월척으로 이 별자리를 기억하면 그 위치를 찾기 쉬울 것이다. 남쪽물고기자리는 포말하우트를 제외하고는 밝은 별이 없어 전체적인 모습을 찾기는 쉽지 않다. 그러나 달이 없고 하늘이 맑은 밤이면 포말하우트의 서쪽(오른쪽)에서 이 별자리를 만드는 별 몇 개를 확인할 수 있을 것이다. 남쪽물고기자리는 계절적 분위기와 어울리게 쓸쓸한 느낌을 주기도 한다.

4부. 가을철의 별자리

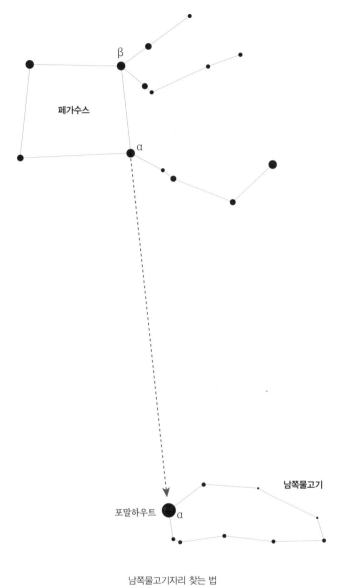

β

페가수스

α

포말하우트 α

남쪽물고기

남쪽물고기자리 찾는 법

남쪽물고기자리를 이루는 별

외로운 별, 포말하우트

남쪽물고기자리의 α별 포말하우트(1등성)는 가을을 대표하는 상징적인 별로 '외로운 별Lonely Star'이라는 별명이 있다. 공허한 남쪽 하늘에서 홀로 빛나고 있기에 이런 별명이 붙었을 것이다. 포말하우트는 실제로는 하얀 별인데, 우리가 지평선 가까운 곳의 대기를 통해 보므로 한국에서는 약간 붉게 보인다. 태양이 지평선에 가까울 때 붉게 보이는 것처럼 별도 지평선에 가까울수록 대기의 영향으로 붉게 보인다.

한국의 옛날 별 지도인 천상열차분야지도에는 이 별에 '북락사문北落師門'이라는 이름이 붙어 있는데, 이는 '북쪽 마을을 지키는 성문'이라는 뜻이다. 가을철 남쪽에 보이는 이 별에 북쪽과 관련된 이름이 붙은 것은 이 별이 있는 곳이 북쪽 하늘의 수호신 현무의 영역이어서이다. 천상열차분야지도에는 황도를 따라 청룡(동), 백호(서), 주작(남), 현무(북)의 별자리가 자리 잡고 있다. 현무가 북쪽 하늘을 지키게 된 것은 고대 별자리가 만들어지던 시기에 태양이 겨울 동안 머무르던 곳이 바로 현무의 별들 속이었기 때문이다. 세차운동으로 지금은 현무의 별들이 가을에 보이지만 고대엔 여름에 보였다. 그리고 태양이 여름 별자리였던 현무 속을 지날 때가 바로 겨울이었다.

비슷한 이유로 포말하우트는 고대 페르시아 시대에 북쪽(겨울)을 수호하는 황제별로 여겨졌다. 당시에 하늘의 수호자로 알려진 '네 황제별Four Royal Stars'이 있었는데, 동쪽(봄)에서는 알데바란(황소자리), 남쪽(여름)에서는 레굴루스(사자자리), 서쪽(가을)에서는 안타레스(전갈자리)가 황제별이었다.

전해지는 이야기

괴물을 피해 하늘의 바다로

남쪽물고기자리는 염소자리(하반신만 물고기), 물병자리, 돌고래자리, 물고기자리와 함께 고대 바빌로니아 시대부터 있어왔던 다섯 바다(물) 별자리 중 하나이다. 이 별자리가 있는 영역은 하늘의 바다로 여겨졌다.

그리스 신화에 따르면 사랑의 여신 아프로디테가 괴물 티폰Typhon의 공격을 받고 달아나면서 변신한 물고기가 바로 이 별자리라고 한다. 티폰은 100개의 뱀 머리를 가진 괴물로, 오늘날 태풍typhoon이라는 말이 그 이름에서 유래되었다. 올림포스산의 신들은 티폰이 공격해올 때마다 괴물의 눈을 피하려고 동물로 변신하여 도망쳤다고 한다. 이 별자리는 원래 약간 다른 모습이었는데, 18세기 경 프랑스의 천문학자 **제롬 랄랑드** Jérôme Lalande, 1732~1807에 의해 오늘날과 같은 모습으로 만들어졌다.

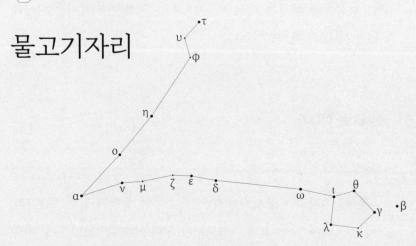

물고기자리

학명	Pisces
약자	Psc
영문	the Fishes
위치	적경 0h 20m 적위 +10˚
자오선 통과	11월 20일 오후 9시
실제 크기(서열)	889.417평방도(14위)

물고기자리의 주요 구성 별

약어	고유명	의미(위치)	밝기(등급)	색	거리(광년)
αPsc	Alrescha	끈(끈의 끝)	3.8	흰색	151
βPsc	Fumalsamakah	물고기의 입 (오른쪽 물고기)	4.4	청백색	410

288   4부. 가을철의 별자리

천고어비의 계절이기도 한 가을의 별자리

가을이 별 보는 사람들에게 하늘 높은 곳에서 살찐 말의 별자리를 볼 수 있는 천고마비의 계절이라면, 낚시꾼들에게는 높아진 하늘 아래서 살찐 물고기를 잡을 수 있는 천고어비天高魚肥의 계절이라고 한다. 여름 동안 물의 온도가 높아 식욕을 잃었던 물고기들이 추운 겨울을 준비하려고 왕성한 식욕을 보이는 계절이 또한 가을이기 때문이다. 가을밤 강물 위에서 하늘의 별처럼 빛나는 야광 낚시찌들을 보고 있으면 하늘이 강이고, 강이 하늘인 것같은 착각이 들기도 한다.

하지만 가을이 낚시꾼들에게만 천고어비의 계절인 것은 아니다. 한국에서 볼 수 있는 물고기 별자리가 모두 가을 하늘에 모여 있다는 점을 생각해본다면, 별 보는 사람으로서도 가을이 천고어비의 계절이라는 말에 동감할 것이다.

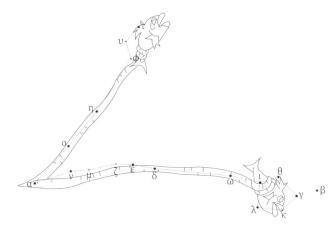

두 물고기의 상상도

하늘 높이 올라간 페가수스자리와 안드로메다자리의 아래쪽을 보면 강태공들이 가장 좋아할 별자리가 보인다. 물고기자리가 바로 그것인데, 물고기 두 마리가 줄에 매인 모습이 마치 낚싯줄에 걸린 물고기를 상상하게 한다. 오른쪽 끝에는 다섯 별이 오각형의 고리를 만들고 있고, 위쪽 끝에는 작은 삼각형의 고리가 보인다. 옛사람들은 이 양쪽의 고리를 물고기로 생각하고 그 사이에 보이는 별들의 열을 물고기를 묶은 끈으로 보았다. 물고기자리는 황도 12궁의 하나로 꽤 잘 알려져 있지만 실제로는 희미한 4, 5등성이 넓은 공간에 흩어져 있어서 도시에서는 거의 알아보기 어렵다.

찾는 법

물고기자리는 춘분점에 놓여 있어서 중요한 별자리로 여겨지지만, 작은 별이 넓은 공간에 조각조각 흩어져 있어 초보자들은 찾기 어려운 별자리이다. 양쪽 고리 모두 4등성과 5등성의 별로 이루어져 있어 시골 하늘에서도 이들을 찾기는 쉽지 않다. 그래도 오른쪽 고리 주변에는 별이 많지 않아 하늘만 어둡다면 고리 모양을 찾는 것은 어렵지 않다.

두 줄기의 별이 만나는 부분에 자리 잡은 알파α별 알레샤Alrescha 는 안드로메다자리의 감마γ별과 양자리의 α별을 이어서 같은 거리만큼 연장한 곳에서 찾을 수 있다. 그러나 희미한 4등성이어서 쉽게 발견하기는 어렵다.

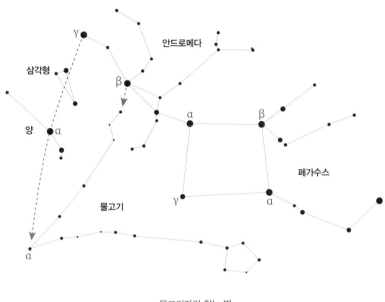

물고기자리 찾는 법

　오른쪽 물고기를 나타내는 별의 고리(γ, 세타 θ, 요타 ι, 람다 λ, 카파 κ 가 이루는 조그만 오각형)는 페가수스사각형 바로 남쪽에 있으며, 위쪽 물고기를 나타내는 작은 삼각형은 안드로메다자리의 베타 β 별 아래쪽에 있다.

　남쪽 지평선 위에 보이는 고래자리를 찾을 수 있다면 고래가 뿜어낸 물에 딸려 올라간 두 마리 물고기로 이 별자리를 상상하는 것도 도움이 될 것이다.

물고기자리를 이루는 별

물고기자리 시대와 물병자리 시대

물고기자리는 비록 밝기는 어둡지만 **춘분점**春分點, vernal equinox(별의 위치를 나타낼 때 기준이 되는 하늘의 지점으로, 태양이 이곳에 올 때가 낮과 밤의 길이가 같아지는 춘분이 된다)을 포함하고 있어서 오래전부터 관심의 대상이 된 별자리이다. 천문학자들은 춘분점을 기준으로 하늘의 좌표인 **적경**赤經, right ascension(천문 좌표에서의 경도)을 매긴다. 지구의 세차운동으로 2만 6,000년을 주기로 천구의 북극이 바뀌면, 그 북극과 90도 각도를 유지하는 천구의 적도도 바뀌게 되고, 따라서 적도와 황도가 만나는 춘분점도 바뀐다.

고대 로마인들에게 기독교인들이 학대를 받을 당시 춘분점의 위치는 양자리였다. 예수가 태어날 무렵 하늘의 기준점인 춘분점의 위치는 물고기자리로 바뀌었다. 따라서 당시의 기독교인들은 예수의 시대를 물고기자리 시대로 불렀고, 두 개의 호가 교차하는 물고기 모양ichthys의 암호로 서로에게 연락을 취했다. 이 외에 다른 이야기도 있지만 어떤 이유에서건 기독교에서는 오랫동안 예수를 상징하는 동물로 물고기를 사용해왔다.

현재 춘분점은 물고기자리 끝부분에 있고, 앞으로 수백 년 이내에 물병자리로 옮겨갈 것이다. 하지만 별자리의 경계선이 명확하지 않기 때문에 정확한 시기를 알 수는 없다.

물고기의 끈

물고기자리 그림을 보면 특별한 이유 없이 두 물고기가 끈으로 묶인 것을 볼 수 있다. 이처럼 그림이 다소 어색하게 그려진 것은 그림이 16세기 이후에 그려졌기 때문이다. 두 물고기를 연결짓는 별들을 끈으로 보는 데 대해 많은 사람이 부정적이었고, 이 별들을 무엇으로 볼 것이냐를 두고 많은 논란이 있었다. 지금까지 나온 이야기 중에서 가장 그럴듯한 것은 이들을 바로 옆에 있는 고래자리와 연관시킨 것이다. 끈이 만나는 위치가 고래의 등에 해당하므로, 끈을 고래가 뿜어내는 물줄기로 보자는 것이다.

황도 제12궁 쌍어궁

물고기자리는 황도 12궁 중 마지막에 해당하는 쌍어궁雙魚宮으로, 춘분점을 기준으로 황도의 330도에서 360도까지의 영역이 이에 해당한다. 태양은 2023년을 기준으로 2월 19일부터 3월 20일까지 이 영역에 머물며, 이 시기에 태어난 사람은 물고기자리가 탄생 별자리이다. 태양이 물고기자리를 통과하는 시기는 3월 12일부터 4월 18일 사이이다.

전해지는 이야기

그리스 신화에서는 이 별자리에 대해 여러 이야기를 전한다. 그중 가장 많이 알려진 이야기는 미의 여신 아프로디테와 그의 아들 에로스에 관련된 것이다. 어느 날, 아프로디테와 에로스가 유프라테스 강 언덕을 거닐고 있을 때 괴물 티폰이 나타났다. 깜짝 놀란 두 신은 물고기의 모습으로 변하여 강 속으로 도망쳐 위기를 모면했다. 훗날 그 모습이 하늘의 별자리가 되었는데, 그것이 바로 물고기자리라고 한다. 그런데 이 신화에 의하면 남쪽물고기자리가 아프로디테의 변신이라고 하는 이야기도 있어 이 별자리의 신화로는 좀 어색한 데가 있는 것 같다.

아메리카 원주민들의 설화 중에도 이 별자리와 관련된 것이 있다. 오랜 옛날, 미국 슈피리어호Lake Superior의 남쪽 해안에 피쉬Fish라고 불리는 인디언 부족이 살았다. 그들은 다른 부족과 달리 물고기의 꼬리가 있었고 이 특징을 제외하면 보통 인간과 다를 바가 없는 평범한 사람들이었다. 이 부족에는 오드쉭Odschig이라는 매우 용감하고 현명한 족장이 있었다. 그는 강한 무사이자 뛰어난 사냥꾼이었다. 그에게는 열세 살 난 아들이 있었다. 그는 아들이 뛰어난 사냥꾼이 되길 바랐지만 그의 바람과 달리 아들은 번번이 빈 배낭만 메고 돌아왔다. 그 당시는 지구가 항상 겨울이었던 때였으므로 사냥을 하기가 그리 쉽지 않았다.

어느 늦은 오후, 아무 소득도 없이 긴 사냥을 마치고 돌아오던 오드쉭의 아들은 잠시 피로를 풀기 위해 나무 둥지 옆에서 쉬고 있었다. 그때 가까운 거리에서 마른 솔방울을 씹는 다람쥐가 보였다. 사냥감을 찾은 아들이 막 활의 시위를 당기려는 순간, 놀랍게도 다람쥐가 말을 하기 시작했다.

                                                      4부. 가을철의 별자리

"나를 죽이지 마라. 너와 너의 부족이 사냥 이외의 다른 일을 하려면 이 눈이 녹고 추위가 끝나야만 한다. 너는 곧장 집으로 돌아가서 아무것도 먹거나 마시지 말고 누워 있어라. 그리고 너의 아버지가 무엇을 원하느냐고 묻거든 여름을 가져다 달라고 부탁하여라."

오드쉭의 아들은 다람쥐를 놓아주고 집으로 돌아와 아무것도 먹거나 마시지 않고 누워 있기만 하였다. 그렇게 며칠이 지나자 다람쥐의 말대로 오드쉭이 아들에게 원하는 것을 물어왔다. 아들이 여름을 가져다 달라고 말하자 오드쉭은 한숨을 쉬며 대답하였다.

"아들아, 그것은 어려운 일이다. 그러나 할 수만 있다면 너를 위하여 애써보겠다."

그러고는 오드쉭은 그 부족의 뛰어난 사냥꾼만 모아서 길을 떠났다. 20일 동안 그들은 눈으로 뒤덮인 숲을 통과했고, 또 20일 동안은 얼음 평원을 걸어갔다. 마침내 그들이 하늘에 닿을 듯한 높은 산에 도착했을 때는 추위와 배고픔에 지쳐 더는 걸을 수도 없게 되었다. 오드쉭과 그의 동료들은 그날 밤을 쉬고 다음 날 그 산을 오르기 시작했다. 그들이 산의 정상에 다다르자 하늘은 뛰어넘을 수 있을 정도로 가까이 보였다. 오드쉭의 친구인 오터가 먼저 뛰어넘으려 했으나 머리가 하늘에 부딪쳐 다시 산기슭으로 떨어졌다. 비버라는 친구가 시도했을 때도 마찬가지였다. 친구들이 포기하자 이번에는 오드쉭이 뛰어넘으려 하였다. 그 역시 실패하였지만 용기를 잃지 않고 계속 반복해서 뛰어올랐다. 몇 번을 거듭하자 하늘에 틈이 생기기 시작했고, 오드쉭과 동료들은 온 힘을 다해 하늘에 커다란 구멍을 냈다.

그들은 거기서 풀과 꽃으로 뒤덮인 넓은 들판을 발견할 수 있었다. 공기는 부드럽고 따뜻했으며, 강은 맑은 물로 가득했다. 들판에는 온갖 짐승이 뛰어놀았고, 나무 위에선 갖가지 새가 노래를 불렀다. 오드쉭과 동료들이 하늘나라로 올라가 걷고 있을 때, 그들이 만들어놓은 구멍을 통해 찬 바람이 불어왔다. 하늘나라 사람들은 곧 추위를 느끼고 그 구멍을 막으려고 하였다. 그러는 사이에 이미 여름 중 여섯 달이 땅으로 달아나버렸다. 오드쉭의 동료들은 구멍을 통해 땅에 봄이 가는 것을 확인하고 하늘나라 사람들이 나타나기 직전에 구멍을 빠져나왔다.

그러나 오드쉭은 운이 없었다. 그가 구멍에 다시 도착했을 때 구멍은 이미 닫혀버렸고, 그는 화가 난 하늘나라 사람들에게 포위되고 말았다. 오드쉭은 온 힘을 다해 달아났지만 그들은 끝없는 하늘의 들판을 가로질러 추격해왔다. 그러나 하늘나라 사람들의 무기는 오드쉭에게 상처를 줄 수 없었다. 왜냐하면 하늘나라의 어떠한 화살이나 창도 그의 꼬리를 제외하고는 인간의 몸을 꿰뚫을 수 없었기 때문이다.

밤이 되자 하늘나라 사람들은 그를 잡는 것을 포기하고 하나둘 돌아섰다. 그때 불행하게도 마지막 화살 하나가 그의 꼬리에 명중했고, 그는 치명적인 상처를 입고 말았다. 오드쉭은 아무도 없는 하늘나라에서 홀로 죽어가면서 말했다.

"나의 아들아, 나는 목숨을 잃었지만 네가 원하던 것을 얻었다. 나는 모든 사람과 동물이 추위에서 벗어날 수 있게 되어 행복하다."

오드쉭이 죽고 밤이 되자 그가 누웠던 곳에 물고기의 모습이 나타났는데, 그것이 물고기자리다.

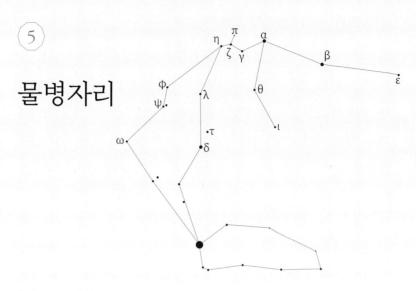

학명	Aquarius
약자	Aqr
영문	the Water-Bearer, the Water-Man, the Cupbearer
위치	적경 22h 20m 적위 −13°
자오선 통과	10월 20일 오후 9시
실제 크기(서열)	979,854평방도(10위)

물병자리의 주요 구성 별

약어	고유명	의미(위치)	밝기(등급)	색	거리(광년)
αAqr	Sadalmelik	왕의 행운(오른쪽 어깨)	2.9	노란색	520
βAqr	Sadalsuud	행운 중의 행운(왼쪽 어깨)	2.9	노란색	550
γAqr	Sadachbia	가정의 행운, 은둔자의 행운(물병)	3.8	흰색	164
δAqr	Skat	정강이 뼈	3.3	흰색	113
εAqr	Albali	삼키는 사람(왼쪽 손)	3.8	흰색	208
θAqr	Ancha	엉덩이(허리)	4.2	노란색	187
λAqr	Hydor	물(위쪽 물줄기)	3.7	빨간색	365

남쪽물고기자리의 입을 향해 흘러내리는 물

페가수스가 머리 위를 날게 될 때면 가을은 한창 깊어진다. 여름 동안 머리 위를 날던 백조와 독수리도 이 무렵이면 은하수의 물줄기를 따라 서쪽 하늘로 옮겨가고, 하늘은 추수 끝난 들판처럼 허전해진다. 이때 페가수스자리의 남서쪽 하늘을 자세히 보면 아주 넓은 공간에 걸쳐 희미한 별이 몇 줄기로 갈라지는 것을 발견할 수 있는데, 이 별무리가 바로 물병자리이다. 물병에서 흘러내리는 물은 가을 하늘의 유일한 1등성인 남쪽물고기자리의 입을 향해 쏟아져 나와 별의 내를 이룬다.

천마 페가수스의 머리 아래로 작은 Y자 모양을 한 별무리가 보인다. Y자를 이루는 네 별 감마γ, 제타ζ, 에타η, 파이π가 물병을 나타

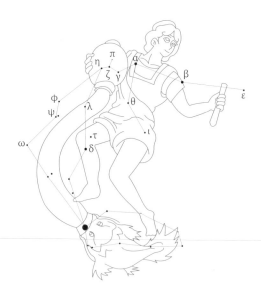

물병을 든 소년의 상상도

4부. 가을철의 별자리

낸다. 그리고 그 아래로 일련의 별이 띠를 이루며 남쪽의 밝은 1등성으로 모여든다. Y자의 오른쪽에 있는 알파α별 사달메리크(3등성)와 베타β별 사달수우드(3등성)가 물을 따르는 소년의 어깨에 해당한다. 이 모든 별무리가 소년이 물병에서 물을 흘려보내는 모습을 한 물병자리인데, 별이 놓인 모양만 보고서 상상하기는 어려울 것이다.

유프라테스강 유역에 살던 고대 바빌로니아인들은 물병자리의 별들이 특별한 행운을 가져다준다고 여겼다고 한다.

찾는 법

물병자리는 황도 12궁의 하나지만, 뚜렷한 특징 없이 넓은 공간에 흩어져 있어 초보자가 찾기는 어렵다. 이 별자리를 찾는 데는 위에서 언급한 작은 Y자 모양의 별들이 기준이 된다. 페가수스자리를 확실히 안다면 페가수스의 머리 아래에서 Y자를 쉽게 찾을 수 있을 것이다. 페가수스사각형의 왼쪽 위 알페라츠(αAnd)에서 오른쪽 아래 마르카브(αPeg)로 대각선을 이어 같은 길이만큼 연장해도 Y자를 찾을 수 있다.

소년의 어깨에 해당하는 3등성의 α별과 β별은 Y자의 오른쪽에서 확인할 수 있다. 물병자리의 나머지 별은 Y자와 남쪽의 1등성 포말하우트(αPsA) 사이에서 찾으면 된다.

물병자리를 말 머리에 받혀 쓰러진 물병이라고 생각하면 그 위치

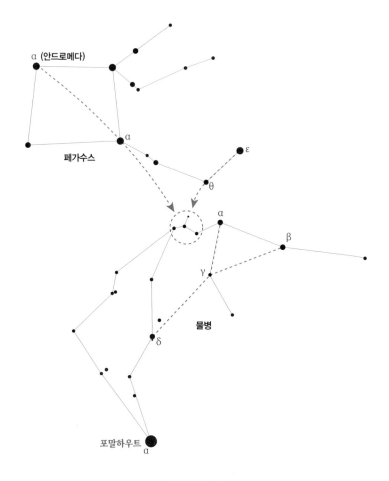

α (안드로메다)

페가수스

ε

θ

α

β

γ

물병

δ

포말하우트
α

물병자리 찾는 법

를 기억하는 데 도움이 될 것이다. 넓은 영역에 걸쳐 있는 별자리여
서 이 별자리를 찾을 때는 시야를 넓게 해야 한다. 주변의 별자리들
이 대부분 명확한 경계를 가지고 있어서 그들 사이를 확인할 필요
가 있다.

물병자리를 이루는 별

행운의 별

옛날 아라비아 사람들은 물병자리의 중심에 위치한 γ, η, ζ, π가 이루는 비뚤어진 Y자만으로 '사다크비아Sadachbia'라는 별자리를 만들었다. '은둔자의 행운'이라는 의미를 지닌 '사다크비아'는 지금은 Y자의 별 중 하나인 γ의 이름이 되었다. 이런 이름이 붙은 이유는 이 별들이 태양에서 멀어져서 새벽 하늘에 보일 무렵 봄이 왔기 때문이다. 사람들은 땅속에 숨었던 짐승이나 곤충이 이 별이 떠오르는 것을 보고 기뻐서 땅 위로 나온다고 생각했던 것이다.

이 별자리에서 가장 밝은 α별 '사달메리크Sadalmelik'(왕의 행운)와 β별 '사달수우드Sadalsuud'(행운 중의 행운)라는 이름에도 행운이라는 의미가 담겨 있다. γ별과 마찬가지로 이 별들이 이런 의미를 가지게 된 것도 새벽의 동쪽 하늘에 이 별들이 떠오를 무렵이 되면 겨울이 지나고 비가 왔기 때문이다. 아라비아 사람들은 이 별들이 비를 가져다준다고 생각했고, 물병자리가 물의 상징이라고도 생각했다. 이집트 사람들은 물병자리를 나일강의 발원으로 여겼다고 한다.

바다 별자리

앞서 말했듯 가을철 남쪽 하늘 주변은 바다와 관련된 별자리로 채워져 있으며, 그 주인공은 염소자리(바다염소자리), 물병자리, 돌고래자리, 물고기자리, 남쪽물고기자리 등이다. 이들 별자리가 차지하는 영역의 하늘은 고대 바빌로니아 시대부터 바다로 여겨졌다. 궁수자리의 왼쪽에서 가장 밝은 시그마σ별 눈키Nunki(2등성)는 이 바다의 시작을 알리는 별이었다. 이 별이 떠오르면 그 왼쪽으로 하늘의 바다가 시작되었기 때문이다. 또 '눈키'는 바빌로니아 시대부터 있었던 별 이름으로, 그리스의 별자리가 바빌로니아로부터 왔다는 것을 나타내는 증거로 인용되곤 한다.

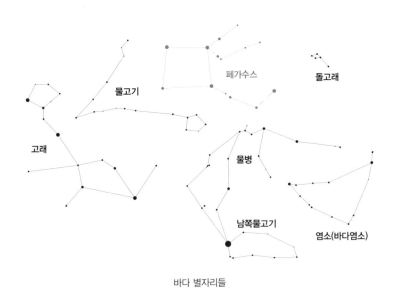

바다 별자리들

물병자리 유성우

물병자리에 복사점을 갖는 **물병자리 유성우**Aquariids는 여럿 있는데, 그중 둘 정도가 잘 알려져 있다. 5월 초에 나타나는 물병자리 에타η 유성우Eta Aquariids와 7월 말에서 8월 초에 볼 수 있는 물병자리 델타δ 유성우Delta Aquariids가 바로 그들이다. 두 개 모두 큰 유성우는 아니며 1시간에 10개 정도의 유성을 볼 수 있다. η유성우는 새벽, 해뜨기 직전의 짧은 시간 동안만 관측이 가능하다.

동양에서 본 물병자리

물병자리에는 동양의 황도 별자리인 28수 중 현무를 상징하는 북방 칠수의 여女수와 허虛수, 그리고 위危수가 포함되어 있다. 여인의 별자리인 여수는 거북의 몸에 있는데, 물병자리의 가장 오른쪽에 있는 4등성 엡실론ε별을 포함하여 넷으로 이루어져 있다.

역시 거북의 몸에 해당하는 허수는 죽은 사람의 위폐를 모셔놓는 사당을 뜻하는 별자리이다. 허수는 두 별로 이루어져 있는데, 3등성

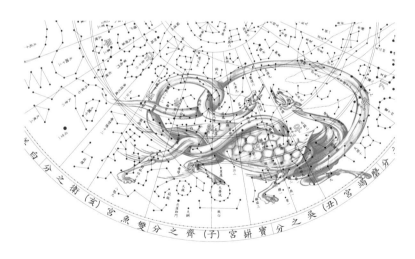

동양에서는 북쪽 하늘에 현무가 있다고 여겼다.

인 β별이 중심별이고 그 위쪽에 보이는 조랑말자리 알파별(α Equ, 4등성)이 포함된다. 세 별로 이루어진 위수는 죽음을 나타내는 별자리로, 뱀의 몸에 해당한다. 3등성인 α별이 위수의 중심별이고 페가수스자리 엡실론별(εPeg, 2등성)과 세타별(θPeg, 4등성)이 여기에 속한다.

황도 제11궁 보병궁

물병자리는 황도 12궁 중 제11궁 보병궁寶甁宮으로, 춘분점을 기준으로 황도의 300도에서 330도까지의 영역이 이에 해당한다. 태양은 2023년을 기준으로 1월 20일부터 2월 18일까지 이 영역에 머물며, 이 시기에 태어난 사람은 물병자리가 탄생 별자리이다. 세차운동의 영향으로 태양이 물병자리를 통과하는 시기는 2월 16일부터 3월 11일 사이이다.

전해지는 이야기

물을 나르는 가니메데

그리스 신화에 따르면, 물병자리는 아름다운 미소년 가니메데 Ganymede가 물을 따르고 있는 모습의 별자리이다. 가니메데는 트로이의 왕자였으나 신에게 물과 술을 나르던 청춘의 여신 헤베가 발목을 다친 후 그 역할을 대신하려고 독수리로 변장한 제우스에게 납치되어 올림포스산에서 살게 되었다고 한다. 자세한 이야기는 독수리자리 장에 소개된 것을 읽어보자. 한국에서는 물병자리라고 부르나 원래 붙여진 이름의 정확한 뜻은 '물을 나르는 사람'이다.

일설에 물병자리는 제우스가 대지로 물을 흘려보내는 모습이라고도 하는데, 별로 잘 알려진 이야기는 아니다.

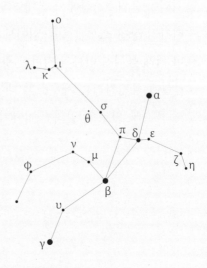

안드로메다자리

학명	Andromeda
약자	And
영문	the Chained Lady, the Chained Woman
위치	적경 0h 40m 적위 +38°
자오선 통과	11월 25일 오후 9시
실제 크기(서열)	722,278평방도(19위)

안드로메다자리의 주요 구성 별

약어	고유명	의미(위치)	밝기(등급)	색	거리(광년)
αAnd	Alpheratz	말의 배꼽(머리)	2.1	청백색	97
βAnd	Mirach	거들, 허리	2.0	빨간색	197
γAnd	Almach	사막의 살쾡이(왼쪽 다리)	2.3	주황색	390
δAnd		(가슴)	3.3	주황색	106
ζAnd		(왼쪽 팔)	4.0	주황색	189

그럴듯한 사람 형상을 한, 공주의 별자리

페가수스가 머리 위까지 높이 올라가는 가을밤에는 북쪽 하늘에서 북두칠성을 찾기 힘들어진다. 지평선 근처까지 내려간 북두칠성이 산등성이에 가려서 잘 보이지 않기 때문이다. 그런데 이때 페가수스사각형과 그 왼쪽을 넓게 보면 마치 북두칠성이 커다랗게 확대되어 나타난 것 같은 착각을 하게 된다. 페가수스사각형을 국자의 그릇으로 보면 그 왼쪽으로 국자의 손잡이에 해당하는 세 개의 2등성이 보이기 때문이다. 이곳이 바로 에티오피아의 공주 안드로메다의 별자리가 있는 곳이다. 이 무렵이면 에티오피아의 왕 케페우스와 왕비 카시오페이아도 딸의 모습을 보기 위해 북쪽 하늘 높은 곳에 자리를 잡는다.

지평선 위로 2등성들이 나란히 연결된 모습이 보인다. 이 별들은

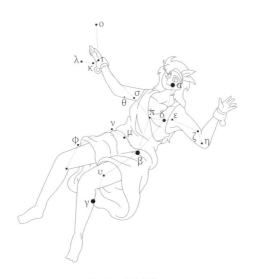

안드로메다의 상상도

페가수스사각형과 어우러져 국자 모양을 연상시키기도 하고, 큰 연을 띄워놓은 것처럼도 보인다. 이 중에서 페가수스사각형의 왼쪽으로 보이는 별들이 안드로메다자리이다. 에티오피아의 공주 안드로메다의 별자리는 정말로 그럴듯한 사람의 형태를 띠고 있다.

2등성인 α별 알페라츠가 공주의 머리이고, 역시 2등성인 베타β별 미라크와 그 위쪽으로 나란히 보이는 뮤μ별과 뉴ν별이 허리이다. 이 별자리의 다른 2등성 감마γ별은 왼쪽 다리에 해당한다. α별과 β별 사이에 있는 3등성 델타δ별과 그 위쪽의 파이π별이 가슴, 그 양쪽으로 보이는 별들이 안드로메다의 두 팔을 이룬다.

찾는 법

안드로메다자리는 페가수스자리와 붙어 있어 비교적 쉽게 찾을 수 있다. 페가수스자리가 높이 떴을 때 페가수스사각형을 커다란 방패연으로 생각하고 그 연줄에 해당하는 별들을 찾으면 그것이 바로 안드로메다자리이다.

페가수스사각형의 왼쪽 위 모서리에 있는 별이 안드로메다 공주의 머리를 나타내는 α별 알페라츠라는 것을 알면 안드로메다자리를 찾는 일은 끝난 것이나 마찬가지다. 페가수스사각형의 북서쪽 끝별인 β별과 알페라츠를 이은 선을 따라 내려가면서 보이는 두 개의 2등성까지가 이 별자리이다. 그 뒤에 보이는 세 번째 2등성은 페르세우스자리의 α별임을 유념하자.

안드로메다자리 찾는 법

안드로메다자리를 이루는 별

알페라츠

안드로메다자리의 α별 알페라츠Alpheratz(αAnd)를 '여자의 머리'라고 번역하는 책이 종종 있다. 이 별이 안드로메다 공주의 머리에 자리 잡고 있긴 하지만 알페라츠라는 말에는 그런 뜻이 없다. 알페라츠는 '말의 배' 또는 '말의 배꼽'이라는 의미인데, 이 별이 옛날에는 페가수스사리와 안드로메나자리 양쪽에 모두 속해 있었기 때문에 이런 이름이 붙었다. 그러다가 1930년 국제천문연맹이 88개의 별자리를 확정 발표하면서 안드로메다자리로 정리되었다.

안드로메다은하

안드로메다자리에는 우리은하에서 가장 가까운 외부은하인 **안드로메다은하**Andromeda Galaxy가 자리하고 있다. 우주를 무대로 하는 작품에 안드로메다라는 말이 많이 등장하는 것도 바로 이 은하 때문이다. 안드로메다은하는 처음에는 가스로 이루어진 성운이라고 생각해 **안드로메다대성운**Great Andromeda Nebula으로 부르기도 했는데, 20세기에 들어와서 커다란 망원경으로 정밀한 관측이 이루어지면서 외부 은하인 것이 밝혀졌다. 안드로메다은하의 발견으로 우리은하 너머에 또 다른 은하가 존재한다는 사실이 알려졌고, 우주의 크기도 그 이전에 상상했던 것보다 훨씬 크다는 것이 밝혀졌다.

안드로메다은하는 우리은하의 위성 은하인 대마젤란은하(지구에서 약 16만 광년 거리)와 소마젤란은하(지구에서 약 20만 광년 거리)를 제외하면 육안으로 확인할 수 있는 유일한 외부은하이다. 이 은하의 밝기는 약 3.5등급 정도로 시골 하늘에서는 맨눈으로도 희미한 빛의 무리를 확인할 수 있다. 이 은하는 안드로메다의 허리를 나타내는 세 개의 별 끝에 바로 걸려 있다. 2등성인 β별 미라크Mirach의 북쪽으로 4등성인 뮤μ별과 뉴ν별이 나란히 보이는데, 그중 ν별 바로 앞이 안드로메다은하가 있는 곳이다.

안드로메다은하는 우리은하와 비슷한 나선 모양을 하고 있는데 나선 모양을 확인하는 것은 맨눈으로는 힘들고, 망원경으로 촬영한 사진을 통해서 가능하다. 하지만 어떻게 본다고 해도 안드로메다은하는 우리은하에서 250만 광년쯤 떨어져 있기 때문에 우리가 보는 것은 250만 년 전의 모습이라는 사실 또한 알아두자.

동양에서 본 안드로메다자리

안드로메다자리에는 동양의 황도 별자리인 28수 중 백호白虎를 상징하는 서방칠수北方七宿의 첫 번째인 규奎 수가 포함되어 있다. 돼지를 뜻하는 규수는 호랑이의 꼬리에 해당하며, 안드로메다의 가슴과 허리, 그리고 왼쪽 팔에 해당하는 별 열여섯 개가 여기에 포함된다. 그중 가장 밝은 별은 규대성奎大星이라는 이름으로 불리는 안드로메다자리 베타별(βAnd, 2등성)이다.

동양에서는 서쪽 하늘에 백호가 있다고 여겼다.

전해지는 이야기

안드로메다는 카시오페이아자리나 페르세우스자리 신화에 나오는 에티오피아의 공주이다. 희생 제물이 되어 쇠사슬에 묶인 채 괴물 고래에게 잡아먹히려는 찰나에 페르세우스에게 구출되어 그의 아내가 되고, 후에 아테나 여신에 의해 페르세우스와 함께 별자리가 된다. 자세한 이야기는 다음 장에서 살펴보자.

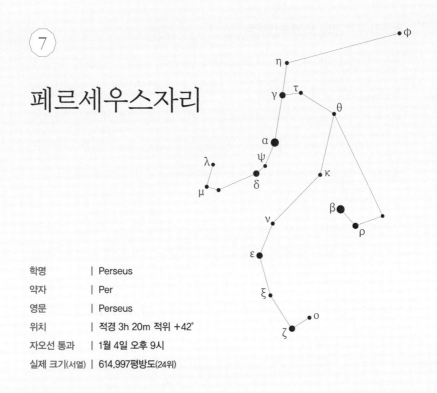

페르세우스자리

학명	Perseus
약자	Per
영문	Perseus
위치	적경 3h 20m 적위 +42°
자오선 통과	1월 4일 오후 9시
실제 크기(서열)	614,997평방도(24위)

페르세우스자리의 주요 구성 별

약어	고유명	의미(위치)	밝기(등급)	색	거리(광년)
αPer	Mirfak*, Algenib	팔꿈치, 옆구리(옆구리)	1.8	연노란색	510
βPer	Algol	악마의 머리	2.1~3.4	청백색	90
γPer		(어깨)	2.9	노란색	243
εPer		(왼쪽 다리)	2.9	청백색	640
ζPer	(Atik)	(왼쪽 발)	2.9	청백색	750
ξPer	Menkib	어깨(왼쪽 다리)	4.0	청색	1,200
oPer	Atik**	어깨(왼쪽 발)	3.8	청백색	1,100

* 2016년 국제천문연맹에 의해 공식 이름으로 지정되었으며, 함께 쓰이던 알게니브는 페가수스자리의 γ 별 이름으로 정리되었다.

** ζ별과 함께 사용했던 이름이지만 2016년 국제천문연맹에 의해 o별의 이름으로 공식 등록되었다.

메두사의 머리를 든 페르세우스

W자 모양을 한 카시오페이아자리가 높이 떠오르면 그 왼쪽 아래에 보이는 산등성이 위로 2등성과 3등성으로 된 몇 줄기의 별이 모여 있다. 이것이 바로 괴물 메두사를 죽인 그리스 신화의 영웅 페르세우스의 별자리이다. 가장 밝은 알파α별을 중심으로 별들이 만드는 몇 가닥 선을 눈여겨본다면 이 별들이 사람의 골격을 이루고 있다는 것을 어렵지 않게 알 수 있을 것이다.

가장 밝은 α별 미르파크(2등성)가 페르세우스의 옆구리를 이루고, 이 별을 따라 아래위로 연결된 별들이 페르세우스의 오른쪽 팔과 다리로 이어진다. 이 별자리의 또 다른 2등성인 β별 알골은 페르세우스의 왼손에 들린 메두사의 머리에 해당한다. α별과 β별 사이에

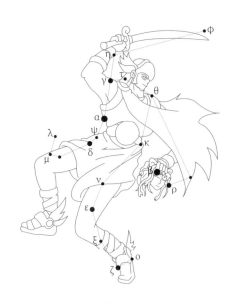

페르세우스의 상상도

있는 또 다른 한줄기의 별이 페르세우스의 왼쪽 어깨부터 다리까지를 나타낸다.

찾는 법

페르세우스자리는 카시오페이아자리의 왼쪽에 붙은 별자리로, 모양이 복잡하고 어두운 별도 많아서 전체를 다 찾기는 생각보다 쉽지 않다. 밝은 별을 먼저 찾고, 희미한 별은 성도를 보면서 천천히 찾아보자.

이 별자리를 찾는 가장 좋은 방법은 페가수스자리를 연이라고 생

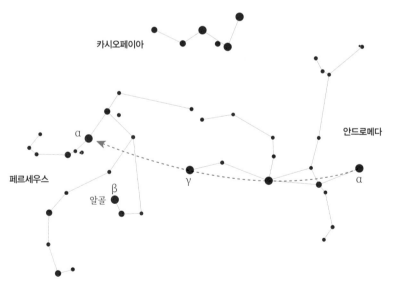

페르세우스자리 찾는 법

각하는 것이다. 커다란 페가수스사각형이 방패연처럼 하늘 높이 떠오르면 그 뒤로 안드로메다자리가 긴 연줄처럼 매달려 있고, 연줄 끝쪽 얼레 위치에 안드로메다 공주의 남편인 페르세우스자리가 있다.

페가수스사각형의 맨 왼쪽 위에 해당하는 안드로메다자리의 α별 알페라츠에서 β별 미라크를 지나 감마γ별 알마크에 이르는 2등성의 열을 계속 연장하면 자연히 페르세우스자리의 α별인 2등성 알게니브에 닿는다.

페르세우스자리의 북쪽 부분은 α별을 중심으로 북극성을 향해 길게 호를 이루는데, 이것을 **페르세우스의 호**Segment of Perseus라고 한다. 이 호를 따라가면 페르세우스자리의 나머지 별을 찾을 수 있다. α별 우측에 있는 β별 알골은 그 밝기가 약 3일을 주기로 2등급에서 3등급까지 변하므로 주의해서 확인해야 한다.

페르세우스자리를 이루는 별

악마의 별 알골

페르세우스자리의 β별에는 악마의 별을 뜻하는 '알골Algol'이라는 이름이 붙어 있다. 이 별이 이런 이름을 가지게 된 것은 신화에 등장하는 메두사의 눈에 해당하는 위치 때문이기도 하지만, 이 별의 다른 특징 때문이기도 하다. 이 별은 2.86일을 주기로 밝기가 2등급에서 3등급으로 변하는 변광성이다. 마치 죽어가는 메두사가 마지막 순간까지 눈을 깜빡거리는 것 같은 착각을 불러일으키는 것이다. 별을 보는 사람들은 이 별을 오래 보면 머리가 돌이 된다는 농담을 주고받기도 한다. 여러분도 두렵지 않다면 이 별을 직접 확인해보자.

페르세우스의 호

페르세우스자리의 에타η별에서 γ, α별을 거쳐 델타δ별에 이르는 비스듬한 곡선은 북동쪽을 향하여 비교적 뚜렷한 모습으로 이어져 있어서 눈길을 끈다. 앞서 말했듯 이 곡선이 '페르세우스의 호'이다. 페르세우스의 호를 황소자리의 플레이아데스성단쪽으로 연결하면 제타ζ별과 오미크론ο별에 닿는다. ζ와 ο별을 낚싯바늘로 보면, 물고기인 플레이아데스성단을 낚기 위해 낚싯줄이 물속으로 드리워

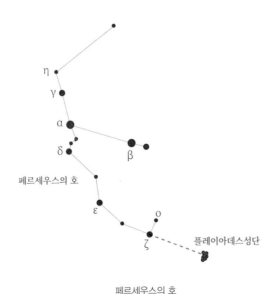

페르세우스의 호

진 모습을 상상할 수 있다.

페르세우스 이중성단

페르세우스자리의 γ별과 카시오페이아자리의 δ별 중간에는 두 **산개성단**散開星團, Galactic Cluster이 서로 밀접하게 붙어 있다. 이들은 별자리 그림에서 페르세우스의 칼 손잡이 부분에 있는데, 4등성 정도의 밝기여서 달이 없는 밤에는 맨눈으로도 확인할 수 있다. 하늘에 있는 많은 산개성단 중에서 이처럼 맨눈으로 뚜렷하게 관측할 수 있는 것은 그리 흔하지 않다.

플레이아데스의 팔

페르세우스자리의 별에는 페르세우스를 상상했을 때의 이미지와는 다른 신체 부위 이름이 많이 붙어 있다. 예를 들어 α별 미르파크Mirfak는 팔꿈치라는 의미이고, ζ별과 O별은 페르세우스의 발등에 있지만 어깨를 뜻하는 아티크Atik라는 이름을 갖고 있다. 이러한 이름의 기원은 아라비아 별자리다. 아라비아에서는 페르세우스자리를 플레이아데스성단의 팔이라고 생각했다. 페르세우스자리에 '플레이아데스를 감싸는 것Concealer of the Pleiades'이라는 뜻의 아라비아 이름이 붙은 것도 이런 이유에서이다. 아라비아에서는 플레이아데스성단 아래에 위치한 고래자리를 플레이아데스성단과 연결된 다른 쪽 팔로 여겼다. 아라비아 사람들은 플레이아데스성단을 머리로 삼아 페르세우스자리와 고래자리를 양팔로 지닌 엄청난 거인의 별자리를 상상했던 것 같다.

페르세우스자리 유성우

페르세우스자리의 북쪽을 복사점으로 해서 매년 7월 말에서 8월 중순에 걸쳐 거대한 유성우가 출현한다. **페르세우스자리 유성우**Perseids 는 가장 유명한 유성우로 8월 13일경에 최고조에 이르는데, 이 무렵의 새벽녘에는 1시간에 50개에서 100개에 이르는 유성이 관측될 정도다. 페르세우스자리 유성우는 혜성과 유성의 관계를 확인한 최초의 유성우로도 유명하다. 이 유성우가 확인된 것은 1830년 무렵인데, 그 후 1866년 이탈리아의 천문학자 **스키아파렐리**Giovanni Virginio Schiaparelli, 1835~1910가 **스위프트 터틀**Swift-Tuttle(1862Ⅲ)이라는 혜성이 모혜성임을 밝혔다. 이 혜성은 약 130년을 주기로 태양에 근접하는데, 가장 최근에 근접한 것은 1992년이었다. 이 혜성의 다음 방문은 2126년경으로 예상된다.

전해지는 이야기

장난 같은 인간의 운명

그리스 신화에서 페르세우스와 그의 가족이 하늘의 별자리가 되기까지의 이야기는 다음과 같다.

옛날 그리스 남부의 아르고스 왕국에 아크리시우스라는 왕이 살았는데, 그에게는 다나에라고 불리는 아름다운 딸이 있었다. 어느 날 그녀의 아름다움에 반한 제우스가 황금 비로 변신하여 그녀에게 접근하여 그녀는 페르세우스를 낳게 된다. 하지만 다나에의 아버지 아크리시우스는 손자가 자신을 죽일 것이라는 신의 계시 때문에 자신의 딸과 손자를 상자에 넣어 바다에 던져버린다.

이 상자는 바다 건너의 세리포스섬에 무사히 닿았고, 모자는 한 어부에게 발견되어 그곳에서 살았다. 그 후 15년의 세월이 흘러 페르세우스가 늠름한 청년으로 장성한 때였다. 세리포스섬을 다스리는 폴리덱테스 왕은 다나에에게 반해 그녀를 차지하려고 하였다. 그러나 페르세우스 때문에 실패하였고, 왕은 페르세우스를 없애버릴 음모를 꾸민다. 폴리덱테스 왕은 섬의 모든 청년에게 선물을 가져오게 하였는데, 페르세우스는 가난해서 왕에게 아무것도 바치지 못했다. 왕은 그 벌로 페르세우스에게 당대의 괴물 메두사의 머리를 가져오게 했다.

메두사는 원래는 아름다운 여인이었으나 자신의 아름다움을 자랑하다 아테나의 미움을 사서 머리카락이 모두 뱀으로 변하게 된 괴물로, 그 눈을 쳐다본 사람은 모두 돌로 변했다. 폴리덱테스는 페르세우스가 메두사에 의해 돌로 변하리라고 생각했던 것이다. 하지만 페르세우스를 아끼던 아테나와 헤르메스는 그에게 거울처럼 빛나는 방패와 하늘을 나는 신발을 선물로 주었다. 페르세우스는 하늘을 날아가 메두사와 싸움을 벌이는데, 거울 방패로 그녀의 눈길을 피하고 목을 자르는 데 성공한다.

메두사의 머리를 얻은 페르세우스는 길을 바꾸어 동쪽의 헤스페리데스에 도착하는데, 그곳의 왕 아틀라스는 그가 제우스의 아들이라는 이유로 추방령을 내린다. 제우스의 아들이 헤스페리데스의 가장 귀중한 보물을 가져가리라는 신의 계시가 있었기 때문이다. 그러나 이러한 사실을 몰랐던 페르세우스는 아틀라스의 무례함에 분노해 메두사의 머리를 이용하여 그를 돌로 만들어버린다. 아프리카 북부에 있는 아틀라스산이 바로 돌로 변한 아틀라스 왕이라고 전해진다(제우스의 아들이 헤스페리데스의 보물을 가져가게 된 것은 오랜 세월이 흐른 뒤의 일로, 헤라클레스가 그 장본인이다).

헤스페리데스를 떠난 페르세우스는 그 후 케페우스 왕이 다스리는 에티오피아로 간다. 에티오피아에는 카시오페이아라는 왕비가 있었는데, 그녀는 아름다웠지만 허영심이 많아서 항상 바다의 요정들보다 자신이 더 아름답다고 떠벌리고 다녔다. 이 이야기가 바다 요정들에게 알려지자 이들은 포세이돈에게 카시오페이아를 혼내줄 것을 요청한다.

포세이돈은 그 요청에 응답하여 괴물 고래를 에티오피아로 보낸다. 고래의 습격을 받은 에티오피아는 날로 황폐해져갔고 케페우스 왕은 이 재앙을 해결하기 위해 그의 아름다운 딸 안드로메다를 제물로 바쳐야 했다.

때마침 에티오피아의 하늘을 날아가던 페르세우스는 바위에 묶인 안드로메다를 보고선 곧장 땅으로 내려와 메두사의 머리를 이용하여 괴물 고래를 돌로 만들어버렸다. 안드로메다를 구한 페르세우스는 그녀와 결혼하고 일 년간 에티오피아에서 살았다. 후에 케페우스와 카시오페이아가 죽게 되자 포세이돈은 이들을 괴물 고래와 함께 하늘에 올려놓는데, 카시오페이아는 그녀의 허영심에 대한 벌로 하루의 반을 거꾸로 의자에 앉은 채 돌게 한다.

그 후 에티오피아를 떠난 페르세우스는 안드로메다와 함께 어머니가 있는 세리포스로 돌아와, 어머니를 공개적으로 괴롭히고 결혼을 강요하던 폴리덱테스 왕을 돌로 만들어버린다. 모든 원한을 푼 페르세우스는 메두사의 머리를 아테나에게 바치고, 아테나는 이것을 방패 한가운데에 붙여놓는다. 세리포스에서 할 일을 마친 그는 어머니와 아내를 데리고 할아버지의 땅 아르고스로 돌아간다. 그는 할아버지 아크리시우스 왕에게는 전혀 원한이 없었지만, 어느 날 우연히 참가한 원반던지기 대회에서 원반이 잘못 튀어 한 노인을 죽게 만드는데 그 노인이 바로 아크리시우스였다. 결국, 아크리시우스 왕은 손자의 손에 죽게 된다는 신의 계시대로 페르세우스의 손에 죽은 것이다.

훗날 페르세우스와 안드로메다가 죽자 아테나는 이들을 케페우스, 카시오페이아, 고래가 있는 곳에 각각 별자리로 만들었다.

도마뱀자리 | 조랑말자리

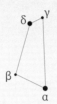

도마뱀자리

학명	Lacerta
약자	Lac
영문	the Lizard
위치	적경 22h 25m 적위 +43°
자오선 통과	10월 22일 오후 9시
실제 크기(서열)	200,688평방도(68위)

조랑말자리

학명	Equuleus
약자	Equ
영문	the Foal, the Colt, the Little Horse
위치	적경 21h 10m 적위 +6°
자오선 통과	10월 3일 밤 9시
실제 크기(서열)	71,641평방도(87위)

도마뱀자리의 주요 구성 별

약어	고유명	의미(위치)	밝기(등급)	색	거리(광년)
αLac		(머리)	3.8	흰색	103

조랑말자리의 주요 구성 별

약어	고유명	의미(위치)	밝기(등급)	색	거리(광년)
αEqu	Kitalpha	말의 일부(머리)	3.9	노란색	190

어미 말 옆의 망아지와 도망치는 도마뱀

가을철 밤하늘에는 들판의 야생화처럼 사람들이 잘 알지 못하는 별자리가 있다. 페가수스자리 근처에 숨어 있는 조랑말자리와 도마뱀자리가 바로 그런 별자리이다. 들판에서 텐트를 치고 밤을 보낼 기회가 있다면 시골 하늘에서만 볼 수 있는 이 작고 희미한 별자리를 찾아보자. 잘 보이지 않는 별자리를 찾을 때는 특별한 상상이 도움이 된다.

페가수스자리의 코 바로 앞에 있는 조랑말자리는 페가수스를 어미 말이라고 생각하고, 어미 말이 얼굴을 비비고 있는 작은 새끼 말을 상상하면 찾을 때 도움이 될 것이다. 그리고 페가수스자리의 앞다리 북쪽에 있는 도마뱀자리를 찾을 때는 페가수스의 말발굽을 피해 백조자리와 카시오페이아자리 사이의 은하수 속으로 꼬리를 흔들며 도망가는 도마뱀을 떠올리면 좋다.

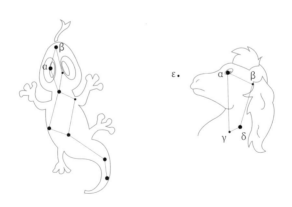

도마뱀과 조랑말의 상상도

찾는 법

두 별자리 모두 4등성이 한두 개이고 나머지는 모두 5등성 이하의 별들이어서 주의를 많이 기울여야 찾을 수 있다. 우선 주위의 밝고 큰 별자리를 확실하게 알고 난 후에 찾도록 하자.

조랑말자리는 독수리자리의 견우(알타이르)와 페가수스자리의 코에 해당하는 엡실론 ε별 에니프(2등성)를 이은 선 위에서 찾을 수 있다. 견우에서 에니프 쪽으로 가다가 4분의 3쯤 온 곳에서 선에 윗부분이 걸려 있는 찌그러진 작은 사각형을 찾으면 된다.

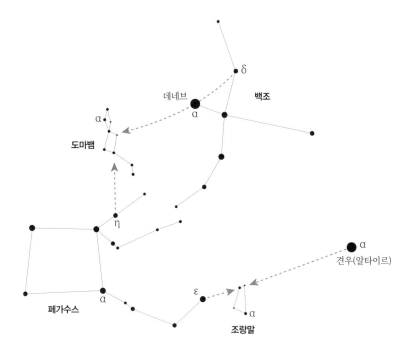

도마뱀자리와 조랑말자리 찾는 법

도마뱀자리 역시 주변에 백조자리와 안드로메다자리의 작은 별들이 공간을 빽빽하게 채우고 있으므로 집중해서 찾아야 한다. 백조자리의 왼쪽 날개에 해당하는 델타δ별에서 데네브(1등성)를 이어 두 배 정도 연장한 곳에서 남북으로 지그재그 형태로 놓인 4등성 정도의 별무리를 찾으면 된다. 페가수스자리의 앞발에 있는 3등성의 에타η별(ηPeg)을 기준으로 두고 그 위쪽에서 찾을 수도 있다. 도마뱀의 머리가 케페우스자리의 남동쪽 모서리에 있는 작은 삼각형(케페우스자리의 머리 부분)을 향한다는 것을 기억하자.

도마뱀자리와 조랑말자리를 이루는 별

조랑말자리는 고대 그리스에도 있었던 오래된 별자리로, 4등성 이하의 별이 찌그러진 사각형을 그리면서 남북으로 좁게 놓여 별자리를 이룬다. 크기가 워낙 작고 주변의 큰 별자리 사이에 끼어 있어 별로 관심을 끌지 못하는 이 별자리는, 아주 청명한 밤하늘이 아니면 알아보기 힘들고 그 모양만으로도 말의 모습을 떠올리기는 거의 불가능하다.

조랑말자리는 한국에서 볼 수 있는 별자리 중에서 가장 작은 별자리이다. 하늘에 있는 88개의 별자리 중에서 가장 작은 별자리는 남십자성으로 유명한 남십자자리인데, 이 별자리는 너무 남쪽에 치우쳐 있어 한국에서는 볼 수가 없다. 조랑말자리는 남십자자리 다음으로 작은 별자리이다. 여름철의 은하수에서 보았던 화살자리가

4부. 가을철의 별자리

그다음으로 작다.

역시 어두운 별자리인 도마뱀자리는 별들이 지그재그 모양으로 연결되어 있다. 이 별자리는 17세기 후반에 만들어졌지만 늦게 만들어진 다른 별자리들과는 달리 제법 그럴듯하게 도마뱀 모양을 갖추고 있다. 희미한 별로 이루어져 있어 하늘에서 그 모양을 완벽하게 찾아내기는 어렵지만 꼬리까지 갖추고 있는 어엿한 도마뱀이다.

전해지는 이야기

영원자리에서 도마뱀자리로

도마뱀자리는 17세기 후반에 폴란드의 천문학자 헤벨리우스가 백조자리와 안드로메다자리 사이의 빈 공간을 메우려고 만든 별자리이다. 그는 처음에 이 별자리를 족제비와 비슷하게 만들고 양서류에 속하는 도롱뇽의 일종인 '영원newt'이라고 불렀는데, 후에 그 이름이 파충류인 도마뱀으로 바뀌었다. 88개의 별자리 중 파충류의 별자리는 모두 다섯 개인데 도마뱀자리와 남반구 하늘에 보이는 카멜레온자리, 그리고 세 뱀 별자리(뱀, 물뱀, 바다뱀)가 그들이다.

조랑말자리를 둘러싼 잡설

조랑말자리는 고대부터 있었던 별자리지만 특별히 얽힌 유명한 신화는 없다. 어떤 신화학자들은 이 별자리가 헤르메스가 쌍둥이자리의 형 카스토르에게 준 켈레리스Celeris라는 명마로, 페가수스의 동생이라고 한다. 어떤 학자들은 헤라가 쌍둥이자리의 동생 폴룩스에게 준 킬라루스Cyllarus라는 말이라고 한다. 일설에는 포세이돈이 아테나와 자웅을 겨룰 때 삼지창으로 바위를 때려 튀어나오게 한 말이라고도 한다. 하지만 별자리 모양만으로는 도저히 말이라고 생각되지 않는 이 별자리가 어떻게 오래전부터 조랑말자리로 불렸고 이런 이야기가 전해져 오는지는 여전히 의문으로 남는다.

삼각형자리 | 양자리

삼각형자리			양자리		
학명		Triangulum	학명		Aries
약자		Tri	약자		Ari
영문		the Triangle	영문		the Ram
위치		적경 2h 00m 적위 +32°	위치		적경 2h 30m 적위 +20°
자오선 통과		12월 15일 오후 9시	자오선 통과		12월 25일 밤 9시
실제 크기(서열)		131.847평방도(78위)	실제 크기(서열)		441.395평방도(39위)

삼각형자리의 주요 구성 별

약어	고유명	의미(위치)	밝기(등급)	색	거리(광년)
αTri	Mothallah*, Caput Trianguli	삼각형, 삼각형의 꼭짓점	3.4	연노란색	63

* '카푸트 트리안구리Caput Trianguli'와 함께 쓰이다 국제천문연맹에 의해 공식 이름으로 승인되었다.

양자리의 주요 구성 별

약어	고유명	의미(위치)	밝기(등급)	색	거리(광년)
αAri	Hamal	숫양의 머리	2.0	주황색	66
βAri	Sheratan*	두 개의 신호(머리)	2.6	흰색	60
γAri	Mesarthim	하인(머리)	3.9	흰색	164

* 수천 년 전에 γ별과 함께 춘분점을 나타내는 별이었다. γ별이 첫 번째 신호, β별이 두 번째 신호였다.

고대부터 있었던 작은 별자리

안드로메다자리 남쪽에 세 별이 가늘지만 긴 삼각형을 이룬 모습이 보인다. 그보다 더 남쪽에는 이것보다 작지만 억지로 찌그러트린 삼각형을 이룬 세 별이 눈에 들어온다.

위에 있는 긴 삼각형이 삼각형자리이고, 그 아래에 있는 찌그러진 삼각형은 왼쪽에 있는 작은 별들과 함께 양자리를 이룬다. 삼각형자리의 모습에 대해서는 더 이상 설명이 필요없지만 양자리는 그 이름이 잘 납득되지 않는다.

가을에는 눈에 띄는 밝은 별이 거의 없는 대신, 대부분의 별자리가 아주 넓은 공간에 걸쳐 있다. 여기에서 몇 별자리만 예외인데, 안드로메다자리 아래에 자리 잡은 삼각형자리와 양자리도 바로 그런 별자리에 속한다.

작은 별자리는 대개 만들어진 시기가 오래되지 않은 데 반해, 이 두 별자리는 아주 오래전부터 있던 고대 별자리이다. 두 별자리 모두 그리스 시대에 프톨레마이오스가 정리한 48개의 별자리 목록에 포함된다. 이들 별자리에서 우리가 알아볼 수 있는 별은 각각 세 개

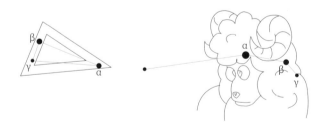

삼각형과 양의 상상도

정도지만 하늘에서 이들을 찾아내기는 그리 어렵지 않다. 주변이 어둡고 이들이 비교적 가까이에 모여 있기 때문이다.

찾는 법

삼각형자리와 양자리는 작지만 2등성이나 3등성인 밝은 별이 하나나 두 개 정도 있고 주위에 혼동되는 다른 별이 없어서 생각보다 쉽게 찾을 수 있다. 이 두 별자리를 찾는 데 가장 좋은 안내자는 역시 가을철의 대표적인 길잡이별인 페가수스사각형이다.

페가수스사각형의 왼쪽 변(αAnd와 γPeg)과 왼쪽으로 이등변삼각

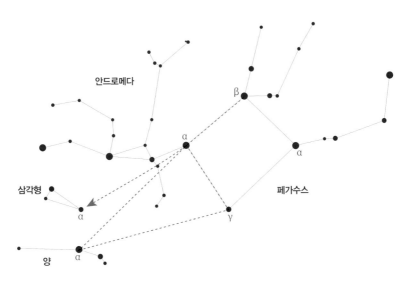

삼각형자리와 양자리 찾는 법

형을 이루는 곳에서 양자리의 알파α별인 노란색 2등성 하말Hamal 을 찾을 수 있다. 하말을 찾으면 그 양쪽으로 놓인 양자리의 다른 별 은 쉽게 확인할 수 있다.

두 개의 3등성과 하나의 4등성으로 이루어진 삼각형자리는 페가 수스사각형의 위쪽 변(βPeg와 αAnd)을 왼쪽으로 1.5배 정도 연장한 곳에서 찾을 수 있다.

두 별자리 모두 안드로메다자리와 페르세우스자리 사이의 아래 쪽에 있다. 밝은 2등성이 있는 양자리를 안드로메다와 페르세우스 가 키우는 양이라고 생각하고, 양이 황소와 페가수스 사이에서 풀 을 뜯고 있다고 기억하는 것도 좋은 방법일 것이다.

양자리를 이루는 별

황소자리와 페가수스자리의 경계선

춘분점이 황소자리에 있었던 고대에는 이곳에 황소자리와 페가수 스자리의 뒷부분이 있었다. 세차운동으로 춘분점이 두 별자리가 접 하는 부분으로 이동했을 때 바빌로니아인들은 양자리를 만들려고 두 별자리의 뒷부분을 제거했다고 한다. 이런 이야기는 양자리를 사이에 둔 황소자리와 페가수스자리가 하반신이 없는 불완전한 몸 체를 하고 있어서 생겨난 이야기로, 충분히 그랬을 수도 있겠다는 생각이 든다.

동양에서 본 양자리

양자리에는 동양의 황도 별자리인 28수 중 백호를 상징하는 서방 칠수의 루婁수와 위胃수가 포함되어 있다. 양자리에서 가장 밝은 α, 베타β, 감마γ 세 별로 이루어진 루수는 새나 물고기를 잡는 그물이라는 뜻으로, 호랑이의 몸에 해당한다. 위장(밥통)이라는 의미의 위수는 양자리의 왼쪽 위 끝부분에 있는 세 5등성으로, 역시 호랑이의 몸에 위치한다.

황도 제1궁 백양궁

양자리는 황도 12궁 중 가장 선두인 제1궁 백양궁白羊宮이다. 춘분점을 기준으로 황도의 0도에서 30도까지의 영역이 이에 해당한다. 태양은 2023년을 기준으로 3월 21일부터 4월 19일까지 이 영역에 머물며, 이 시기에 태어난 사람은 양자리가 탄생 별자리이다.

이 별자리가 황도 12궁의 첫 번째 별자리가 된 것은 별자리가 정리되던 고대 그리스 시대에 춘분점이 이곳에 있었기 때문이다. 춘분점은 황도에서 적경 0시(0h)인 지점으로, 지구의 경도 기준점이 되는 영국의 그리니치 천문대와 같은 의미를 갖는 천구의 지점이다. 현재는 세차운동으로 춘분점이 이웃한 물고기자리로 옮겨 갔다. 따라서 태양이 실제로 양자리를 통과하는 시기는 춘분에서 한 달 정도 지난 때이며, 그러면 4월 19일부터 5월 13일 사이가 된다.

전해지는 이야기

삼각주 혹은 저울대

삼각형자리는 기원전 4백 년경부터 있어온 오래된 별자리이나 여기에 얽힌 특별한 신화나 전설은 없다. 그리스 시대에는 이 별자리를 그리스 문자의 네 번째에 해당하는 델타δ자리라고 불렀고, 이집트에서는 나일강 어귀에 있는 삼각주와 관련지어 '나일강의 델타'나 '나일의 집' 등으로 불렀다. δ의 대문자 Δ가 삼각형 모양이어서 이런 이름이 붙은 듯하다. 아라비아에서는 이 별자리의 α별과 β별을 묶어서 '저울대'라는 뜻의 이름으로 불렀다고 한다. 17세기 후반 폴란드의 천문학자 헤벨리우스가 이 별자리 남동쪽에 작은삼각형자리Triangulum Minor를 만들었지만 지금은 쓰이지 않는다. 남반구 하늘에는 삼각형자리보다 훨씬 뚜렷한 모양의 남쪽삼각형자리가 있다.

아이들을 구한 황금빛 양

양자리에는 아주 유명한 그리스 신화가 전해지는데, 그 이야기는 다음과 같다.

아주 먼 옛날 그리스의 테살리라는 마을에 아타마스라고 불리는 왕이 살았다. 그에게는 프릭수스Phrixus와 헬레Helle라는 이름의 두 남매가 있었는데, 이들은 어렸을 때 어머니를 여의고 새어머니에게서 자랐다. 그런데 그 계모가 아이들에게 얼마나 잔인하게 굴었던지, 신들조차 혀를 내두를 정도였다.

4부. 가을철의 별자리

그러던 어느 날 그곳을 지나던 헤르메스가 우는 아이들을 보고 그들을 구출하기로 결심한다. 헤르메스는 하늘로 돌아가 황금 양피 Golden Fleece를 가진 숫양 한 마리를 만들어, 아이들을 양에 태워 계모의 손이 미치지 않는 행복한 곳으로 보냈다.

아이들이 올라타자 양은 하늘로 날아올라 쏜살같이 동쪽으로 날아갔다. 두 아이는 양의 등 위에서 떨어지지 않으려고 안간힘을 썼지만, 어린 헬레는 그만 손을 놓쳐 아래로 떨어지고 말았다. 헬레가 떨어진 곳은 아시아와 유럽의 경계가 되는 해협이었는데, 훗날 사람들은 헬레의 가엾은 운명을 기억하고자 이 해협을 헬레스폰트 Hellespont(지금 튀르키예의 다르다넬스 해협)라고 불렀다.

혼자 남은 프릭수스는 계속 양을 타고 날아가 흑해의 동쪽 연안에 자리 잡은 콜키스에 안전하게 도착했다. 그곳의 왕이었던 아이에테스는 양을 타고 내려온 프릭수스를 후하게 대접하고 그곳에서 행복하게 살게 해주었다. 프릭수스는 감사의 뜻으로 양을 잡아 제우스에게 제사를 지냈고, 그 양의 황금 양피를 왕에게 선물한다. 그후 제우스가 이 양의 공로를 치하하여 하늘의 별자리로 만들었다고 한다.

아이에테스 왕은 황금 양피를 잠을 자지 않는 용에게 지키게 하였는데, 훗날 아르고호를 타고 온 그리스의 영웅 이아손이 메데이아 공주의 도움으로 용을 물리치고 이 황금 양피를 다시 테살리로 가져가게 된다.

양자리에 얽힌 다른 이야기는 염소자리 신화와 비슷하다. 제우스가 괴물 티폰의 공격을 받아 도망칠 때 변신한 모습이라는 것이다.

1. 황소자리
2. 마차부자리
3. 오리온자리
4. 큰개자리
5. 작은개자리
6. 토끼자리
7. 에리다누스자리
8. 외뿔소자리
9. 쌍둥이자리
10. 게자리

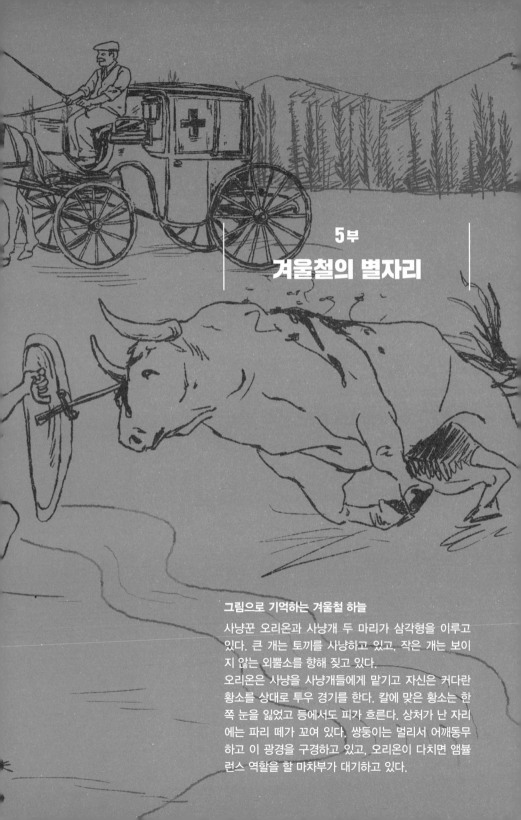

5부
겨울철의 별자리

그림으로 기억하는 겨울철 하늘

사냥꾼 오리온과 사냥개 두 마리가 삼각형을 이루고 있다. 큰 개는 토끼를 사냥하고 있고, 작은 개는 보이지 않는 외뿔소를 향해 짖고 있다.

오리온은 사냥을 사냥개들에게 맡기고 자신은 커다란 황소를 상대로 투우 경기를 한다. 칼에 맞은 황소는 한쪽 눈을 잃었고 등에서도 피가 흐른다. 상처가 난 자리에는 파리 떼가 꼬여 있다. 쌍둥이는 멀리서 어깨동무하고 이 광경을 구경하고 있고, 오리온이 다치면 앰뷸런스 역할을 할 마차부가 대기하고 있다.

12월 1일 02시 기준
1월 1일 00시 기준
2월 1일 22시 기준

만일 한 번이라도 한데서 밤을 새워 본 일이 있는 분이라면
인간이 모두 잠든 깊은 밤중에는 또 다른 신비로운 세계가
고독과 적막 속에 눈을 뜬다는 것을 누구나 알고 있을 것입니다.
낮은 생물들의 세상이지만요.
그러나 밤이 오면
그것은 물건들의 세상이랍니다.

-알퐁스 도데의 소설 〈별〉에서

───── 밤이 길어서 별과 만날 수 있는 시간이 가장 긴 계절, 대기가 불안정하지만 덕분에 별빛이 가장 많이 반짝거리는 계절, 또 일 년 중 별이 가장 밝게 보이는 계절이 바로 겨울철이다. 겨울에 별이 가장 밝게 보이는 것은 특별한 이유가 있어서가 아니라 다른 계절보다 겨울철 별자리에 밝은 별이 많아서이다. 한국에서 볼 수 있는 15개 정도의 1등성 중에 7개가 겨울철 별자리에 속한다.

이런 이유로 겨울은 별이 가장 아름답게 보이는 계절이지만, 겨울별을 보려면 추위를 참고 견딜 수 있어야 한다. 또 별을 볼 수 있는 시간이 긴 만큼 겨울철에는 먹을 것을 준비하는 것도 중요하다.

겨울철 별자리 둘러보기

겨울철 별자리의 주인공은 사냥꾼 오리온이다. 그리스 신화에서 사냥의 신 아르테미스의 연인이기도 한 오리온은 이 세상의 모든 동물을 다 잡을 수 있다고 자신하는, 그리스 최고의 사냥꾼이다. 오리온자리의 중요한 특징은 일곱 개의 밝은 별이 장구 모양으로 있다는 것이다.

그 옆에는 오리온을 따라오는 사냥개 두 마리의 별자리가 있다. 그중 밝은 별이 큰 개이고, 조금 덜 밝은 별이 작은 개이다. 하늘에서 오리온과 두 마리의 사냥개는 삼각형을 이루며 사냥감을 잡으러 가고 있다.

오리온의 오른쪽에는 사냥감인 황소자리가 있다. 이 둘을, 오리온이 황소와 투우 경기를 하는 장면으로 상상해보자. 황소는 오리온의 칼에 한쪽 눈을 잃었고, 등에는 큰 상처가 나서 상처에 파리 떼(플레이아데스성운)가 꼬인 듯하다. 황소의 눈에 해당하는 별이 붉은색이어서, 한쪽 눈이 충혈된 황소가 화를 못 이기고 계속 오리온을 향해 긴 뿔을 들이밀고 돌진하는 것 같기도 하다. 이 흥미진진한 광경을 쌍둥이자리가 보고 있다. 쌍둥이는 겁이 났는지 서로 어깨동무를 하고 있고, 그 옆에는 누군가 크게 다치는 사태에 대비하기 위해 앰뷸런스 역할을 할 마차부가 대기하고 있다.

오리온을 뒤따라오는 큰개자리의 바로 앞에는 사냥감인 토끼자리가 있다. 작은개의 앞에는 전설에 등장하는, 유니콘을 닮은 외뿔소자리가 있다.

화천 광덕산에서 본 황소자리와 플레이아데스성단.
옆으로 누운 V자 모양의 황소자리 위로 플레이아데스성단이 보인다. 가장 밝은 별은 알데바란이다.

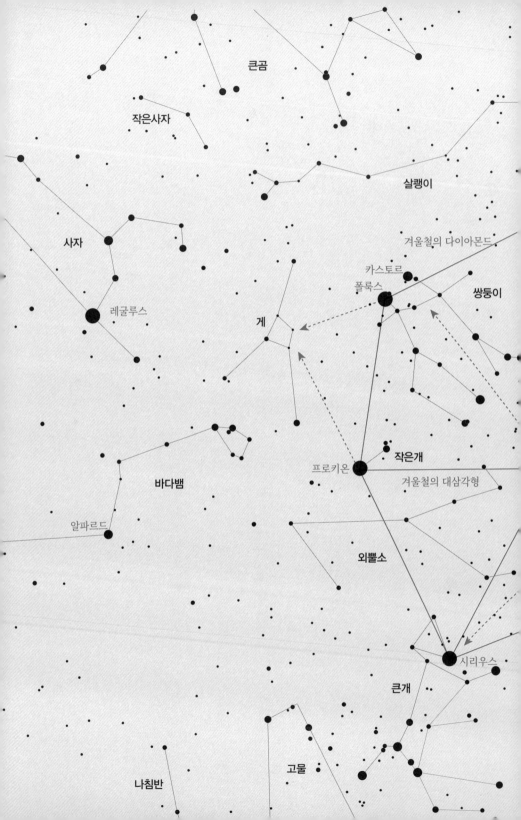

큰곰

작은사자

살쾡이

사자

겨울철의 다이아몬드

카스토르
폴룩스

쌍둥이

게

레굴루스

작은개

프로키온

겨울철의 대삼각형

바다뱀

알파르드

외뿔소

시리우스

큰개

나침반

고물

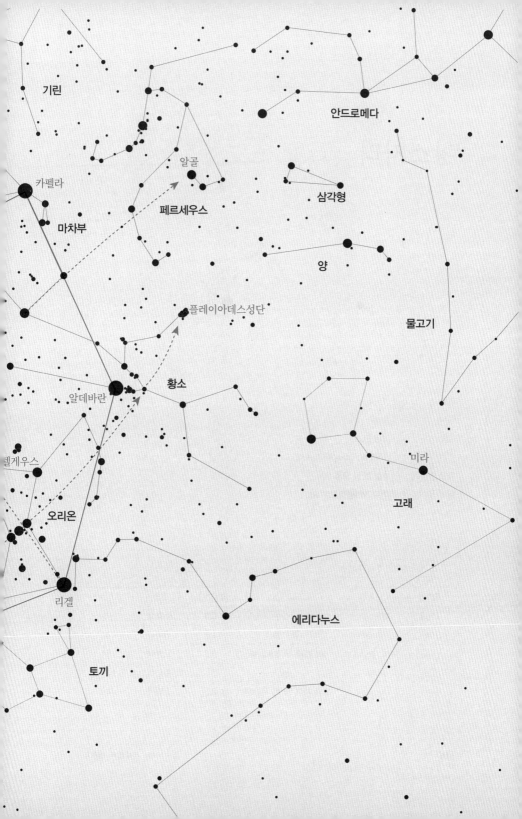

① 황소자리

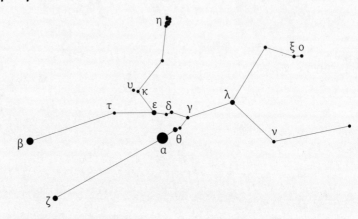

학명	Taurus
약자	Tau
영문	the Bull
위치	적경 4h 30m 적위 +18°
자오선 통과	1월 22일 오후 9시
실제 크기(서열)	797,249평방도(17위)

> 황소자리의 주요 구성 별

약어	고유명	의미(위치)	밝기(등급)	색	거리(광년)
αTau	Aldebaran	뒤에 따라오는 자(눈)	0.9	주황색	65
βTau	Elnath	황소 뿔	1.6	청백색	134
γTau	Prima Hyadum	첫 번째 히아데스(턱)	3.6	노란색	154
εTau	Ain	눈	3.5	주황색	147
ηTau	Alcyone	일곱 자매 중 한 사람(등)	2.9	청백색	443

346

5부. 겨울철의 별자리

큰 눈과 상처를 지닌 황소

가을 내내 하늘의 정상을 향해 달리던 천마 페가수스가 서서히 서쪽 하늘로 방향을 틀면 동쪽 하늘에 아름다운 별이 커다란 V자 모양으로 들어서고, 그 옆에 아기자기한 별이 한데 어울려 눈길을 끈다. 이곳이 바로 황소자리다.

동쪽 산등성이 위로 V자가 비스듬히 누워 있다. V자의 한쪽 끝에 놓인 붉은색의 1등성이 매우 인상적인데, 이 별에서 약간 떨어진 오른쪽 위에 북두칠성을 축소해놓은 것 같은 아주 작은 국자 모양의 별들도 눈길을 끈다. 그러나 커다란 황소를 채울 만큼 별이 넓게 퍼져 있지는 않아서 별자리 그림에는 황소의 머리와 앞발, 그리고 등까지만 보인다.

V자 모양의 별이 황소의 얼굴을 나타내고, 그 위에 있는 베타 β 별

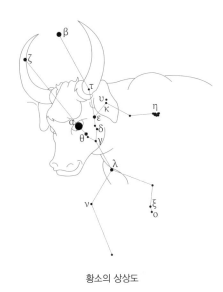

황소의 상상도

과 제타ζ별이 커다란 뿔에 해당한다. 황소자리의 가장 밝은 별인 알파α별 알데바란은 그 분위기에서 느껴지는 것처럼 황소의 큰 눈을 잘 표현하고 있다. 여기에서 조금 떨어진 곳에 보이는 작은 국자 모양의 플레이아데스성단은 황소의 등 부분에 있는데, 이 성단의 별들은 평균적으로 지구에서 444광년 떨어져 있다. 황소의 눈에 해당하는 알데바란은 붉은색이어서 충혈된 눈 같고, 황소의 등에 보이는 별무리는 칼에 찔린 상처처럼 느껴지기도 한다. 옆에 있는 사냥꾼 오리온 때문에 그런 것일까?

찾는 법

이 별자리를 찾기 위해선 먼저 북극성에 가장 가까운 1등성인 마차부자리의 α별 카펠라를 찾는 것이 순서이다. 오각형의 마차부자리에서 오른쪽 변에 해당하는 카펠라와 요타ι별을 이어 같은 거리만큼 이으면 붉은색의 1등성을 찾을 수 있다. 이 별은 황소자리의 α별인 알데바란으로, 그 주위의 별과 함께 V자 모양을 이룬다. 이 V자를 옆의 별과 잘 연결하면 새총과 같은 Y자 모양을 그릴 수 있다. 마차부자리를 새장(오각형)에서 탈출하는 새(작은 삼각형)로, 이 Y자는 그 날아가는 새를 잡으려고 누군가 겨누는 새총이라고 기억할 수도 있겠다.

이 별자리를 찾는 데는 겨울철의 가장 아름다운 별자리인 오리온자리도 중요한 역할을 한다. 오리온자리가 충분히 떠올랐을 때 오

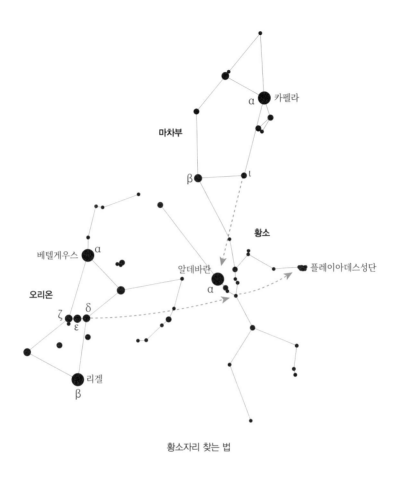

황소자리 찾는 법

리온의 벨트에 해당하는 삼태성(ζ, 엡실론ε, 델타δ)을 이어 북쪽으로 연장하면, 황소자리의 중심에 있는 V자를 지나 플레이아데스성단에 이른다. 황소의 뿔에 해당하는 두 별 중 오른쪽에 있는 β별이 마차부자리 오각형의 왼쪽 아래 꼭짓점이라는 것을 기억하자.

황소자리를 이루는 별

플레이아데스성단

황소자리에서 가장 눈에 띄는 별무리가 바로 **플레이아데스성단**
Pleiades이다. 황소의 등에 자리 잡은 이 별무리는 맨눈으로 볼 수 있
는 가장 밝은 산개성단으로, 여러 작은 별이 마치 북두칠성을 축소
해놓은 것처럼 모여 있다. 앞서 말했듯 이 성단의 별들은 지구에서
평균적으로 444광년 떨어져 있다.

　고대 그리스에서는 이 별들을 '선원들의 별Sailor's Stars'이란 이름으
로 불렀다. 그 이유는 이 별들이 새벽의 여명 속에 떠오를 때가 바로
지중해의 날씨가 온화해져서 항해가 시작되는 시기와 일치했기 때
문이다. 고대 그리스 시대에 이 별들은 가을철 별자리에 속해 있었
고, 가을철 별자리가 새벽에 떠오를 때가 바로 봄이다. 고대의 별자
리를 이해하려면 세차운동을 이해해야 한다. 자세한 내용은 작은곰
자리 장의 북극성과 관련된 부분을 읽어보자.

　플레이아데스는 유명한 별무리여서 나라마다 다양한 이름으로
불렸다. 영국과 독일에서는 '일곱 형제 별Seven Stars', 러시아에서는
'알을 품은 암탉Sitting Hen', 덴마크에서는 '저녁 암탉Evening Hen', 그
린란드 에스키모들은 '개의 무리Pack of Dogs', 그리고 한국에서는 별
이 좀스럽게 모여 있다고 해서 '좀생이별'이라고 불렀고, 한자로는
'묘성昴星'이라고 했다.

　플레이아데스성단은 '칠자매별Seven Sisters'이라고도 한다. '플레이
오네의 딸'이라는 의미를 지닌 '플레이아데스'가 플레이오네의 딸

인 일곱 자매를 가리키는 말이었기 때문이다. 그 일곱 자매의 이름은 각각 마이아Maia, 타이게타Taygeta, 케라에노Celaeno, 아스테로페Asterope, 알키오네Alcyone, 엘렉트라Electra, 메로페Merope였으며, 성단에 각각의 이름이 붙어 있다. 이 성단의 가장 왼쪽에 있는 두 별에는 일곱 자매의 아버지인 아틀라스Atlas와 어머니 플레이오네Pleione의 이름도 붙어 있는데, 이 둘은 17세기에 이탈리아의 천문학자 **조반니 리촐리**Giovanni Riccioli, 1598~1671가 추가한 것이다. 이때부터 플레이아데스성단은 부모까지 모인 가족의 별무리가 되었다.

하지만 보통의 시력을 가진 사람은 이곳에서 여섯 개의 별만 볼수 있다. 시력이 아주 좋은 사람은 아홉 개 이상도 볼 수 있다고 한다. 물론 망원경으로는 훨씬 많은 100개 이상의 별을 볼 수 있다. 이성단 속에서 몇 개의 별을 볼 수 있는지 확인해보자. 일곱 개 이상을볼 수 있다면 시력이 아주 좋은 것이다.

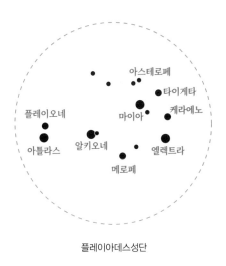

플레이아데스성단

알데바란

황소자리의 α별 **알데바란**Aldebaran은 '뒤에 따라오는 자'라는 의미인데, 이것은 알데바란이 플레이아데스성단 뒤에서 떠오르기에 붙은 이름이다. 이 별은 고대 페르시아 시대에 하늘의 수호자로 알려진 네 황제별 중 하나로 동쪽(봄)을 수호하는 별이었다.

기원전 3,000년경 춘분점은 황소자리에 있었고, 태양이 이 별자리에 왔을 때 봄이 시작되었다. 따라서 알데바란은 네 황제별 중 가장 먼저 하늘에 등장하는 지도자 별로 여겨졌다. 네 황제별 중 나머지 셋은 남쪽(여름)을 수호하는 사자자리의 레굴루스, 서쪽(가을)을 수호하는 전갈자리의 안타레스, 그리고 북쪽(겨울)을 수호하는 남쪽물고기자리의 포말하우트이다.

고대 메소포타미아에서는 알데바란을 '빛의 전령Messenger of Light'으로, 유대인들은 '신의 눈God's Eye'으로 부르며 대단하게 생각했다. 다른 별에 둘러싸인 붉은색 알데바란을 본다면 누구나 이 별이 얼마나 강한 인상을 주는 별인지 느낄 수 있을 것이다.

히아데스성단

황소의 얼굴에 해당하는 부분에는 알데바란을 포함하여 일곱 개 정도의 별이 영어의 V자 모양으로 펼쳐져 있다. 이 별들은 플레이아데스성단과 같은 산개성단으로, **히아데스성단**Hyades이라고 불린다.

그리스 신화에서 히아데스는 아틀라스와 아에트라 사이에서 태어난 딸들로, 플레이아데스와는 배다른 자매이다. 이 중 두 별이 달라붙어 있는 세타 θ별을 하나로 세느냐 둘로 세느냐에 따라 딸을 여섯 명으로 보기도 하고 일곱 명으로 보기도 한다. 알데바란은 겉보기에는 이들 성단에 속한 것처럼 보이지만, 실제로는 이들과 수십 광년 떨어져 있는 다른 세계의 별이다. 히아데스성단은 지구로부터 약 150광년 떨어져 있다.

'히아데스Hyades'는 원래 '비를 내리는 자'라는 뜻의 그리스어에서 비롯되었다고 한다. 약 3,000년 전 고대 그리스 시대에는 히아데스가 새벽의 동쪽 하늘에 떠오를 때부터 우기가 시작되었는데, 이때가 달력으로는 5월 말경이었다. 그리고 히아데스가 저녁의 동쪽 하늘에 떠오르는 11월 하순 이후에는 우기가 끝났다. 그래서 히아데스성단을 '비의 히아데스'나 '눈물의 히아데스Moist Hyades'라고 부르기도 했다.

아라비아에서는 황소자리의 V자 모양을 '삼각 숟가락Triangular Spoon'이라고 부르기도 했고, 알데바란을 큰 낙타로 보아 V자 모양의 작은 별들에 '작은 암낙타Little She Camel'라는 의미의 이름을 붙이기도 했다.

황소의 뿔에 해당하는 ζ별 위쪽 옆에는 **게성운**Crab Nebula으로 알려진 매우 유명한 성운이 있다. 이 성운은 1054년에 동양에서 가장 먼저 발견된 초신성의 폭발 잔해이다. 그 당시 중국의 기록에 따르면 천관성天關星(황소자리 ζ별) 근처에 보이지 않던 별이 나타났는데, 그 밝기가 목성과 비슷할 정도로 밝았다고 한다. 그러나 지금은 맨눈으로는 확인할 수 없을 정도로 어두워졌다.

현재까지 우리은하에서 발견된 초신성은 모두 세 개다. 1572년 튀코 브라헤가 발견한 카시오페이아자리의 초신성과 1604년 케플러가 발견한 뱀주인자리의 초신성이 나머지 둘에 해당한다.

동양에서 본 황소자리

황소자리에는 한국의 황도 별자리인 28수 중 백호를 상징하는 서방 칠수의 묘昴수와 필畢수가 포함되어 있다. 호랑이의 몸에 해당하는 묘수는 모두 일곱 개로, 플레이아데스성단의 별이 여기에 해당한다. 플레이아데스성단을 한자로 묘성이라고 부르는 이유도 바로 이곳이 28수 중 묘수이기 때문이다.

필수도 호랑이의 몸에 자리 잡는데, 황소자리의 으뜸별인 알데바란(1등성)을 포함하여 황소의 머리에 해당하는 여덟 별로 이루어져 있다. 알데바란은 필수의 가장 밝은 별로, 필대성畢大星이라는 이름으로도 불린다. 히아데스성단이 '비의 히아데스'라고 불리는 것처럼 동양에서도 필수를 비의 신 우사雨師로 보았다.

황도 제2궁 금우궁

황소자리는 황도 12궁 중 제2궁 금우궁金牛宮으로, 춘분점을 기준으로 황도의 30도에서 60도까지의 영역이 이에 해당한다. 태양은 2023년을 기준으로 4월 20일부터 5월 20일까지 이 영역에 머물며, 이 시기에 태어난 사람은 황소자리가 탄생 별자리가 된다. 하지만 세차운동으로 인해 태양이 실제로 이 별자리를 통과하는 시기는

5월 14일부터 6월 21일 사이이다.

황소자리에 전해지는 이야기

에우로페를 유혹한 황소

황소자리 신화로 가장 널리 알려진 것은 제우스가 페니키아의 공주 에우로페Europe를 유혹하려고 황소로 변신했던 이야기이다.

옛날 아게노르 왕이 다스리는 페니키아의 해변에 에우로페라는 아름다운 공주가 살았다. 어느 화창한 봄날 에우로페가 시녀들과 바닷가에서 놀고 있을 때였다. 인간의 모습으로 땅 위를 산책하던 제우스는 에우로페의 아름답고 우아한 모습에 반해 사랑에 빠진다. 그는 눈처럼 흰 큰 황소로 변하여 왕의 소 떼에 섞여 그녀에게 접근한다.

에우로페와 시녀들은 옆을 지나가던 왕의 소 떼에서 곧 이 멋진 황소를 발견하고, 유혹하는 황소의 눈빛에 사로잡혀 그 곁으로 다가간다. 에우로페가 부드러운 손길로 등을 어루만져주자 황소는 무릎을 꿇고 고개를 숙여 인사한다. 에우로페 일행은 황소의 재롱과 아름다움에 완전히 매혹되어 소에게 화환을 걸어주고 소를 만지며 장난을 친다.

그러던 중 에우로페가 황소의 등에 올라탔는데, 그러자 소는 기다렸다는 듯이 재빨리 바다로 들어가 크레타섬까지 헤엄쳐간다. 크레타섬에 도착한 제우스는 자신의 본모습을 드러내고 에우로페를 설득해 아내로 맞이한다. 그곳에서 에우로페는 미노스Minos를 비롯해 세 아들을 낳지만, 결국 제우스에게 버림받고 후에 크레타섬의 왕과 결혼한다.

이오가 변한 소

그리스 신화의 또 다른 이야기에는 강의 신 이나쿠스의 딸 이오Io가 변한 암소가 이 별자리의 주인공이라고 한다. 이 이야기도 제우스의 바람기에서 비롯한다.

제우스는 이나쿠스의 딸 이오의 아름다움에 반해 그녀를 유혹하기로 결심한다. 검은 구름 속에서 이오와 관계를 가진 제우스는 자신이 바람을 피운 것을 의심하는 헤라의 눈을 피하려고 이오를 소로 변신시킨다. 그러나 이를 눈치챈 헤라는 소를 데려다가 여러 개의 눈을 가진 괴물 아르고스에게 맡겨 밤낮으로 감시하게 한다.

홀로 남게 된 이오는 슬프게 울지만, 소의 울음소리만 메아리칠 뿐 누구도 그녀를 알아보지 못한다. 딸을 찾아 헤매던 이나쿠스는 어느 날 모래 위에 뿔로 이오라고 쓴 소를 보고서야 그 소가 이오임을 알게 된다. 이나쿠스는 소의 머리를 안고 울며 슬퍼하지만, 헤라에게서 이오를 구해줄 수는 없었다.

결국 제우스가 이오를 구하려고 헤르메스를 보내고, 헤르메스는 피리 소리로 아르고스를 잠들게 한 다음 그의 목을 베어버린다. 하지만 아르고스가 죽은 후에도 헤라는 이오를 놓아주지 않았고, 이오는 소의 몸으로 헤라를 피해 계속 도망친다. 이집트까지 도망친

이오는 제우스를 만나 인간의 모습을 되찾고 아들까지 낳지만, 결국 제우스와 헤어지고 이집트 왕의 부인이 된다.

어떤 이야기로 보더라도 제우스에 의해 비극적인 일을 겪는 여성의 이야기가 어려 있는 슬픈 별자리이다.

플레이아데스성단에 전해지는 이야기

일곱 자매

플레이아데스는 하늘을 떠받치고 있는 거인 아틀라스와 플레이오네 사이에서 태어난 일곱 딸이라는 이야기가 있다. 이들은 아버지가 제우스를 배신하여 하늘을 어깨에 짊어지는 벌을 받게 되었을 때 이를 너무 슬퍼한 나머지 하늘의 별자리가 되었다고 한다.

지금은 일곱 별 중 한 별이 잘 보이지 않는데, 여기에는 여러 이야기가 있다. 일설에는 일곱 자매 중에서 유일하게 결혼을 하지 못한 메로페가 부끄러워 사라졌다고도 하고, 케라에노가 번개에 맞아 죽었다고도 한다. 그러나 가장 잘 알려진 이야기는 엘렉트라에 관한 것이다.

엘렉트라

엘렉트라는 그녀의 아들 다르다누스가 세운 트로이가 아가멤논이 이끄는 그리스군에게 함락되자 이것을 보지 않으려고 그 자리를 떠났다고 한다. 황소자리를 떠난 엘렉트라는 그 후 북쪽 하늘을 방황하다가 큰곰자리의 한 모퉁이에 정착했다고 전해진다. 북두칠성의 손잡이 두 번째 별인 미자르(ζUMa) 옆에 위치한 작은 별 알코르가 바로 그 별이라고 한다.

아르테미스의 시녀 요정들

조금 덜 알려진 다른 이야기에서는 플레이아데스를 아르테미스의 시녀인 일곱 요정들이라고 한다. 이 요정들이 별자리가 된 사연은 다음과 같다.

어느 날 오리온이 베오트라의 숲속에서 사냥을 하다가 우연히 플레이아데스를 보게 되는데, 그때 이들의 아름다움에 반해서 그 후 5년 동안 이들을 끈질기게 따라다닌다. 도망 다니는 플레이아데스를 불쌍히 여긴 제우스는 이들을 비둘기로 변하게 해 날아가 하늘의 별이 되게 한다. 이 때문에 오리온은 지금도 하늘에서 그의 사냥개(큰개자리와 작은개자리)와 함께 계속해서 플레이아데스를 쫓고 있다는 것이다.

히아데스성단에 전해지는 이야기

눈물의 히아데스

히아데스는 아틀라스와 아에트라 사이에서 태어난 딸들로, 플레이아데스와는 배다른 자매 관계였다. 전해오는 이야기는 이 별들이 '눈물의 히아데스'라고 불리는 것과 매우 관계가 깊다.

히아데스는 자신들의 오빠인 히아스Hyas가 리비아에서 사냥을 하다 사나운 멧돼지에게 물려 죽자, 슬픔을 이기지 못하고 그 자리에서 먹는 것도 잊은 채 계속 비통하게 울었다. 이 울음소리를 들은 제우스는 이들을 하늘에 올려 별로 만들었다. 그러나 별이 된 히아데스는 하늘에서도 눈물을 그치지 않고 계속 슬피 울었고, 그 눈물은 비가 되어 지상으로 떨어졌다. 이들의 눈물은 그날 이후 지금까지 한 번도 그치지 않았다고 한다.

히아데스가 플레이아데스와 마찬가지로 아버지 아틀라스의 벌을 슬퍼해서 눈물을 흘리는 것이라는 이야기도 전해진다.

②

마차부자리

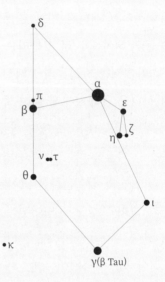

학명	Auriga
약자	Aur
영문	the Charioteer, the Waggoner
위치	적경 6h 00m 적위 +42°
자오선 통과	2월 13일 오후 9시
실제 크기(서열)	657,438평방도(21위)

‹ 마차부자리의 주요 구성 별 ›

약어	고유명	의미(위치)	밝기(등급)	색	거리(광년)
αAur	Capella	암염소(왼쪽 팔)	0.1	노란색	43
βAur	Menkalinan	고삐를 잡은 사람의 어깨	1.9	흰색	81
γAur*	Elnath	뿔(발)	1.6	청백색	134
εAur	Almaaz	숫염소(왼쪽 팔)	2.9~3.8	연노란색	3,300
θAur	Mahasim	마차부의 손목	2.7	흰색	166
ιAur	Hassaleh	기원 불명(발목)	2.7	주황색	490

* 마차부자리 γ별은 1930년 국제천문연맹에 의해 별자리 경계선이 확정될 때 황소자리의 β별로 공식 지정되었다.

360

5부. 겨울철의 별자리

북극성에서 가장 가까운 1등성이 있는 별자리

겨울을 알리는 전령사는 북동쪽 하늘에서 밝은 빛을 발하는 1등성 카펠라이다. 카펠라와 함께 겨울 별자리의 시작을 알리는 기수가 되는 별자리가 바로 마차부자리이다. 마차부자리는 마차나 사람의 모습으로는 보이지 않지만 남쪽에 붙어 있는 황소자리와 같이 보면 황소 뿔에 받혀 찌그러진 마차바퀴를 연상시킨다.

북극성에 가장 가까운 1등성으로 겨울밤 동안 등대처럼 하늘의 북극을 밝히는 별이 마차부자리의 알파α별 카펠라이다. 이 별 주위를 자세히 보면, 이 별을 포함한 커다란 오각형이 작은 삼각형과 맞닿은 모습이 눈에 들어온다. 옛날 사람들은 이 모습을 신화에 등장하는 마차부라고 생각했는데, 주변에 말을 상징하는 별이 없어서 왜 이 별들을 마차부로 보았는지는 의문이다.

개인적으로는 마차부자리를 하늘에 매달린 새장(오각형) 밖으로 새 한 마리(삼각형)가 날아가는 모습처럼 보여서 '새장 탈출'이라는 이름으로 부르곤 했다.

찾는 법

마차부자리의 α별 카펠라는 북극성에 가장 가까이 있는 1등성으로, 일 년이라는 시간 동안 우리와 가장 오래 만나는 1등성이기도 하다. 북두칠성의 국자 사발 윗부분에 해당하는 델타δ별과 α별의 연결선을 다섯 배 정도 연장하면 카펠라에 이르고, 이 별로부터 주위의 오

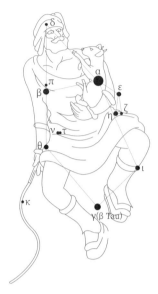

마차부의 상상도

각형을 찾아내면 된다.

 이 외에 황소자리의 α별 알데바란과 쌍둥이자리의 베타β별 폴룩스가 카펠라와 이등변삼각형을 이룬다는 사실을 가지고 카펠라의 위치를 찾는 것도 한 방법이다. 물론 V자 모양의 황소자리를 찾고 그 황소 뿔에 받혀 찌그러진 오각형의 마차바퀴를 떠올리며 찾는 것 또한 좋은 방법이다. 그러나 북쪽 하늘에서 1등성을 포함하는 커다란 오각형을 찾는 것은 다른 길잡이별 없이도 간단히 할 수 있는 일이다. 밤하늘에서 눈에 띄는 1등성은 몇 안 되기 때문이다.

 늙은 마차부가 귀여운 염소를 안고 있다. 사실 이 마차부는 안짱다리라는 장애가 있어서 어쩔 수 없이 다리를 벌리고 있다. 가장 밝은 별 카펠라와 그 아래쪽의 작은 삼각형(에타η, 엡실론ε, 제타ζ)이 마차부가 안은 염소를 나타내고, 그 반대편의 희미한 카파κ별은 마차부가 든 채찍에 해당한다.

오각형 위쪽의 델타δ가 머리이고, 감마γ와 요타ι는 마차부의 양쪽 발에 놓여 있다. 오각형의 다른 한 변인 β와 세타θ가 이루는 선은 오른쪽 팔을 나타낸다.

이렇게 하면 조금은 그럴듯한 사람의 형상이 그려진다. 그렇지만 이것이 마차부의 모습이라는 데 대해서는 여전히 의문이 남는다. 오각형의 별들을 마차부의 안짱다리라고 생각하면 오히려 이 별자리 모양이 이해될 것도 같다.

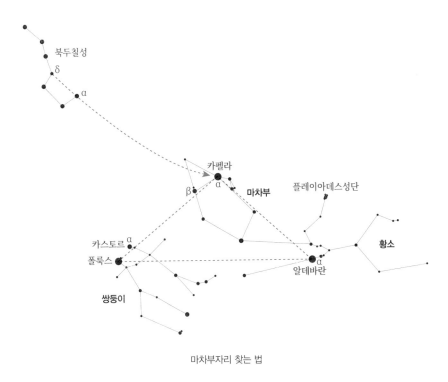

마차부자리 찾는 법

마차부자리를 이루는 별

카펠라

'카펠라Capella'는 암염소를 뜻하는데, 이것은 고대 그리스와 로마 시대에 근처에 있는 별을 새끼 염소로 보아서 생긴 이름이다. 카펠라의 바로 오른쪽 아래로 엡실론ε, 제타ζ, 에타η 별이 만드는 작은 삼각형은 그 시절부터 '새끼 염소들Kids'로 불렸다.

카펠라는 한국에서 볼 수 있는 별 중에 네 번째로 밝은 별로, 7월을 제외하고는 언제나 북쪽 하늘 근처에서 볼 수 있다. 큰개자리의 시리우스, 목동자리의 아르크투루스, 거문고자리의 직녀(베가)만이 카펠라보다 밝지만, 하늘에 보이는 전체 시간만 따지면 단연 카펠라가 최고이다.

카펠라는 그 밝기와 명성만큼 이름도 많다. 고대 메소포타미아에서는 이 별이 지도자의 별로 알려졌는데, 이는 한 해가 시작되는 춘분에 태양 근처에서 가장 밝은 별이 카펠라이기 때문이었다. 그리스와 로마의 민담에서는 비나 폭풍과 관련된 별로도 이야기되는데, 이것은 이 별이 우기가 시작되는 봄철의 여명 속에 보여서이다. 한편 아라비아 지역에서는 '별의 수행자'나 '묘성을 끌고 오는 낙타 심부름꾼'이라는 뜻의 이름으로도 불렸는데, 카펠라가 뜨면 바로 뒤를 이어 묘성(플레이아데스성단)이 떠오르기 때문이었다.

카펠라의 색깔에 대해서는 학자들의 의견이 분분하다. 고대 그리스의 프톨레마이오스나 중세 이탈리아의 조반니 리촐리 작품에는 붉은색 별이라고 나와 있고, 또 어떤 사람들은 노란색, 심지어 파란색이라고 주장하는 사람도 있다. 그러나 고대에서 지금까지 이 별의 색깔이 실제로 변했다는 증거는 없다. 단지 보는 사람의 눈이 어떤 색에 더 민감한가에 따라 달리 보였던 것으로 추측된다. 현재 천문학자들이 분석한 공식 색깔은 노란색이다.

전해지는 이야기

마차부자리는 가장 밝은 별 중의 하나인 카펠라를 포함하는 고대 별자리지만 이 별자리의 기원에 대해 특별히 잘 알려진 신화는 없다.

마차부자리가 그 이름에 어울리지 않게 염소를 안은 것은 세월에 따른 언어적 혼란에서 비롯되었다고도 하고, 예전부터 그곳에 있던 새끼염소자리를 반영해서 별자리 그림이 그렇게 그려졌기 때문이라고도 전해진다. 이런 모습의 별자리 그림이 처음 그려진 것은 16세기 이후의 일이다.

안짱다리의 에릭토니우스

이 별자리의 주인공으로 가장 많이 알려진 사람은 마차를 처음 발명한 아테네의 네 번째 왕 에릭토니우스Erichthonius이다. 에릭토니우스는 대장간의 신 헤파이스토스Hephaestus의 아들로, 안짱다리라는 장애를 가지고 있어서 다리를 벌리고 걸을 수밖에 없었다(일부 이야기에서는 그의 하반신이 뱀이었다고 한다). 훗날 아테네의 왕이 된 그는 그 불편을 덜려고 마차를 발명하였고, 그 공로로 하늘의 별자리가 되는 영광을 얻었다.

다른 이야기로는 헤르메스의 아들 중에 말을 잘 다루는 아들이 있는데, 명마를 타고 다니는 그가 마차부라고 한다. 일설에는 해마가 끄는 마차를 타는 포세이돈이 마차부라고도 한다. 그러나 주위에 마차는 물론 말도 없어서 이 이야기들은 별로 설득력이 없는 듯하다.

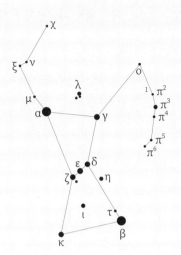

오리온자리

학명	Orion
약자	Ori
영문	the Great Hunter, the Warrior
위치	적경 5h 20m 적위 +3°
자오선 통과	2월 3일 오후 9시
실제 크기(서열)	594,120평방도(26위)

오리온자리의 주요 구성 별

약어	고유명	의미(위치)	밝기(등급)	색	거리(광년)
αOri	Betelgeuse	거인의 어깨(오른쪽)	0.5	빨간색	548
βOri	Rigel	거인의 왼쪽 다리	0.1	청백색	863
γOri	Bellatrix, Amazon Star*	여성 전사, 아마존의 별(왼쪽 어깨)	1.6	청백색	250
δOri	Mintaka	허리띠	2.2	청백색	1,200
εOri	Alnilam	진주 벨트	1.7	청백색	2,000
ζOri	Alnitak	허리띠	1.8	청백색	1,260
θOri	Trapezium	대성운 속 사다리꼴 성단(칼)	4.0		1,344
κOri	Saiph	거인의 검(오른쪽 다리)	2.1	청백색	650
λOri	Meissa	빛나는 자(머리)	3.3	파란색	1,300

* 아마존은 그리스 신화에서 흑해 근처의 스키티아에 살았다고 전해지는 용맹한 여인족이다.

장구, 나비, 거인 혹은 사냥꾼의 별자리

오리온자리는 밝은 겨울 별들 가운데서도 가장 화려해서 별자리 중의 왕자로 여겨질 정도다. 이는 예부터 많은 나라에서 거인이나 용감한 사냥꾼의 모습으로 여겨졌다. 오리온자리는 하늘의 적도에 자리 잡고 있어서 지구 어디에서나 볼 수 있는 별자리이기도 하다.

우리에게 매우 친숙한 모양의 별이 보인다. 가운데 2등성 셋이 나란히 있고, 그것을 에워싼 1등성과 2등성 두 세트가 만드는 사각형의 모습은 누가 보아도 오리온자리다. 가장 화려한 욕심쟁이 별자리인 오리온자리는, 마치 풍물놀이에 쓰이는 장구처럼 생겨서 옛날에는 장구별, 혹은 북별이라고도 불렸다. 계절과는 안 어울리지만 겨울 하늘을 나는 나비처럼 보이기도 한다.

오리온의 상상도

오리온은 그리스 신화에 등장하는 사냥꾼 이름이다. 밝은 별이 모인 사각형과 주변의 희미한 별을 밑바탕 삼아 방망이를 든 늠름한 사냥꾼을 그려보자. 이렇게 오리온의 모습을 그려보면 황소와 싸우는 것 같은 모양이 되는데, 오리온이 하늘에서 왜 신성한 동물인 황소와 싸우고 있는지는 알려지지 않았다.

찾는 법

오리온이 몽둥이를 높이 치켜들고 사냥감을 노려본다. 사각형 중앙에 위치한 세 2등성 제타ζ, 엡실론ε, 델타δ별이 오리온의 허리띠를 나타내고, 사각형의 윗부분에 해당하는 알파α별 베텔게우스Betelgeuse와 감마γ별 벨라트릭스Bellatrix가 오리온의 어깨를 이룬다. 어깨 조금 위에 있는 람다λ별 메이사Meissa 주위가 머리이다.

γ별의 오른쪽, 오리온자리와 황소자리 사이에 4, 5등성으로 이루어진 별들이 일렬로 늘어선 부분이 있는데, 이것은 황소의 공격을 막기 위한 방패를 나타낸다. α별 위쪽으로 몽둥이를 치켜든 오른팔은 5등성 정도의 어두운 별로 이루어져 있어서 주의하지 않으면 알아보기 어렵다.

겨울밤의 가장 대표적인 별자리인 오리온은 한국에서 볼 수 있는 60여 개의 별자리 중 밝은 1등성을 두 개 이상 가지고 있는 유일한 별자리이다. 온 하늘에 스물한 개밖에 없는 1등성 중 두 개를, 100개가 채 안 되는 2등성 중 다섯 개를 차지한 별자리가 바로 오리온자리이다. 별자리가 모두 88개인 것을 생각하면 오리온자리가 얼마나 화려한 별자리인지 짐작할 수 있을 것이다.

1등성과 2등성이 하나씩 들어간 두 세트가 가운데의 삼태성(ζ, ε, δ)을 경계로 대칭을 이루는 오리온자리는 겨울철의 남쪽 하늘에서 가장 눈에 띄는 별자리이다. 북쪽 하늘만 바라보지 않으면 이 별자리를 찾기는 아주 쉽다.

오리온자리는 주위의 다른 별자리를 찾는 데 꼭 필요한 길잡이가 되기도 하므로 확실히 알아두는 것이 좋다. 일곱 별이 찌그러진 국자 모양으로 보여서 정말 북두칠성처럼 보이는 경우도 있는데, 오리온자리는 정확히 동쪽에서 떠서 남쪽을 지나 정확히 서쪽으로 지므로 절대 북쪽 하늘로 들어가는 일이 없다는 점을 유념하자.

오리온자리는 그 화려함 때문에 계절의 변화를 알려주는 대표적인 별자리로도 이용된다. 새벽 여명 속에 오리온자리가 떠오르는 시기는 한여름의 무더위가 절정에 이르는 시기와 일치한다. 한밤중에 오리온이 떠오르면 북반구는 단풍이 지는 시기이다. 한편 초저녁에 오리온자리가 동쪽 하늘에 떠오르면, 한 해를 정리하고 떠나보내는 12월 말이 된다.

오리온자리를 이루는 별

삼태성

오리온자리의 중심부에 거의 같은 간격으로 나란히 놓인 세 별 알

니탁Alnitak(ζ), 알니람Alnilam(ε), 민타카Mintaka(δ) 별은 모두 2등성으로, 합쳐서 **삼태성**三太星이라는 이름으로 불린다. 오리온의 허리띠에 해당하는 이 삼태성은 쉽게 알아볼 수 있어 다른 별을 찾는 길잡이로 이용하기 좋다. 삼태성의 연결선을 남쪽으로 연장하면 큰개자리의 α별 시리우스에 이르고, 북쪽으로 연장하면 황소자리의 히아데스성단을 거쳐 플레이아데스성단에 닿는다.

이들은 하늘의 적도에 자리 잡고 있어서 어디에서 보더라도 항상 정동正東에서 떠올라 정서正西로 가라앉는다. 따라서 삼태성이 뜨는 위치를 확인하면 자신이 있는 곳에서 동쪽이 정확히 어디인지 알 수 있다. 물론 지는 방향을 보고 정확한 서쪽을 확인할 수도 있다.

단, 동쪽에서 떠오를 때는 오리온이 가로로 누워 있어서 세 별은 세로로 서 있다. 지평선을 보았을 때 이러한 움직임 때문에 삼태성은 예부터 저승 가는 길, 혹은 저승사자가 내려온 길로 알려져 사람들이 겁내는 별이기도 하였다.

삼태성

고대 서양의 뱃사람들도 동쪽 지평선 위에 삼태성이 뜨는 것을 매우 두려워했다고 한다. 오리온자리가 폭풍우 치는 매서운 겨울 날씨를 예고했기 때문이다.

두 개의 삼태성

간혹 오리온자리의 삼태성이 잘못된 이름이라고 주장하는 사람이 있다. 이들이 이런 주장을 하는 것은 천상열차분야지도에 나오는 이름 때문이다.

천상열차분야지도에서는 북두칠성 남쪽에 있는 세 무리의 별에 상태上台, 중태中台, 하태下台라는 이름이 붙어 있고, 이것이 삼태성三台星이다. 여기서 말하는 상태, 중태, 하태의 별은 큰곰자리로 알려진 별자리에서 큰 곰의 발에 해당하는 별들이다. 북두칠성 남쪽에서 둘씩 쌍으로 이루어진 세 쌍의 별이 큰 곰의 발을 차지하는데, 이중 앞발에 해당하는 별이 상태이고, 뒷발에 해당하는 별이 중태와 하태이다. 이 별들은 모두 3등성과 4등성으로, 특별히 눈에 띄는 밝은 별은 아니다.

학자들 사이에서는 이 별이 삼태성三台星이었겠지만, 여기에서는 오랜 옛날부터 일반 백성들 사이에 널리 알려져온 삼태성三太星에 대해 이야기하고자 한다. 한국에는 귀족이나 학자들이 익혔던 천상열차분야지도의 별자리가 있고, 그와 별개로 일반 백성 사이에 전해 내려온 민담의 별자리가 있다. 구전되어오던 민담의 많은 별자리는 일제강점기를 거치며, 또 종교적인 영향을 받아 많이 사라졌다. 그중 남아 있는 민담의 삼태성은 말 그대로 한데 모인 밝은 별 셋을 뜻하는데, 백성들은 단순히 눈에 보이는 대로 보았을 것이기 때문이다. 설화를 기록한 《삼태성》 서문에 나오는 "밤하늘을 올려다보면 유난히 빛나는 삼형제 별이 동쪽 하늘에서 서쪽 하늘로 천천히 흘러가고 있는데 이 별을 우리 민간에서는 삼태성이라고 부른다"라는 문장도 이런 사실을 뒷받침한다.

그렇기 때문에 천상열차분야지도에 삼태성이 있다는 이유로 민담 속에 등장하는 오리온자리의 삼태성이 잘못된 것이라고 주장하는 일은 없어야 한다. 천상열차분야지도는 이제는 만 원권 지폐에도 있고, 이를 기념하는 천문대도 서산과 충주에 만들어지면서 일반인들에게도 꽤나 익숙한 이름이 되었다. 하지만 그렇다고 해도 천상열차분야지도 속의 별자리를 하늘에서 찾을 수 있는 사람이 몇 명이나 될까? 한국에 사는 사람의 0.001퍼센트 정도는 될지 모르겠다.

수천 년 별을 보아왔던 선조들의 이야기가 몇몇 학자에 의해 묻히고 잘못 전해지는 것이 안타깝다. 천상열차분야지도 속의 별자리나 별 이름은 그 나름대로 의미가 있다. 하지만 민담 속의 별자리를 이해하기 위해서는 실제로 바깥에서 밤을 새우며 별을 보아야 한다. 그렇게 밖으로 나가서 직접 하늘을 보았던 옛사람들의 입장이 되고 마음이 되어 하늘을 보아야 한다. 책상머리에만 있어서는 결코 별자리를 진정으로 이해할 수 없다.

소삼태성과 오리온대성운

삼태성 남쪽에서는 세타θ별 트라페지움Trapezium(4등급)을 포함한 희미한 세 별이 일렬로 모여 있는 것을 볼 수 있다. 이들을 삼태성과 비교하여 소삼태성小三太星이라고 부르기도 한다.

θ별은 하나의 별이 아니라 여러 개의 별이 모여 있는 성단이다. 맑게 갠 날이면 주변에 희미한 반점이 같이 보이는데, 이것이 바로 그 유명한 **오리온대성운**이다. 성운은 가스가 모인 곳으로, 오리온대성운 속에서는 이들 가스가 뭉쳐져 별이 만들어진다. 가장 대표적인 **발광성운**發光星雲인 오리온대성운을 눈으로 직접 확인해보자. 그러나 생각처럼 잘 보이지는 않을 것이다.

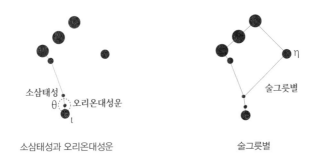

소삼태성과 오리온대성운   술그릇별

술그릇별

삼태성과 소삼태성에 3등성의 에타η별을 더해서 술그릇별이라고 부르기도 한다. 여기에는 좀생이별로 알려진 묘성이 술을 마시고 도망치기 때문에 술집 주인이 술그릇을 들고 좇아가 서쪽 하늘에서 겨우 붙잡는다는 전설이 있다.

묘성은 술그릇별보다 약 3시간 전에 동쪽 하늘에 떠오르는데, 북쪽에 치우쳐 있어서 술그릇별과 거의 동시에 서쪽 하늘로 진다. 그래서 묘성은 확실히 서쪽 하늘에서 술집 주인에게 붙잡히는 모양새다. 묘성이 술을 마시고 도망친다고 여겨진 것은 그 별빛이 약간 흐릿하게 보여서라고 한다. 오리온이 서쪽 하늘에 질 무렵 과연 묘성인 플레이아데스성단을 붙잡는지 확인해보자.

오리온자리 유성우

오리온자리의 북쪽을 복사점으로 매년 10월 20일에서 22일을 전후해 약 일주일간 많은 유성이 나타난다. 이 **오리온자리 유성우**Orionids는 특별히 많은 유성이 떨어진 기록은 없지만 비교적 뚜렷한 유성우 중 하나로 알려져왔다. 이 무렵 오리온자리의 위쪽을 중심으로 보통 한 시간에 20~25개 정도의 유성이 관측되는데, 2006년과 2007년에는 2~3일에 걸쳐 시간당 50~70개의 유성이 관측되기도 했다. 이 유성우의 모혜성(유성우의 원인이 되는 유성체를 뿌리는 혜성)은 76년의 주기를 가진 핼리혜성으로 알려져 있다.

동양에서 본 오리온자리

오리온자리에는 동양의 황도 별자리인 28수 중 백호를 상징하는 서방칠수의 자觜수와 삼參수가 포함된다. 뾰족한 뿔을 뜻하는 자수는 호랑이의 머리에 있는데, 오리온의 머리에 해당하는 세 별(3등성 λ와

4등성 피1φ¹, 피2φ²)이 여기에 속한다. 서양의 사냥꾼인 오리온의 머리와 동양 최고의 동물인 호랑이의 머리가 일치한다는 것이 재미있게 느껴진다. 하늘나라 장군을 상징하는 삼수는 호랑이의 앞발로, 오리온자리의 가장 중심이 되는 사각형과 삼태성, 그리고 소삼태성을 합하여 모두 별 열 개를 포함한다.

전해지는 이야기

오리온자리가 달빛 아래에서도 잘 보이는 이유

오리온자리는 고대 그리스 시대 초기까지만 해도 단순히 전사戰士나 거인의 별자리로만 알려졌으나, 후에 그리스 신화에 등장하는 사냥꾼 오리온이 이 별자리의 주인공이 되었다. 오리온이라는 이름은 오줌을 뜻하는 그리스어 단어 '오우리아ouria'에서 유래되었다. 이런 이름이 붙게 된 것은 오줌을 묻힌 가죽을 땅에 묻어 태어난 것이 바로 오리온이기 때문이다.

포세이돈의 아들이었던 그리스 보이오티아의 왕 히리에우스는 포세이돈과 함께 자신을 방문한 제우스와 헤르메스를 극진히 대접했다. 신들이 그 대접에 만족하고 소원을 묻자, 히리에우스는 아들을 얻게 해달라고 부탁했다. 신들은 그에게 자신들을 대접하려고 잡은 소의 가죽을 땅에 묻고 그 위에 오줌을 누게 하였다. 아홉 달이 지나자 그 자리에서 사내아이가 태어났는데, 그 아이가 바로 오리온이다. 오리온이 포세이돈의 아들이라는 이야기도 있다.

오리온은 멈추지 않고 자라서 거인이 되는데, 바다를 걸어도 머리가 물 밖에 나올 정도였다고 한다. 오리온은 가장 강력하고 힘이 센 사냥꾼으로 자라 많은 모험을 한다. 그러던 중 크레타섬에서 사냥과 달의 신 아르테미스를 만나 사랑을 하고 결혼까지 약속한다. 그러나 신과 인간의 신분 차이는 사랑으로 극복하기에는 너무도 컸다. 아르테미스의 쌍둥이 오빠였던 아폴론은 아르테미스에게 오리온과 헤어질 것을 요구한다. 하지만 이미 사랑에 빠진 그녀에게 오빠의 꾸중이 들릴 리가 없었다. 결국 아폴론은 동생의 마음을 바꾸는 방법은 오리온을 죽이는 것밖에 없다고 생각했다. 결심이 서자 아폴론은 오리온에게 금빛을 씌워 보이지 않게 만든 뒤 아르테미스에게 갔다. 아폴론은 평소에 활쏘기 실력을 자랑하던 아르테미스에게, 그가 저 멀리 있는 금빛 물체를 맞출 수 없을 것이라고 자극했다. 사냥의 신이자 활쏘기의 명수였던 아르테미스는 오빠의 계략도 모른 채 활시위를 당기고, 시위를 떠난 화살은 어김없이 오리온의 머리에 명중했다. 자신이 쏘아 죽인 것이 오리온이었음을 안 아르테미스는 슬픔에 빠져 오랜 시간을 눈물로 지새웠다. 그녀는 오리온에 대한 사랑을 영원히 간직하고자 오리온의 시체를 안고 제우스를 찾아갔다. 그녀는 제우스에게 오리온을 하늘에 올려 자신의 달 수레가 달릴 때에는 언제라도 그를 볼 수 있게 해달라고 부탁했다. 제우스는 아르테미스의 청을 받아들여 달빛 아래서도 잘 보이는 제일 밝은 별로 오리온자리를 만들어주었다.

또 다른 버전에서는 아폴론이 오리온을 죽이려고 한 행동이 전갈을 보낸 것이라는 이야기도 있다. 하늘에서 오리온과 전갈이 동시에 등장하지 않고 전갈이 사라진 뒤에만 오리온이 나타나서 생겨난 이야기가 아닐까 싶다.

이집트에서는 오리온자리 옆에 있는 에리다누스자리를 지하세계와 연결된 나일강으로 보고, 오리온을 그 옆에 서서 지하세계를 지키는 신 오시리스Osiris로 여겼다고 한다.

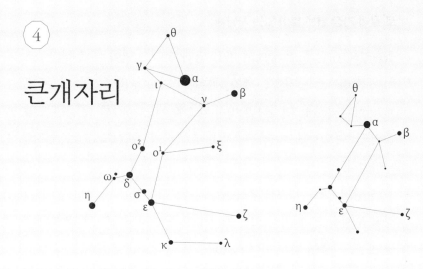

④ 큰개자리

학명	Canis Major
약자	CMa
영문	the Greater Dog, the Lager Dog
위치	적경 6h 40m 적위 −24°
자오선 통과	2월 24일 오후 9시
실제 크기(서열)	380.118평방도(43위)

큰개자리의 주요 구성 별

약어	고유명	의미(위치)	밝기(등급)	색	거리(광년)
αCMa	Sirius, Dog Star	눈부시게 빛나다, 개의 별 (코)	−1.5	흰색	8.6
βCMa	Mirzim	예고하는 것(앞발)	2.0	청백색	490
δCMa	Wezen	무게(꼬리)	1.8	연노란색	1,600
εCMa	Adhara	처녀들(엉덩이)	1.5	청백색	430
ζCMa	Furud	고독한 사람들(뒷발)	3.0	청백색	362
ηCMa	Aludra	처녀	2.4	청백색	2,000

코 끝에 가장 밝은 별이 있는 사냥개

밤하늘의 수많은 별 중에서 가장 밝게 빛나는 별이 바로 시리우스이다. 시리우스는 겨울철 남쪽 하늘에서 쉽게 찾을 수 있는데, 이 별과 근처의 별들을 연결하면 마치 채소를 써는 사각형 칼 같은 모양을 만들 수 있는데, 이 별무리가 바로 커다란 사냥개라고 하는 큰개자리이다.

1등성인 알파α별 **시리우스**Sirius 외에도 2등성이 네 개나 있어 굉장히 눈길을 끈다. 가장 밝은 별 시리우스가 사냥개의 코 끝에 해당하고, 요타ι별이 있는 곳이 목이다. 그런데 시리우스를 목으로 보고 세타θ, 람다γ, ι별이 만드는 작은 삼각형을 머리로 보는 경우도 있다. 어떤 식으로 보든 모두 개의 모습이 그럴듯하게 떠오른다. 맨 뒤에 놓인 2등성 에타η별은 어느 쪽에서든 꼬리에 해당한다.

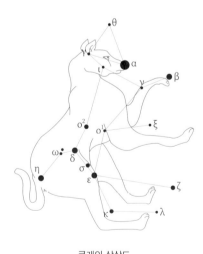

큰개의 상상도

5부. 겨울철의 별자리

찾는 법

겨울 하늘의 가장 밝고 아름다운 별 시리우스는 다른 특별한 안내자 없이도 남쪽 하늘에서 쉽게 알아볼 수 있어서 위치를 찾기는 매우 쉽다. 물론 그 정확한 모습을 그려내려면 밤하늘이 조금 익숙해져야 한다.

이 별자리의 온전한 모습을 찾는 가장 좋은 방법은 채소를 썰 때

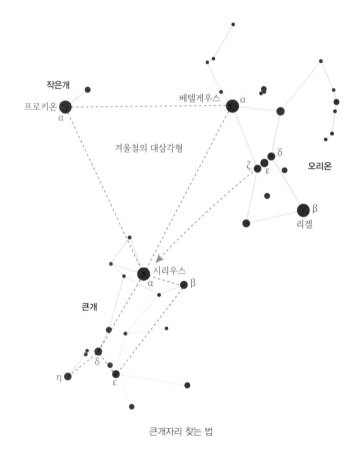

큰개자리 찾는 법

쓰는 사각형 칼을 상상하는 것이다. 1등성인 α별 시리우스와 2등성인 베타β, 델타δ, 엡실론ε별로 사각형을 만들고, δ별과 ε별 뒤쪽(왼쪽) 아래에서 요리용 칼의 손잡이에 해당하는 2등성 η별을 찾으면 된다.

시리우스는 오리온자리의 α별 베텔게우스, 작은개자리의 α별 프로키온과 정삼각형을 이룬다. 이 정삼각형을 **겨울철의 대삼각형**Winter Triangle이라고 부르는데, 다른 별자리를 찾는 중요한 길잡이가 되므로 꼭 익혀두자.

큰개자리를 이루는 별

시리우스

큰개자리의 으뜸별인 시리우스(αCMa)는 표준 1등성의 약 10배 밝기로, 하늘에서 가장 밝은 항성이다. 시리우스가 이렇게 밝게 보이는 것은 태양보다 2배 가까이 크면서도 맨눈으로 볼 수 있는 별 중에서 두 번째로 거리가 가깝기 때문이다. 이 별까지의 거리는 8.6광년으로, 남반구에서 볼 수 있는 켄타우루스자리 α별만 이 별보다 가깝게 있다(4.3광년).

시리우스라는 말은 '눈이 부시게 빛나다', 혹은 '불태우다'라는 뜻이다. 동양에서는 시리우스를 천랑성天狼星, 즉 하늘의 늑대별이라고 불렀다. 산등성이 위에서 강렬하게 빛나는 이 별이 마치 늑대의 눈을 닮았기 때문일 것이다.

중세에 서양에서는 한여름의 가장 더운 때를 가리켜 '개의 날dog days'이라고 했는데, 이것은 '개의 별dog star'로 여겨진 시리우스가 한낮에 태양 근처에 있어서 더욱 더워졌다고 믿어서이다.

기원전 3,000년경 6월 하순 무렵에 시리우스가 여명 속에 떠오르면 나일강의 범람이 시작되어 시리우스는 나일강의 홍수를 예보하는 별이었다. 이런 이유로 고대 이집트에서는 시리우스를 '나일강의 별'로 여기고 숭배했다.

시리우스 오른쪽에 있는 2등성인 β별 미르잠Mirzam은 '예고하는 것'이라는 의미인데, 이 별이 시리우스보다 조금 전에 떠올라서 붙은 이름이다.

전해지는 이야기

가장 많이 알려진 이야기는 이 별자리의 주인공이 사냥꾼 오리온이 작은개자리와 함께 데리고 다닌 사냥개라는 것이다. 큰개자리 바로 앞에 토끼자리가 있어서 이것을 토끼를 좇는 사냥개로 여기기 쉽지 않았을까 한다.

또 다른 신화에 의하면 아르테미스의 명령으로 자기 주인인 악타이온을 물어 죽인 사냥개가 이 별자리의 주인공이다. 아르테미스는 자신이 목욕하는 장면을 훔쳐본 악타이온을 벌하고자 그를 사슴으로 변하게 하고 그의 사냥개에게 물어 죽이게 했다. 사냥개가 주인의 죽음을 알고 슬퍼하자 악타이온의 스승이었던 키론이 실물과 똑

같은 악타이온의 동상을 만들어 개의 슬픔을 달랬다고 한다.

별자리 그림 중에는 큰개자리의 주인공이 괴물처럼 그려진 것도 있는데, 이 괴물은 저승의 문을 지키는 케르베로스Kerberos라는 개이다. 케르베로스는 머리가 셋 달린 개로, 히드라와 키메라 같은 괴물과 형제이기도 하다.

다른 이야기에서는 새벽의 신 에오스에게 납치되어 그녀의 남편이 된 사냥꾼 케팔루스가 에오스에게 선물로 받은 사냥개라고도 하고, 달의 여신 아르테미스의 시녀였던 요정 프로크리스가 기르던 개라고도 한다.

작은개자리

학명	Canis Minor
약자	CMi
영문	the Little Dog, the Smaller Dog
위치	적경 7h 30m 적위 +6°
자오선 통과	3월 9일 오후 9시
실제 크기(서열)	183,367평방도(71위)

작은개자리의 주요 구성 별

약어	고유명	의미(위치)	밝기(등급)	색	거리(광년)
αCMi	Procyon	개의 앞, 개에 앞서 있는 것	0.3	연노란색	11.5
βCMi	Gomeisa	눈이 충혈된 여자	2.8	청백색	160

별 두 개가 작은개가 된 이유

작은개자리에 속한 별 프로키온은 그 자체만으로는 온 하늘에서 여덟 번째로 밝은 별이지만, 시리우스를 비롯한 겨울철의 별들이 너무 밝아 크게 주목받지 못하고 3등성 하나만 거느리고 작은개자리를 이룬다.

별자리 이름은 대부분 그 모양에서 비롯되지만 뚜렷한 형태가 없는 별은 주변 별자리의 영향을 받아 이름이 지어진다. 단 두 별이 이루는 작은개자리도 그런 경우에 해당한다. 아마도 바로 옆 큰개자리의 영향 때문일 것이다.

쌍둥이자리 남쪽에 1등성과 3등성으로 이루어진 가짜 쌍둥이별이 있다. 작은개자리에서 볼 수 있는 별은 이 두 개가 전부다. 그래서 큰개가 먹다 놓아 둔 뼈다귀라고 생각하는 것이 이 별자리를 기억하는 데 더 도움이 될 것이다.

옛사람들도 이 별에 이름을 붙이기 위해 많은 고민을 했을 것 같다. 1등성 프로키온을 포함하는 별자리를 만들어야 하는데 주위에 적당하게 연결되는 별들이 없었을 테니 말이다. 아마도 그러다가 어쩔 수 없이 옆에 있는 큰개와 비교하여 작은개라는 이름을 붙였으리라 짐작된다.

작은개의 상상도

찾는 법

겨울철의 은하수 주위로 밝은 1등성이 모두 떠오른 하늘은 가히 장관이다. 이런 하늘에서 1등성을 포함하는 별자리 찾기는 잘 정돈된 시가지에서 유명한 고층빌딩을 찾는 것만큼 쉽다. 찾고자 하는 별자

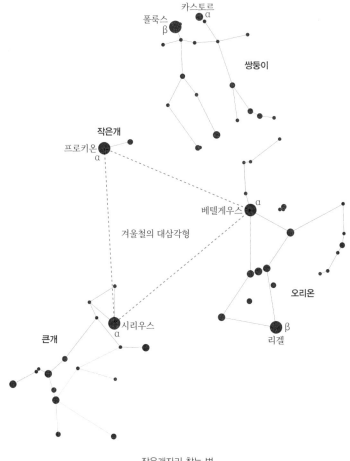

작은개자리 찾는 법

리가 주변에 밝은 별이라고는 3등성 하나가 유일한 작은개자리라면 더더욱 그렇다. 프로키온이 오리온자리의 알파α별 베텔게우스(1등성), 큰개자리의 α별 시리우스(1등성)와 커다란 정삼각형으로 연결되어 있다는 사실을 알면 누구나 쉽게 이 별자리를 찾을 수 있다.

작은개자리의 두 별은 쌍둥이자리의 두 별과 비슷하게 보여서 동양에서는 쌍둥이자리를 북하北河(북쪽 강), 작은개자리를 남하南河(남쪽 강)라고 부르기도 했다. 작은개자리와 쌍둥이자리가 위치한 곳이 겨울철 은하수의 옆이기 때문에 은하수로 흘러들어가는 작은 지천 정도로 생각했던 것 같다.

작은개자리를 이루는 별

겨울철의 대삼각형

앞서 이야기했듯 프로키온과 시리우스(αCMa), 베텔게우스(αOri)가 이루는 커다란 정삼각형을 '겨울철의 대삼각형'이라고 부른다. 여기의 별은 모두 밝은 1등성이어서 겨울철에 다른 별을 찾는 데 가장 중요한 길잡이별이 된다.

겨울철의 대삼각형에서 베텔게우스 대신 오리온자리의 리겔(β Ori)을 넣고 황소자리의 알데바란(αTau), 마차부자리의 카펠라(α Aur), 그리고 쌍둥이자리의 폴룩스를 연결하면 거대한 육각형이 되는데, 이것은 **겨울철의 다이아몬드**Winter Diamond 또는 **겨울철 대육각형** Winter Hexagon이라고 부른다.

프로키온

작은개자리의 α별 **프로키온**Procyon은 '개 앞', '개에 앞서 있는 것'이라는 의미인데, 이것은 이 별이 시리우스보다 조금 먼저 떠올라서 붙은 이름이다. 고대 이집트에서 프로키온의 등장은 나일강의 범람을 알리는 중요한 별인 시리우스가 곧 떠오른다는 것을 알리는 신호였다.

프로키온과 그 옆의 베타β별은 은하수 옆에 있어서 물개로 여겨지기도 했다.

전해지는 이야기

가장 일반적으로 작은개자리는 오리온이 큰개와 함께 데리고 다닌 사냥개라고 알려져 있다.

이 외에 이 별자리의 주인공으로 이야기되는 것은 아테네의 가난한 농부 이카리오스가 키웠던 마에라Maera라는 개이다. 마에라는 죽은 주인의 시체를 찾아내어 그의 딸 에리고네에게 알려주고 자신은 주인의 시체 옆에서 자살했다. 그 후 마에라의 충성에 감명 받은 올림포스의 신들은 이 개를 하늘의 별자리로 만들었다.

토끼자리

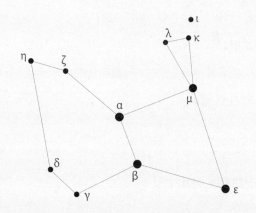

학명	Lepus
약자	Lep
영문	the Hare
위치	적경 5h 25m 적위 −20°
자오선 통과	2월 4일 오후 9시
실제 크기(서열)	290,291평방도(51위)

토끼자리의 주요 구성 별

약어	고유명	의미(위치)	밝기(등급)	색	거리(광년)
αLep	Arneb	토끼(등)	2.6	연노란색	2,200
βLep	Nihal	갈증 해소(가슴)	2.8	노란색	160
γLep		(뒷발)	3.6	연노란색	29
εLep		(입)	3.2	주황색	209

390

두 귀를 쫑긋 세운 토끼의 별자리

다른 계절에 있었다면 뭇사람들의 시선을 사로잡았을 텐데 겨울철의 1등성 틈에 끼어 잘 주목받지 못하는 별자리가 있다. 그중 하나가 오리온자리 아래에 있는 토끼자리이다.

토끼자리는 3등성이 네 개나 있고 형태도 비교적 뚜렷하지만, 바로 옆의 오리온자리와 큰개자리에 시선을 뺏긴 별자리이다. 하지만 토끼자리는 조금만 관심을 기울이면 다른 어떤 별자리보다도 쉽게 찾을 수 있는 아름다운 별자리이다.

오리온자리의 다리에 해당하는 밝은 두 별 아래로 3등성과 4등성의 별들이 가운데가 연결된 고리 모양으로 놓여 있다. 고리의 오른쪽 끝에는 두 작은 별이 솟아 있는 것이 보인다. 이 별들이 만드는 모양의 기원은 알려져 있지 않지만 오래전부터 토끼자리로 불려왔다.

사실 별 모양만 보고 이름을 붙이라고 하면 토끼보다는 들쥐나 고슴도치가 더 어울릴 것 같다는 생각도 든다. 토끼의 입에 해당하는 엡실론ε별 주위가 토끼의 입이라고 하기에는 너무 튀어나와 있

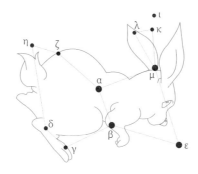

토끼의 상상도

기 때문이다. 하지만 사실 토끼자리만큼 그 이름을 그럴듯하게 여길 수 있는 별자리도 많지 않다. 특히 토끼의 귀에 해당하는 별을 보면 이 별자리가 토끼라는 생각이 더 든다.

귀가 쫑긋 솟은 토끼를 그려보자. 주의해야 할 것은 토끼의 다리에 해당하는 별이 없다는 것이다.

3등성과 4등성들이 어우러져 작고 예쁜 토끼를 만든다. 오른쪽 고리에 해당하는 알파α, 베타β, 뮤μ, ε이 만드는 사각형이 머리를, 그 위로 솟은 두 별 람다λ와 카파κ가 귀를 나타낸다.

찾는 법

토끼자리는 겨울철의 가장 대표적인 별자리인 오리온자리 아래에 있어서 위치를 찾는 데는 큰 무리가 없다. 토끼 한 마리가 사냥개에게 쫓겨서 달아나다 사냥꾼의 발에 밟혔다고 생각하면 이 별자리의 위치를 찾는 데 도움이 될 것이다.

오리온자리가 높이 떠올랐을 때 1등성 리겔(βOri)의 아래쪽에서 토끼의 머리에 해당하는 네 3등성으로 이루어진 삐뚤어진 사각형을 찾을 수 있다. 토끼의 귀는 이 사각형의 오른쪽 위 꼭짓점인 μ별 위에서 찾을 수 있다. 토끼 머리 사각형의 왼쪽으로 4등성이 만드는 찌그러진 고리까지 찾아내면 토끼자리를 찾는 일은 끝난다. 주변에 혼동을 일으킬 만한 별이 없어서 생각보다 쉽게 찾을 수 있다.

5부. 겨울철의 별자리

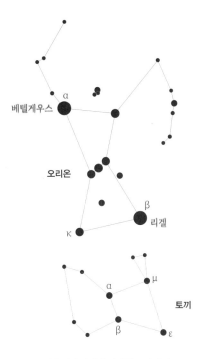

베텔게우스 α

오리온

β 리겔

κ

α

μ

토끼

β ε

오리온자리 아래에 자리한 토끼자리

토끼자리를 이루는 별

목마른 낙타

고대 아라비아에서는 3등성인 α별 아르네브Arneb와 β별 니할Nihal 을 중심으로 오른쪽의 μ와 ε, 그리고 왼쪽의 델타δ와 감마γ가 이루는 두 사각형을 가뭄이 들어 물을 찾는 낙타의 모습으로 보았다. β별의 이름인 '니할'이 아라비아 말로 '갈증 해소'라는 의미인 것도 이런 이유 때문이다.

전해지는 이야기

토끼자리는 오래전부터 알려져온 고대 별자리이지만, 뚜렷한 기원으로 여길 만한 이야기는 없다. 오리온이 특별히 토끼 사냥을 좋아해서 이를 기념해 오리온자리 아래에 토끼자리를 만들었다는 이야기가 가장 많이 알려져 있다.

이 밖에 고대 그리스의 시칠리아섬에 야생 토끼가 널리 퍼져서 문제가 생기자 이들의 번식을 막으려고 사냥꾼 오리온과 그의 사냥개인 큰개자리 사이에 토끼자리를 만들었다고도 한다.

⑦

에리다누스자리

학명	Eridanus
약자	Eri
영문	the River, River Eridanus
위치	적경 3h 50m 적위 −30°
자오선 통과	1월 12일 오후 9시
실제 크기(서열)	1137,919평방도(6위)

에리다누스자리의 주요 구성 별

약어	고유명	의미(위치)	밝기(등급)	색	거리(광년)
αEri	Achernar	강의 끝	0.5	청백색	144
βEri	Cursa	오리온의 의자, 발판(강의 시작)	2.8	흰색	90
γEri	Zaurak	배(강의 중간)	2.9	빨간색	192
ηEri	Azha	타조 둥지(강의 굽이)	3.9	주황색	137
θEri	Acamar	강의 끝	3.2	흰색	164
o¹Eri	Beid	달걀(강의 앞부분)	4.0	연노란색	122
o²Eri	Keid	달걀 껍질(강의 앞부분)	4.4	주황색	16
τ²Eri	Angetenar	강의 굽이	4.8	주황색	187
υ²Eri	Theemim	쌍둥이(강의 중간 굽이)	3.8	노란색	214

지옥으로 흐르는 죽음의 강

오리온자리의 발 아래로 왼쪽의 토끼자리를 끼고, 오른쪽의 고래자리를 밀어내며 일련의 별이 꼬불꼬불하게 이어진다. 마치 사냥꾼 오리온이 볼일을 보고 있는 것처럼 보이게도 만드는 이 영역이 바로 하늘에서 지옥으로 흐르는 죽음의 강인 에리다누스강의 별자리이다. 휑하니 터진 공간에 어두운 별이 띠를 이루는 모습이 왠지 을씨년스럽게 느껴진다. 그 뒤에 떠오르는 밝은 1등성들의 광채는 그 쓸쓸함을 더욱 부각시킨다. 에리다누스자리는 비슷하게 떠오르는

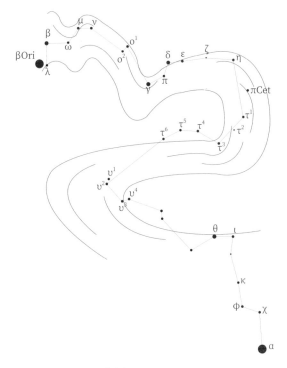

에리다누스강의 상상도

구체적인 이미지 없이 별들의 흐름을 보고 만든 별자리이다. 별들을 보면서 강의 흐름을 살펴보자.

왼쪽 위의 밝은 별은 오리온자리의 1등성 리겔이다. 에리다누스 강의 시작은 리겔의 바로 오른쪽에 있는 4등성의 람다λ별에서부터이다. 그 바로 위쪽에는 3등성인 베타β별이 보인다. 여기에서 오른쪽으로 작은 별이 계속되는데, 별자리 지도를 참고하지 않으면 옆의 고래자리 별들과 혼동하기 쉽다. 에타η별과 타우1τ¹별 사이에서는 강의 흐름이 급히 꺾여 부자연스러운데, 여기에 고래자리의 파이(πCet)별을 더해서 상상하면 한층 자연스럽다. τ별을 지난 강은 이번에는 왼쪽으로 방향을 바꿔 흐르는데, 여기에 있는 9개의 별은 모두 τ별로 τ¹, τ², τ³, …로 이름이 붙어 있다. 강줄기는 입실론2υ²별에서 방향을 틀어 지평선 근처에 있는 3등성 세타θ별까지 남하하는데, 그 뒤로는 더 이상 별을 찾기 힘들다. 강의 끝이라는 뜻의 고유명 '아케르나르Achernar'(1등성)라는 알파α별은 지평선 훨씬 아래에 있어 한국에서는 볼 수 없다.

찾는 법

오리온자리의 β별 리겔(1등성)에서 오른쪽 위로 약간 떨어진 곳에서 에리다누스강의 시작 부분인 β별 쿠르사Cursa(3등성)를 찾은 후 오른쪽 아래로 굽이굽이 이어지는 선을 따라간다. 앞에서도 말했지만 고래자리의 작은 별들과 혼동하지 않는 것이 중요하다. 대부분이 4등성 이하의 희미한 별로 이루어져 있지만, 근처에 다른 별이 거의 없어서 하늘만 맑다면 긴 강의 흐름을 충분히 따라갈 수 있을 것이다.

에리다누스자리를 이루는 별

오리온자리의 β별 리겔로부터 오른쪽으로 약 25도(북두칠성 크기 정도) 떨어진 곳에 자리 잡은 에리다누스자리의 엡실론(εEri, 4등성)별은 고래자리의 τ별이나 백조자리의 61번별 등과 함께 외계생명체가 있을지도 모르는 별이라고 여겨졌다.

이 별까지의 거리는 10.5광년으로 육안으로 볼 수 있는 별 중에서는 세 번째로 가깝다. 태양과 비슷한 크기를 가진 이 별의 행성에 지적인 생명체가 있을지도 모른다는 생각으로 전파를 발신한 적이 있지만 아직까지는 아무런 답신이 없다고 한다. 더 자세한 내용은 고래자리 장에서 살펴보자.

전해지는 이야기

파에톤이 태양 마차에서 떨어져 향한 곳

그리스 신화에 따르면 에리다누스강은 땅과 지옥 사이에 가로놓인 죽음의 강이라고 한다. 한편 고대 바빌로니아에서는 이 강을 유프라테스강으로 여겼으며, 이집트에서는 이를 지하세계와 연결되어 있는 나일강으로 보고 오리온을 그 옆에 서서 지하세계를 지키는 신 오시리스라고 여겼다.

에리다누스자리와 관련하여 그리스 신화에 등장하는 이야기는 다음과 같다. 에리다누스강은 그리스 신화 초기의 태양신 헬리오스와 클리메네 사이에서 태어난 파에톤이 태양 마차를 몰다 떨어져 죽은 강이라고 한다.

파에톤은 어머니로부터 자신이 태양신의 아들이라는 이야기를 듣고 이를 자랑하다 거짓말쟁이라는 모욕을 당하자, 그 사실을 증명하려고 헬리오스를 찾아간다. 헬리오스는 자신이 파에톤의 아버지임을 인정하고 어떠한 소원이라도 들어주겠다고 한다. 파에톤은 태양 마차를 몰아보는 것이 소원이라고 하고, 헬리오스는 위험을 알면서도 이를 승낙하고 만다.

파에톤이 태양 마차에 올라타자 말들은 날뛰기 시작했고, 통제를 벗어나 땅에 충돌할 정도로 위험하게 날았다. 이 모습을 지켜보던 제우스는 더 큰 재앙을 막으려고 파에톤에게 번개를 내리치고, 결국 파에톤은 에리다누스강에 떨어져 죽고 만다.

다른 이야기에서는 헬리오스에 이어 태양신이 된 아폴론의 아들 오르페우스가 지옥으로 아내를 구하러 갈 때 건넜던 강이 에리다누스강이라고 한다. 오르페우스에 대한 이야기는 거문고자리 장에 자세히 나온다.

옛사람들이 에리다누스자리를 땅과 지옥을 연결하는 죽음의 강으로 보았던 이유는 아마도 이 별자리의 끝부분이 지평선 아래에 접해 있기 때문인 듯하다. 여러분도 추운 겨울, 지평선 위에 걸쳐 있는 이 별자리를 보면 비슷한 생각이 들지도 모르겠다. 하지만 에리다누스자리 끝에서 밝게 빛나는 1등성 아케르나르를 본다면 이런 느낌은 많이 달라질 것이다. 다만 아케르나르를 보려면 북위 30도 아래인 지역으로 가야 한다.

⑧

외뿔소자리

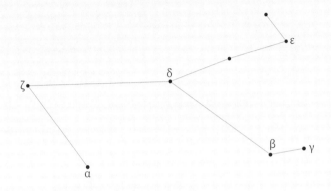

학명	Monoceros
약자	Mon
영문	the Unicorn
위치	적경 7h 00m 적위 −3°
자오선 통과	3월 1일 오후 9시
실제 크기(서열)	481,560평방도(35위)

외뿔소자리의 주요 구성 별

약어	위치	밝기(등급)	색	거리(광년)
αMon	뒷다리	3.9	주황색	148
βMon	앞다리	4.6	청백색	700

밝은 별들 사이에 놓인 상상의 동물

밝은 별이 많은 겨울철의 밤하늘에서 작고 어두운 별은 거의 눈에 들어오지 않는다. 특히 겨울철의 대삼각형 중앙에 자리 잡은 외뿔소자리는 주변에 밝은 별이 너무 많아 무심코 지나치기 쉽다. 도시의 하늘에서는 아무것도 볼 수 없으며, 심지어 시골에서도 달이 밝게 떠 있는 밤에는 별 한 개도 찾기 어렵다. 그러나 그 자리를 정확히 안다면 4등성 몇이 이곳에 있다는 것을 어렵지만 발견할 수 있다.

겨울철의 대삼각형 안에 희미한 별이 띄엄띄엄 놓인 것이 보인다. 그러나 그 넓이에 비해 보이는 별 수가 너무 적어 이 별들을 하나로 연결된 것처럼 보기는 쉽지 않다. 언제부터인지는 모르지만 사람들은 이 별들이 이루는 모양으로 하나의 별자리를 만들었다. 그것이 바로 상상의 동물인 외뿔소(유니콘)이다. 외뿔소는 이마 위에 뿔 하

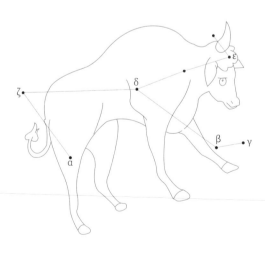

외뿔소의 상상도

나가 솟은 말의 모습이다.

이 별들로 완벽한 외뿔소를 그리기는 불가능하지만, 어느 정도의 골격을 갖출 수는 있다. 그림을 보면 꽤나 그럴듯하게 느껴진다. 외뿔소자리는 별자리 지도마다 각기 다른 모습으로 그려져 있지만 공통된 부분이 몇 있는데, 베타β별과 감마γ별이 앞발이고, 엡실론ε별이 머리라는 점이다.

찾는 법

겨울철에 가장 밝게 빛나는 1등성인 큰개자리의 시리우스, 오리온자리의 베텔게우스, 그리고 작은개자리의 프로키온을 이은 '겨울철의 대삼각형' 안이 외뿔소자리가 있는 곳이다. 사냥개와 사냥꾼에게 쫓기던 유니콘이 겨울 은하수에 빠졌다고 생각하면 이 별자리를 기억하는 데 도움이 될 것이다. 하지만 별들이 매우 희미해서 이 별자리의 정확한 모습을 그리기는 꽤 까다롭다.

겨울철의 대삼각형의 한 변인 시리우스(αCma)와 베텔게우스(αOri)를 이은 선 중앙에서 나란히 놓인 두 4등성 β와 γ를 먼저 찾자. 다음에는 β별을 기준으로 프로키온(αCMi) 앞 델타δ별과 대삼각형 바깥의 알파α별로 이루어진 삼각형을 찾는다. 그리고 δ별을 중심으로 왼쪽에서 α별과 삼각형을 이루는 제타ζ별을, 오른쪽에서 β별과 삼각형을 이루는 ε별을 찾으면 된다.

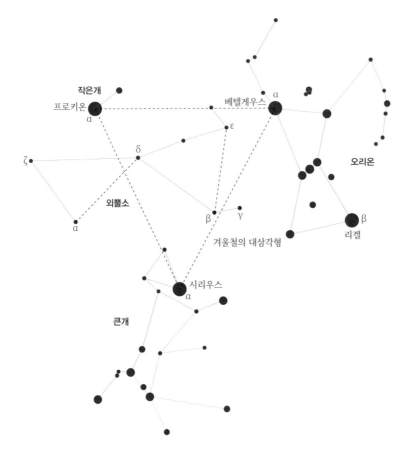

작은개

프로키온

α

베텔게우스

α

ε

δ

ζ

오리온

외뿔소

α

β

γ

β

리겔

겨울철의 대삼각형

시리우스

α

큰개

겨울철의 대삼각형을 이용해 외뿔소자리 찾는 법

전해지는 이야기

외뿔소는 이마 위에 뿔 하나가 솟은 전설의 동물이다. 왜 겨울의 대
삼각형 중앙에 외뿔소자리가 만들어졌는지는 잘 알려져 있지 않다.

가장 신빙성 있는 이야기는 1624년에 독일의 천문학자 **야코프 바르치**Jakob Bartsch, ?~1633가 별자리를 정리하면서 이곳에 외뿔소자리를 만들었다는 것이다.

그러나 그 이전에도 이것이 '쌍둥이자리와 게자리 남쪽의 말'로 알려져 있었다고도 하고, 페르시아 시대 천구의에서 외뿔소 그림이 발견되었다고도 한다. 전설에 따르면 외뿔소는 인도에 사는 동물로, 몸의 크기가 말과 같고 꼬리는 영양과 비슷하며 이마에 뿔이 하나 있다고 한다. 이는 그리스와 로마 시대의 기록에 등장한다.

쌍둥이자리

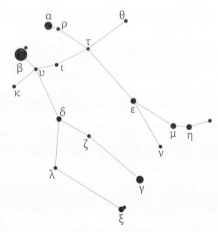

학명	Gemini
약자	Gem
영문	the Twins
위치	적경 7h 00m 적위 +22°
자오선 통과	3월 1일 오후 9시
실제 크기(서열)	513.761평방도(30위)

쌍둥이자리의 주요 구성 별

약어	고유명	의미(위치)	밝기(등급)	색	거리(광년)
αGem	Castor	쌍둥이 형의 이름	1.9	흰색	51
βGem	Pollux	쌍둥이 동생의 이름	1.1	주황색	34
γGem	Alhena	낙타 목의 낙인 (동생의 왼쪽 발)	1.9	흰색	109
δGem	Wasat	중간(동생의 허리)	3.5	연노란색	61
εGem	Mebsuta	쭉 뻗은 발(형의 허리)	3.1	노란색	840
ζGem	Mekbuda	사자의 움츠린 발 (동생의 왼쪽 허벅지)	3.9	노란색	1,120
ηGem	Propus	앞다리(형의 왼쪽 발)	3.1~3.9	빨간색	700

406

5부. 겨울철의 별자리

뜨는 시간이 다른 쌍둥이 형제

마차부자리와 오리온자리의 뒤를 이어 뒤늦게 겨울밤의 축제에 뛰어드는 별자리는 1등성 폴룩스를 대동한 쌍둥이자리이다. 이 별자리는 그 이름처럼 두 줄기의 별이 다정하게 나란히 있어, 보는 이들로 하여금 왠지 정감을 갖게 한다.

오리온자리의 왼쪽 위로 밝은 두 별이 쌍둥이처럼 나란히 빛나는 것을 볼 수 있다. 쌍둥이자리의 머리에 해당하는 이 두 별은 도시의 불빛 속에서도 선명한 모습을 볼 수 있어 항상 변치 않는 형제의 우애를 느끼게 해준다. 그중 오른쪽에 보이는 별이 형인 카스토르Castor이고, 왼쪽에 보이는 별이 동생인 폴룩스Pollux이다. 실제로 이 쌍둥이 형제가 태어난 시간이 얼마나 차이가 나는지는 모르지만, 하늘에 뜨는 시간은 형이 이십여 분 정도 빠르다.

두 별의 오른쪽 아래로 이어지는 작은 별 줄기가 어깨동무하고

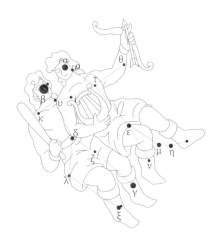

쌍둥이의 상상도

있는 쌍둥이의 모습을 만든다. 형은 다리가 상체보다 짧고 동생은 다리가 상체보다 긴 것으로 보아, 이들은 이란성 쌍둥이인 것 같다.

찾는 법

쌍둥이자리는 그 모양이 독특하고 밝은 별로 이루어져 있어, 찾기는 매우 쉽다. 이 별자리를 확인하는 데 길잡이로 이용되는 것은 오리온자리이다. 오리온자리의 두 1등성, 즉 베타β별 리겔과 알파α

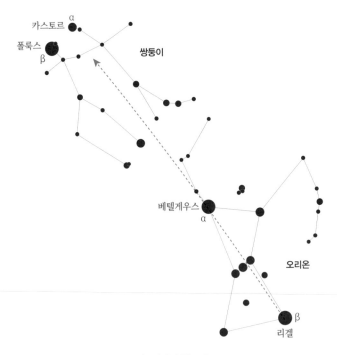

쌍둥이자리 찾는 법

별 베텔게우스를 이어서 두 배 정도 나아가면 쌍둥이자리의 α별 카스토르와 β별 폴룩스를 만난다. 거기에서 베텔게우스 방향으로 두 줄기의 별이 나란히 있는 것을 찾으면 쌍둥이자리를 찾는 일은 끝난다. 찾기 쉬운 별자리이므로 꼭 직접 찾아보자.

쌍둥이자리는 그냥 보아도 어깨동무를 한 쌍둥이를 쉽게 상상할 수 있을 것이다. 밝은 두 별 카스토르(2등성)와 폴룩스(1등성)가 각자의 머리에 자리 잡고, 그 아래 놓인 나머지 별이 두 사람의 신체 골격을 이룬다.

쌍둥이자리를 이루는 별

카스토르와 폴룩스

쌍둥이자리의 형 별인 α별 카스토르는 고온의 백색 2등성이고, 동생별인 β별 폴룩스는 저온의 주황색 1등성이다. 그러나 실제로 두 별은 각각 1.6등성과 1.2등성으로, 0.4등급밖에 차이가 나지 않아 밝기 차이를 크게 느끼기 어렵다.

1603년 독일의 천문학자 바이어가 밝은 별부터 α, β, 감마γ, … 순으로 별의 이름을 정할 때 α별인 카스토르가 더 밝은 별이었을 수도 있지만, 사실 몇백 년 정도의 짧은 기간에 별의 밝기가 눈에 띌 정도로 변하는 것은 거의 일어나기 힘든 일이다. 바이어가 알파벳을 붙일 때 두 별의 밝기가 비슷해서 오른쪽에 있는 별에 α를 붙였을 가능성이 높다.

물론 사람마다 특정 색깔의 빛을 더 밝게 느낄 수 있고, 그런 이유로 바이어가 카스토르를 더 밝게 보았을 수도 있다. 아무튼 정확한 이유는 알 수 없지만 두 별 중 왼쪽 β별만 1등성이고, 오른쪽 α별은 2등성이라는 것을 꼭 기억하자. 형이 더 나이가 들어서 동생보다 어둡다고 기억할 수도 있겠다.

천상열차분야지도에는 카스토르와 폴룩스 두 별에 북하北河라는 이름이 붙어 있으며, 이와 비교해서 작은개자리의 α, β 두 별을 남하南河라고 한다. 북하와 남하라는 이름이 붙은 것은 이들이 겨울철에 은하수 바로 옆에 보여서이다. 옛사람들은 쌍둥이자리의 두 별과 작은개자리의 두 별을 은하수로 흘러드는 북쪽과 남쪽의 작은 개천으로 보았던 것 같다.

문기둥별

쌍둥이자리가 서쪽 하늘로 질 때의 모습은 카스토르와 폴룩스를 위에 두고 두 줄기의 별이 지평선 위에 똑바로 선 상태가 된다. 이때의 모양을 잘 보면, 마치 커다란 문기둥이 우뚝 서 있는 듯한 착각이 들곤 한다. 이런 이유로 쌍둥이자리를 문기둥별이라고 부르기도 한다. 쌍둥이자리를 문기둥으로 보고 싶을 경우 카스토르와 폴룩스를 문기둥 위에 붙은 전등으로 보면 그럴듯한 모양이 떠오를 것이다. 겨울에는 쌍둥이자리가 서쪽 하늘에서 지는 모습을 새벽이 되어야 볼 수 있다. 그러나 늦은 봄에는 저녁 무렵 서쪽 하늘에서 문기둥 모양을 한 쌍둥이자리를 발견할 수 있다.

천왕성과 명왕성의 발견

카스토르의 발목에 자리 잡은 에타η별 프로푸스Propus(3등성) 근처는 1781년에 영국의 음악가이자 아마추어 천문가였던 **프레더릭 윌리엄 허셜**Friedrich William Herschel, 1738~1822이 천왕성을 발견한 곳으로 유명하다. 허셜은 천왕성을 발견한 이후 음악을 포기하고 본격적인 천문학자의 길을 가게 된다.

한편 동생 폴룩스의 허리에 해당하는 델타δ별 근처는 미국의 천문학자 **클라이드 윌리엄 톰보**Clyde William Tombaugh, 1906~1997가 1930년에 명왕성을 발견한 곳이기도 하다. 명왕성은 오랫동안 태양계의 아홉 번째 행성으로 불렸지만, 2006년 국제천문연맹IAU은 명왕성을 행성에서 퇴출시키고 **왜행성**矮行星, dwarf planet으로 분류했다.

천왕성과 명왕성이 이 별자리에서 발견된 것은 쌍둥이자리가 행성이 움직이는 길목인 황도의 맨 북쪽 별자리여서 밤하늘에 가장 높이 뜨고 가장 오래 보이기 때문이다. 태양계의 행성들은 모두 황도를 따라 움직이므로 황도에서 멀리 떨어진 곳에서 이들을 발견하는 것은 불가능하다.

쌍둥이자리 유성우

매년 12월 13일과 14일을 전후해서 이 별자리의 α별 카스토르 부근을 복사점으로 삼아 많은 유성이 떨어지는 것을 볼 수 있는데, 이 유성우가 바로 **쌍둥이자리 유성우**Geminids이다. 이 시기에 유성이 가장 많이 떨어질 때는 한 시간에 100개 이상 보이며, 불꽃이 튀는 화구火球 유성이 많은 것이 특징이다. 이 유성우는 혜성이 아니라 소행성 파에톤Phaethon과 관련이 있는 것으로 알려져 있다. 쌍둥이자리 유성우는 1월에 보이는 사분의자리 유성우, 8월에 보이는 페르세우스자리 유성우와 함께 3대 유성우로 불린다.

황도 제3궁 쌍아궁

쌍둥이자리는 황도 12궁 중 제3궁 쌍아궁雙兒宮으로 춘분점을 기준으로 황도의 60도에서 90도까지의 영역이 이에 해당한다. 태양은 2023년을 기준으로 5월 21일부터 6월 20일까지 이 영역에 머물며, 이 시기에 태어난 사람은 쌍둥이자리가 탄생 별자리이다. 세차운동으로 인해 태양이 실제로 이 별자리를 통과하는 시기는 6월 22일부터 7월 20일 사이이다. 황도의 가장 북쪽 지점이 쌍둥이자리에 있어서 태양이 가장 높게 뜨는 하짓날 태양이 이 별자리를 지난다.

동양에서 바라본 쌍둥이자리

쌍둥이자리에는 동양의 황도 별자리인 28수 중 주작을 상징하는 남방칠수의 첫 번째인 정井수가 포함된다. 주작 머리의 벼슬에 해당하는 정수는 쌍둥이의 다리와 발에 자리 잡은 여덟 별(2등성 γ, 3등성 엡실론 ε · 크시 ξ, 4등성 제타 ζ · 람다 λ · 뮤 μ · 뉴 ν, 5등성 36)로 이루어져 있다. 모양 자체가 우물을 뜻하는 정자 모양을 하고 있고, 겨울 밤하늘에서 가장 뚜렷하게 보이는 삼수參宿(오리온자리 중심부)의 동쪽에 있어서 동쪽 우물을 뜻하는 동정東井이라고도 한다.

전해지는 이야기

한몸 같았던 쌍둥이 이야기

그리스 신화에 의하면, 카스토르와 폴룩스는 백조로 변신한 제우스
가 스파르타의 왕비 레다를 유혹하여 낳은 쌍둥이 형제다. 이들 형
제는 아름다운 두 자매를 차지하려고 그 자매들의 약혼자와 싸움을
하게 된다. 이 싸움에서 불사신의 몸을 가진 폴룩스는 상처 하나 입
지 않고 무사할 수 있었으나 카스토르는 심한 부상을 당해 결국 죽
고 만다.

폴룩스는 자신의 분신과도 같던 카스토르가 죽자 그 슬픔을 감당
하지 못하고 자살을 시도했지만 불사신의 몸을 가지고 있어서 마음
대로 죽을 수도 없었다. 결국 폴룩스는 아버지인 제우스를 찾아가
자신을 죽여달라고 한다. 제우스는 이들의 우애에 감동하여 이들이
하루의 반은 지하세계에서, 나머지 반은 지상에서 함께 지낼 수 있
게 허락한다. 그리고 이들의 우애를 영원히 기리려고 이들의 영혼
을 하늘에 올려 나란히 두 개의 밝은 별로 만들었다.

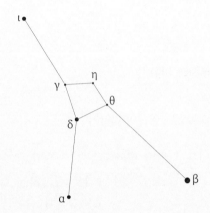

게자리

학명	Cancer
약자	Cnc
영문	the Crab
위치	적경 8h 30m 적위 +20˚
자오선 통과	3월 24일 오후 9시
실제 크기(서열)	505,872평방도(31위)

게자리의 주요 구성 별

약어	고유명	의미(위치)	밝기(등급)	색	거리(광년)
αCnc	Acubens	게의 집게발 (남동쪽 다리)	4.2	흰색	178
βCnc	Tarf	끝(남서쪽 집게발)	3.5	주황색	290
γCnc	Asellus Borealis	북쪽 새끼 당나귀(몸통)	4.7	흰색	181
δCnc	Asellus Australis	남쪽 새끼 당나귀(몸통)	3.9	주황색	131

밝은 별은 없지만 '줄을 잘 선' 별자리

밤하늘에도 인간사회에서처럼 오로지 줄을 잘 섰다는 이유로 성공적으로 기억되는 별자리가 있다. 그 주인공은 바로 황도 12궁 중 네 번째에 해당하는 게자리이다. 게자리는 화려한 1등성 사이에서 오로지 황도에 줄을 섰다는 이유만으로 유명 별자리가 되었다.

화려한 겨울 별들이 하늘의 높은 곳으로 자리를 옮기면 동쪽 하늘엔 겨울 별과 봄 별 사이에 갑자기 틈이 생긴 것처럼 보인다. 이 허전한 공간을 메우는 별자리가 바로 게자리이다. 게자리는 4등성 이하의 별로만 이루어져 있어, 도시에서는 별 하나도 찾기 힘들다.

중앙에 희미한 4, 5등성으로 이루어진 작은 사각형이 있고, 그 주위로 비슷한 밝기의 별이 몇 개 더 보인다. 얼핏 보기에는 의자 하나가 하늘에 덩그러니 놓인 것 같기도 한 이 별무리가 바로 다리 하나를 잃은 게의 별자리이다.

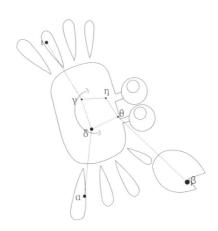

게의 상상도

중간에 자리 잡은 감마γ, 델타δ, 에타η, 그리고 세타θ별이 만드는 작은 사각형이 게의 몸통을 이루고, 그 아래위로 보이는 알파α, 베타β, 요타ι 세 개의 4등성이 다리의 윤곽을 보여준다. 이 별의 모습이 게라는 생각을 하고 본다면 특별한 설명 없이도 쉽게 이미지가 떠오르는 별자리이다.

개인적으로는 이 별자리를 보면 껍딱지가 붙어 있는 의자가 떠오르기도 한다. 사각형 중앙에 엡실론ε별로 알려진 작은 별무리가 희미하게 보이는데, 이것이 마치 의자에 붙어 있는 껍딱지처럼 느껴지기 때문이다.

찾는 법

게자리는 황도 12궁 중 가장 눈에 띄지 않는, 작고 희미한 별자리이다. 그러나 자세히 보면 네 별이 만드는 작은 사각형과 그 속에 흐릿하게 보이는 산개성단을 발견할 수 있다.

게자리를 찾는 데 길잡이가 되는 별자리는 쌍둥이자리와 가짜 쌍둥이자리인 작은개자리이다. 밝게 빛나는 쌍둥이자리의 1등성 폴룩스(βGem)와 작은개자리의 1등성 프로키온(αCmi)의 왼쪽으로 두 별과 정삼각형을 이루는 지점에서 희미한 별이 의자 모양으로 놓인 게자리를 찾을 수 있다. 달빛이 없는 맑은 하늘이라면 의자의 중앙에 흐릿한 산개성단이 뿌옇게 껍딱지처럼 붙어 있는 것을 볼 수 있을 것이다.

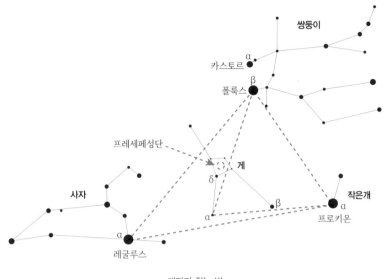

쌍둥이

카스토르 α

폴룩스 β

프레세페성단

게

δ

사자

작은개 α

β

α 프로키온

레굴루스 α

게자리 찾는 법

사자자리가 보이는 봄이라면 레굴루스(αLeo)와 프로키온, 그리고 폴룩스가 만드는 커다란 삼각형 중앙에서 이들을 발견하는 것도 좋은 방법이다. 사자와 사냥개에게 쫓기다 쌍둥이에게 구출당한 게라고 생각하면 이 별자리의 위치를 쉽게 기억할 수 있을 것이다.

게자리를 이루는 별

프레세페성단

게자리 중앙의 작은 사각형 안을 자세히 보면 어렴풋이 부연 별무리가 보이는 것을 발견할 수 있다. 이것이 바로 **프레세페**Praesepe라고 불리는 유명한 산개성단이다. **산개성단**散開星團, open cluster은 불규칙하게 모인 별들의 집단인데, 주로 은하수 속에 많이 보여서 **은하성단**銀河星團, galactic cluster이라고도 부른다. 겨울 하늘의 은하수 주위에는 프레세페 이외에도 망원경으로 볼 수 있는 산개성단이 많다.

'프레세페'는 '여물통'을 의미하는데, 이 성단이 이런 이름을 갖게 된 데는 옆의 γ별과 δ별에 그 원인이 있다. γ별과 δ별은 각각 '북쪽 아기 당나귀'Asellus Borealis'와 '남쪽 아기 당나귀'Asellus Australis'라는 이름을 가지고 있다. 옛사람들은 이 두 별과 프레세페성단이 놓인 모양을 아기 당나귀가 여물통에 머리를 들이민 모습으로 보았다.

프레세페성단은 처음에는 하나의 별로 여겨져서 엡실론ε별로 불렸고, 그 후에는 오랫동안 가스가 모인 성운으로 잘못 알려졌었다. 아마 망원경이 발명되지 않았다면 우리는 지금까지도 이들을 프레세페성운이라고 불렀을지도 모른다. 프레세페가 성단이라는 것을 처음으로 발견한 사람은 이탈리아의 천문학자 **갈릴레오 갈릴레이**Galileo Galilei, 1564~1642이다. 그는 자신이 발명한 작은 망원경으로 이것이 성단임을 발견했다. 그는 이 발견에 대해 다음과 같이 기록했다.

> 프레세페라고 불리는 성운은 하나의 별이 아니라 30개 이상의 작은 별들이 모인 집합이다. 나는 당나귀 이외에도 30개의 별을 보았다.

여기서 당나귀가 가리키는 것은 γ별과 δ별이다. 그리고 지금은 프레세페성단에서 가장 밝은 별(6.3등급)이 ε별이 되었다.

5부. 겨울철의 별자리

일기예보의 별

당나귀별로 알려진 게자리의 γ별과 δ별은 고대에는 프레세페성단과 함께 중요한 일기예보의 별로 여겨졌다. 당시의 천문학자들은 이 별들이 흐려지면 틀림없이 비가 온다고 믿었다. 1세기경 로마에서 쓰인 한 책에는 아래와 같이 적혀 있다.

> 하늘이 어두워져서 북쪽의 당나귀별(γ별)이 잘 보이지 않으면 남쪽으로부터 거센 바람이 불어올 것이다. 반대로 남쪽의 당나귀별(δ별)이 희미해지면 북쪽으로부터 틀림없이 거센 바람이 불 것이다. 그리고 맑은 하늘에서 프레세페가 보이지 않는다면 그것은 폭풍우의 예고이다.

아마 여기에 대해 오늘날의 기상 전문가들은 두 별 중 하나가 보이지 않는다면 다른 하나도 보이지 않을 것이라고 말할 것이다. 비를 가진 큰 구름이 밀려오기 직전에는 대기 중에 포함된 미세한 얼음 입자들의 농도가 높아지는데, 그렇게 되면 희미한 성단은 보이지 않을 수 있다. 하지만 가까운 거리에 있는 두 별 중 하나만 보이지 않기는 거의 불가능하다. 그런데 왜 위와 같이 기록되었는지에 대해서는 밝혀지지 않았다.

동양에서 본 게자리

게자리에는 동양의 황도 별자리인 28수 중 주작을 상징하는 남방칠수의 귀鬼수가 포함되어 있다. 귀수는 주작의 눈으로, 게자리의 중심에 위치한 네 별(γ, δ, η, θ)과 프레세페성단을 포함하여 다섯 개로 이루어진다. 프레세페성단이 뿌옇게 보이는 것을 이상한 기운으로 여겨 이 별자리의 이름을 귀신을 뜻하는 귀수로 붙인 듯하다. 귀수는 귀신이 탄 가마, 즉 상여를 뜻하는 여귀輿鬼라고도 하는데, 프레세페를 귀신으로 보면 정말 가마에 귀신이 타고 있는 것처럼 느껴지기도 한다.

황도 제4궁 거해궁

게자리는 황도 12궁 중 제4궁 거해궁巨蟹宮으로, 춘분점을 기준으로 황도의 90도에서 120도까지의 영역이 이에 해당한다. 태양은 매년 6월 22일부터 7월 20일까지 이 영역에 머물며, 이 시기에 태어난 사람은 게자리가 탄생 별자리가 된다. 고대 그리스 시대에는 하지夏至(태양이 천구에서 가장 북쪽에 머무는 날)에 태양이 이 별자리를 지났다. 그러나 지금은 지구의 세차운동으로 태양의 북회귀선北回歸線 (태양이 북쪽으로 가장 높이 올라갔다가 이 지점을 지나면 다시 남쪽으로 내려가기 때문에 붙은 이름이다)이 쌍둥이자리로 옮겨 갔고, 태양은 2023년을 기준으로 6월 21일부터 7월 22일까지 이 별자리를 지난다. 하지만 여전히 태양의 북회귀선을 뜻하는 영어명 'Tropic of Cancer'(게자리의 회귀선)에는 옛 흔적이 남아 있다.

전해지는 이야기

헤라클레스의 발가락을 문 게

그리스 신화에 따르면, 게자리는 헤라클레스의 발에 밟혀 죽은 불쌍한 게의 별자리이다.

에우리스테우스 왕의 노예였던 헤라클레스에게는 노역에서 벗어나려면 해내야 할 열두 과업이 주어진다. 그중 두 번째가 네메아 계곡의 괴물 물뱀 히드라를 퇴치하는 것이었다. 헤라클레스는 히드라를 잡으려고 네메아 계곡에서 물뱀과 30일에 걸쳐 대혈전을 벌인다. 이때 헤라클레스를 미워했던 헤라가 물뱀을 도우려고 게 한 마리를 보낸다. 게는 헤라의 명에 따라 물뱀과 싸우는 헤라클레스의 발가락을 무는데, 결국 헤라클레스의 발에 밟혀 한쪽 집게발이 부러진 채 죽는다.

헤라는 자신을 위해 싸우다 죽은 불쌍한 게에 대한 보답으로 그 시체를 하늘에 올려 별자리가 되게 한다. 비록 어두운 별로 꾸며져서 눈에 잘 띄지 않는 별자리가 되었지만, 황도 위에 올려진 덕에 그 이름만큼은 수천 년이 지난 지금까지도 많은 사람의 입에 오르내린다.

맺으며

별자리 여행은 눈으로 떠나는 여행이다. 여행을 떠날 때는 준비물이 많으면 힘들어진다. 별자리 여행의 가장 좋은 준비물은 바로 별 지도다. 내가 별에 익숙해질 수 있었던 것도 바로 한 장의 별 지도 덕분이었다. 이 책 맨 뒤에 실린 전천 성도를 복사해서 늘 가지고 다녀보라. 별이 보이는 곳이라면 어디에서나 그것을 꺼내 하늘과 맞춰보라. 시간이 지나면서 별자리가 머릿속에 하나둘 자리 잡는 것을 느끼게 될 것이다.

별자리를 익히려고 꼭 시골로 여행을 떠날 필요는 없다. 막상 날 잡고 별을 보러 떠나면 날씨가 흐리거나 비가 와서 별을 못 보고 돌아올 때도 많다. 사실 시골 하늘보다 도시 하늘이 처음 별자리를 익히는 데에는 더 도움이 된다. 도시의 밤하늘은 별자리의 뼈대를 이루는 밝은 별만 보이는 요점정리 판이기 때문이다.

부록에는 별자리를 보는 데 도움이 되는 정보들을 담았다. 특히 별을 보러 갈 때 부록 맨 끝에 있는 노래를 익혀 가기 바란다. 널리 알려진 노래 〈한국을 빛낸 100명의 위인들〉과 〈독도는 우리 땅〉의 멜로디에 맞춰 노래를 불러보면 별자리를 찾는 데 도움이 될 것이다.

부록

① 별자리표

여기서는 고대 별자리(50개)와 현대 별자리(38개)를 나누어 정리했고, 참고로 동양 별자리를 덧붙였다. 별자리의 위치(적경과 적위, 2000.0년 기준)는 별자리 중심 부분의 위치이고, 자오선 통과는 대략 서울(경도 126.5도)을 기준으로 한 시각이다. 서울의 위도가 36.5도여서 이론적으로는 적위 −53.5도(36.5도−90도)까지의 별자리를 모두 볼 수 있어야 하나 실제로는 산이 가로막는 등 지형적인 영향으로 −30도 이상의 별자리만 확실하게 볼 수 있다.

고대 별자리Ptolemaic, 'ancient' Constellations

고대 별자리라고 하면 서기 2세기경 그리스 천문학자 프톨레마이오스가 저술한 《알마게스트》라는 책에 등장하는 48개를 가리켰다. 그중 아르고자리가 훗날 세 부분으로 나누어져서 지금은 50개이다.

고대부터 존재했던 별자리들

학명	약자	우리말 이름	적경	적위	자오선 통과 (21시 기준)	별의 개수 (육안)	실제 크기 (서열)
Andromeda	And	안드로메다	0h 40m	+38°	11월 25일	84	722,278(19)
Aquarius	Aqur	물병	22h 20m	−13°	10월 20일	96	979,854(10)
Aquila	Aql	독수리	19h 30m	+2°	9월 8일	70	652,473(22)
Ara ★	Ara	제단	17h 10m	−55°	8월 3일	42	237,057(63)
Aries	Ari	양	2h 30m	+20°	12월 25일	56	441,395(39)
Auriga	Aur	마차부	6h 00m	+42°	2월 13일	78	657,438(21)
Bootes	Boo	목동	14h 35m	+30°	6월 24일	86	906,831(13)
Cancer	Cnc	게	8h 30m	+20°	3월 24일	52	505,872(31)
Canis Major	CMa	큰개	6h 40m	−24°	2월 24일	87	380,118(43)
Canis Minor	CMi	작은개	7h 30m	+6°	3월 9일	25	183,367(71)
Capricomus	Cap	염소	20h 50m	−20°	9월 28일	47	413,947(40)
Carina ★	Car	용골	8h 40m	−62°	3월 26일	123	494,184(34)
Cassiopeia	Cas	카시오페이아	1h 00m	+60°	11월 30일	94	598,407(25)
Centaurus ☆	Cen	켄타우루스	13h 20m	−47°	6월 5일	168	1060,422(9)
Cepheus	Cep	케페우스	22h 00m	+70°	10월 15일	96	587,787(27)
Cetus	Cet	고래	1h 45m	−12°	12월 11일	110	1231,411(4)
Corona Australis	CrA	남쪽왕관	18h 30m	−41°	8월 23일	29	127,696(80)
Corona Borealis	CrB	(북쪽)왕관	15h 40m	+30°	7월 11일	25	178,710(73)
Corvus	Crv	까마귀	12h 20m	−18°	5월 21일	18	183,801(70)
Crater	Crt	컵	11h 20m	−15°	5월 6일	17	282,398(53)
Cygnus	Cyg	백조	20h 30m	+43°	9월 23일	139	803,983(16)
Delphinus	Del	돌고래	20h 35m	+12°	9월 24일	19	188,549(69)
Draco	Dra	용	17h 00m	+60°	7월 31일	123	1082,952(8)
Equuleus	Equ	조랑말	21h 10m	+6°	10월 3일	10	71,641(87)
Eridanus	Eri	에리다누스	3h 50m	−30°	1월 12일	129	1137,919(6)
Gemini	Gem	쌍둥이	7h 00m	+22°	3월 1일	75	513,761(30)
Hercules	Her	헤르쿨레스	17h 10m	+27°	8월 3일	142	1225,148(5)
Hydra	Hya	바다뱀	10h 30m	−20°	4월 23일	126	1302,844(1)
Leo	Lep	사자	10h 30m	+15°	4월 23일	80	946,964(12)

Lepus	Lep	토끼	5h 25m	−20°	2월 4일	46	290,291(51)
Libra	Lib	천칭	15h 10m	−14°	7월 4일	50	538,052(29)
Lupus ☆	Lup	이리	15h 00m	−40°	7월 1일	71	333,683(46)
Lyra	Lyr	거문고	18h 45m	+36°	8월 27일	35	286,476(52)
Ophiuchus	Oph	뱀주인(땅꾼)	17h 10m	−4°	8월 3일	84	948,340(11)
Orion	Pri	오리온	5h 20m	+3°	2월 3일	125	594,120(26)
Pegasus	Peg	페가수스	22h 30m	+17°	10월 23일	98	1120,794(7)
Perseus	Per	페르세우스	3h 20m	+42°	1월 4일	98	614,997(24)
Pisces	Psc	물고기	0h 20m	+10°	11월 20일	81	889,417(14)
Piscis Austrinus	PsA	남쪽물고기	22h 00m	−30°	10월 15일	26	245,375(60)
Puppis ☆	Pup	고물	7h 40m	−32°	3월 11일	147	673,434(20)
Sagitta	Sge	화살	19h 40m	+18°	9월 10일	15	79,932(86)
Sagittarius	Sgr	궁수	19h 00m	−25°	8월 31일	113	867,432(15)
Scorpius	Sco	전갈	16h 20m	−26°	7월 21일	101	496,783(33)
Serpens	Ser	뱀(머리)	15h 35m	+8°	7월 10일	64	636,928(23)
		뱀(꼬리)	18h 00m	−5°	8월 15일		
Taurus	Tau	황소	4h 30m	+18°	1월 22일	143	797,249(17)
Triangulum	Tri	삼각형	2h 00m	+32°	12월 15일	19	131,847(78)
Ursa Major	UMa	큰곰	11h 00m	+58°	5월 1일	126	1279,660(3)
Ursa Minor	UMi	작은곰	15h 40m	+78°	7월 11일	26	255,864(56)
Vela ☆	Vel	돛	9h 30m	−45°	4월 10일	125	499,649(32)
Virgo	Vir	처녀	13h 20m	−2°	6월 5일	99	1294,428(2)

☆ : 한국에서 일부만 볼 수 있는 별자리

★ : 한국에서 전혀 볼 수 없는 별자리

현대 별자리|post−Ptloemaic, 'modern' Constellations

중세 이후에 만들어진 38개의 별자리가 여기에 포함된다. 그중 머
리털자리는 프톨레마이오스의 목록에서는 빠졌으나 고대부터 있었

고, 극락조자리Apus와 같은 것은 중국의 별자리에 바탕을 둔 것이다. 그 외의 많은 별자리는 15세기경 항해사에 의해 기록된 것으로, 대부분 남쪽 하늘에서 볼 수 있다.

기원 표기

A : 고대부터 있었으나 프톨레마이오스가 정리하지 않은 것
P : 페트뤼스 플란시우스Petrus Plancius, 1552년~1622년
B : 요한 바이어Johann Bayer, 1572년~1623년
H : 요하네스 헤벨리우스Johannes Hevelius, 1622년~1687년
L : 니콜라 루이 드 라카유Nicolas Louis de Lacaille, 1713년~1762년
? : 알려지지 않음

중세 이후에 만들어진 별자리들

학명	약자	기원	우리말 이름	적경	적위	자오선 통과 (21시 기준)	별의 개수 (육안)	실제 크기 (서열)
Antia ☆	Ant	L	공기펌프	10h 00m	−35°	4월 15일	22	38,901(62)
Apus ★	Aps	B	극락조	16h 00m	−76°	7월 16일	21	206,327(67)
Caelum ☆	Cae	L	조각칼	4h 50m	−38°	1월 27일	7	124,865(81)
Camelopardalis	Cam	P	기린	5h 40m	+70°	2월 8일	74	756,828(18)
Canes Venatici	CVn	H	사냥개	13h 00m	+40°	5월 31일	32	465,194(38)
Chamaeleon ★	Cha	B	카멜레온	10h 40m	−78°	4월 26일	19	131,592(79)
Circinus ★	Cir	L	컴퍼스	14h 50m	−63°	6월 28일	21	93,353(85)
Columba ★	Col	?	비둘기	5h 40m	−34°	2월 8일	45	270,184(54)
Coma Berenices	Com	A	머리털	12h 40m	+23°	5월 26일	38	386,475(42)
Crux ★	Cru	?	남십자	12h 20m	−60°	5월 21일	33	68,447(88)
Dorado ★	Dor	B	황새치	5h 00m	−60°	1월 29일	18	179,173(72)
Formax ☆	For	L	화로	2h 25m	−33°	12월 21일	25	397,502(41)

Grus ☆	Gru	B	두루미	22h 20m	−47°	10월 20일	39	365,513(45)
Horologium ★	Hor	?	시계	3h 20m	−52°	1월 4일	19	248,885(58)
Hydrus ★	Hyi	B	물뱀	2h 40m	−72°	12월 25일	20	243,035(61)
Indus ★	Ind	B	인디언	21h 20m	−58°	10월 5일	20	294,006(49)
Lacerta	Lac	H	도마뱀	22h 25m	+43°	10월 22일	36	200,688(68)
Leo Minor	LMi	H	작은사자	10h 20m	+33°	4월 20일	22	231,956(64)
Lynx	Lyn	H	살쾡이	7h 50m	+45°	3월 14일	61	545,386(28)
Mensa ★	Men	L	테이블산	5h 40m	−77°	2월 8일	15	153,484(75)
Microscopium ☆	Mic	L	현미경	20h 50m	−37°	9월 28일	23	209,513(66)
Monoceros	Mon	?	외뿔소	7h 00m	−3°	3월 1일	73	481,560(35)
Musca ★	Mus	?	파리	12h 30m	−70°	5월 24일	30	138,355(77)
Norma ★	Nor	?	직각자	16h 00m	−50°	7월 16일	26	165,290(74)
Octans ★	Oct	L	팔분의	21h 00m	−87°	9월 30일	32	291,045(50)
Pavo ★	Pav	B	공작	19h 10m	−65°	9월 3일	42	377,666(44)
Phoenix ☆	Phe	B	불사조	1h 00m	−48°	11월 30일	38	469,319(37)
Pictor ★	Pic	L	(화가의) 이젤	5h 30m	−52°	2월 6일	23	246,739(59)
Pyxis ☆	Pyx	L	나침반	8h 50m	−32°	3월 29일	18	220,833(65)
Reticulum ★	Ret	?	그물	3h 50m	−63°	1월 12일	16	113,936(82)
Sculptor ☆	Scl	L	조각가	0h 30m	−35°	11월 23일	34	474,764(36)
Scutum	Sct	H	방패	18h 00m	−10°	8월 23일	19	109,114(84)
Sextans	Sex	H	육분의	10h 10m	−1°	4월 18일	17	313,515(47)
Telescopium ★	Tel	L	망원경	19h 00m	−52°	8월 31일	27	251,512(57)
Triangulum Australe ★	TrA	?	남쪽삼각형	15h 40m	−65°	7월 11일	21	109,978(83)
Tucana ★	Tuc	B	큰부리새	23h 45m	−68°	11월 11일	26	294,557(48)
Volans ★	Vol	B	날치	7h 40m	−69°	3월 11일	17	141,354(76)
Vulpecula	Vul	H	작은여우	20h 10m	+25°	9월 18일	45	268,165(55)

☆ : 한국에서 일부만 볼 수 있는 별자리

★ : 한국에서 전혀 볼 수 없는 별자리

한국의 별자리

한국의 전통적인 별자리는 둘로 나눌 수 있다. 하나는 양반 계층에서 사용하던, 한문으로 된 별자리이다. 이것은 세계에서 두 번째로 오래된 조선시대의 석각 천문도인 천상열차분야지도 등 여러 곳에 나와 있다. 하지만 이것은 한자로 되어 있고, 별자리의 모양보다는 북극성을 중심으로 하여 봉건시대의 정치적 관점을 형상화하고 있어서 실제로 하늘을 보고 이해하기도 어렵고, 일반 평민에게도 거의 알려지지 않았다.

사실 천상열차분야지도의 별자리를 한국만의 별자리라고 하기는 어렵다. 이곳에 등장하는 별자리들은 한국뿐 아니라 중국과 일본 등에서 같이 사용해온 동양의 고대 별자리이다. 한국을 비롯한 동양의 천문학자들은 하늘나라의 사람들이 사는 세상을 상상하며 밤하늘에 별자리를 만들었다.

하늘의 중심인 북극성 근처는 하늘의 황제가 사는 궁궐로, 자미원 紫薇垣이라고 부른다. 그 옆에는 관리들이 근무하는 하늘나라의 종합청사 태미원太微垣이 있고, 다른 한쪽으로는 백성들이 사는 천시원天市垣이 있다. 이 세 원이 별이 만드는 하늘나라다.

이 세 원을 둘러싸고 동서남북으로 네 마리의 신령이 하늘나라를 수호한다. 동쪽에 있는 청룡, 서쪽에 있는 백호, 북쪽에 있는 현무, 남쪽에 있는 주작이 바로 그것이다. 이 사령四靈은 각각 봄(청룡), 여름(주작), 가을(백호), 겨울(현무)을 상징하며, 태양은 일 년 동안 이 영역을 통과한다. 태양이 통과하는 길목에 해당하는 사령의 각 부분을 7개로 나누면 모두 28개가 되므로 이를 28수二十八宿라고 부른다. 즉 태양이 지나는 이 28수는 서양의 황도 12궁과 비슷하게 태양이 지나는 동양의 황도 별자리가 되는 것이다.

이처럼 천상열차분야지도 속에 등장하는 한국의 별자리는 3원 28수를 기본으로 한다. 서양의 별자리가 모양을 기준으로 하여 88개로 이루어진 것과 비교해보면, 천상열차분야지도 속의 별자리는 전체를 먼저 생각하는 고대 동양의 철학이 반영된 것이라고 볼 수 있다.

전통적인 별자리의 두 번째는 농경문화에서 비롯한 별자리이다. 이것은 자연스레 밤에 별을 보면서 그 모양을 그리며 만든 별자리여서 이해하기도 쉬웠고, 널리 보급되었다. 하지만 이 별자리를 사용했던 대부분의 평민은 한자를 몰랐으므로 별자리에 얽힌 이야기는 입에서 입으로 전해질 수밖에 없었다. 19세기 말에서 20세기 초에 한글이 널리 퍼졌을 때 이런 구전 설화들이 기록되었으면 좋았겠지만, 국권 침탈과 전쟁 등으로 이야기가 많이 소실된 것으로 보인다. 이 책에는 민담에 등장하는 한국의 별자리 중 널리 알려진 것은 최대한 수록하려고 하였다.

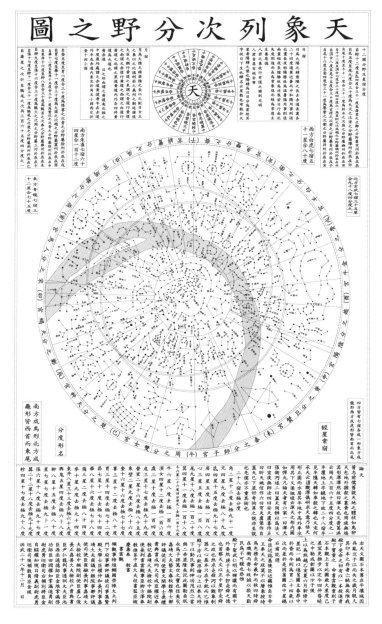

천상열차분야지도

② 별과 별자리

별의 종류

일반적으로 해와 달을 빼고 하늘에 보이는 모든 천체天體를 별이라고 부른다. 여기서 말하는 별에는 **항성**恒星, star과 **행성**行星, planet이 포함된다. 이 외에도 항상 보이는 것은 아니지만 **유성**遊星, meteor(별똥별), **혜성**彗星, comet(꼬리별), **위성**衛星, satellite 등이 있다. 그러나 천문학에서 별이라고 할 때는 특별히 구분하지 않는 한 항성만을 가리킨다. 이 책의 본문에 나오는 별도 항성을 뜻한다. 행성은 태양계 내의 떠돌이별로서 태양의 주위를 일정한 궤도를 따라 움직이며, 그 밝기와 위치가 계속 변하는 천체이다. 이에 반해 항성은 태양계 바깥에 위치하며, 천구에서 위치가 일정하고 밝기가 거의 변하지 않는다.

그러나 항성이 움직이지 않는 것처럼 보이는 것은 거리가 멀기 때문이고 실제로는 우주 공간에서 움직이고 있어서 밤하늘에서 그 위치가 조금씩 변한다. 천구에서 이러한 별의 움직임을 **고유운동**이라고 하며, 고유운동 정도는 1년 동안 움직인 양으로 표시한다(대개 항성은 1년에 0.1초(")정도 움직이며 1초 이상 움직이는 별은 200개 정도이다. 고유운동이 가장 큰 별은 뱀주인자리에 있는 바너드별로, 1년에 10초 정도 움직인다. 바너드별이 보름달 지름(0.5도)만큼 움직이려면 약 180년이 걸린다).

항성 중에서 밝기가 변하는 것이 있는데, 여기에는 여러 원인이 있다. 가장 잘 알려진 원인은 별이 서로 주위를 돌면서 상대방의 빛을 가리는 식蝕 현상과, 별 자체가 불안정해서 그 크기가 변하는 맥동脈動 현상에 의한 것이다. 이보다는 빈도가 낮지만, 별에서 가끔 폭발이 일어나 밝기가 변하는 수도 있다. 이렇게 밝기가 변하는 항성을 우리는 보통 **변광성**變光星이라 부른다.

금성이나 화성, 목성 같은 행성은 그 거리가 가까워서 밤하늘에서 아주 밝게 보이므로 밝은 항성으로 오인하기 쉽다. 그러나 이들의 빛은 태양빛을 반사하는 것에 지나지 않는다. 행성은 지구에서 보기에 황도대를 따라 거의 일직선으로 움직인다. 하지만 간혹 공전 방향과 반대로 가는 것처럼, 즉 역행을 하는 것처럼 보이기도 한다.

밤하늘에 보이는 천체 중에서 달과 행성, 유성, 그리고 아주 드물게 보이는 혜성을 뺀 나머지는 거의 항성이다. 또 움직이는 별 같은 인공위성도 자주 보인다. 특히 가장 큰 인공위성인 국제우주정거장이나 중국의 톈궁우주정거장 등은 목성이나 금성처럼 밝게 보이기도 한다. 요즘은 미국 스페이스 엑스에서 쏘아올린 스타링크 위성들이 수십 개씩 줄지어 움직이는 것도 볼 수 있다.

별의 개수

우리는 하늘에 무수히 많은 별이 있다는 식의 표현을 자주 사용한다. 그러나 실제로 눈에 보이는 별은 무한하지 않고, 수천 개에 불과하다. 이론상 우리 눈에 보이는 별은 6등성까지로 대략 6,000개 정도인데, 이것도 주위에 빛이 거의 없는 시골에서나 그렇다. 도시에서 우리가 확실히 볼 수 있는 별은 1, 2등성 정도이고, 3, 4등성의 별은 날씨가 좋은 날에나 간신히 볼 수 있다. 물론 5등성 이하의 별은 도시에서 보기가 거의 불가능하다.

요즘은 시골에서도 빛이 밝아 6등성까지의 별을 다 보기는 아주 힘들다. 다음 표는 겉보기등급에 따라 구분한 별의 총수(한국에서 보이지 않는 남쪽 별도 포함)의 추정치이다. 이 표에서는 엄밀하게 6.0등성까지의 별을 4,800개 정도로 추정하고 있지만 실제로 맨눈으로 볼 수 있는 별의 한계는 6등성까지의 6,000개 정도이다.

등급	개수
0.0등성까지	3
1.0등성까지	11
2.0등성까지	40
3.0등성까지	150
4.0등성까지	530
5.0등성까지	1600
6.0등성까지	4800

별의 밝기

별의 밝기에는 우리의 육안으로 측정하는 **겉보기 밝기**와 **실제 밝기**가 있다. 이 두 밝기를 나타내는 값을 각각 **안시등급**眼視等級, apparent magnitude(겉보기등급)과 **절대등급**絕對等級,absolute magnitude이라고 한다.

절대등급은 모든 별이 같은 거리(32.6광년, 즉 10파섹)에 놓여 있다고 가정했을 때의 밝기를 나타내는 것으로, 각 별의 실제 밝기를 비교할 수 있는 척도이다. 이와 달리 안시등급은 그 실제 밝기와 상관없이 우리 눈에 보이는 밝기를 나타내는 척도이다. 이 책에서는 이렇게 맨눈으로 보았을 때의 밝기를 적어놓았다. 별의 밝기는 등급으로 표시하며, 몇 등성이라고 할 때는 각 등급을 소수점 위로 반올림하여 나타낸다. 숫자가 작은 쪽이 더 밝은 별이므로 0.5는 작은 쪽으로 반올림한다. 예를 들어 밝기가 5.5등급인 별은 5등성이 된다.

사람들은 옛날부터 별의 밝기가 다르다는 사실은 인식했지만, 그 밝기를 처음으로 수치로 나타낸 사람은 기원전 2세기경 그리스의 천문학자 **히파르코스**Hipparchus, B.C. 190~B.C. 120였다. 그는 눈에 보이는 가장 밝은 별을 1등급의 별, 즉 1등성으로 하고 우리 눈에 보이는 가장 어두운 별을 6등성으로 정했다. 그리고 그 중간 밝기에 속하는 별들의 밝기 순서에 따라 2등성, 3등성, …으로 나누었다. 그러나 이것은 한 사람이 느낌에 따라 분류한 것이므로 객관적이거나 과학적이지는 않았다.

근세에 와서 별의 밝기에 객관적인 기준을 도입하려고 정밀한 기계로 측정한 결과 1등성의 밝기가 6등성의 100배라는 사실이 밝혀졌다. 이 사실로부터 각 등급 사이의 밝기 차이가 2.512배로 확정되었다. 이렇게 밝기의 객관적인 기준이 확립되자 눈에 보이지 않는 6등성 미만의 별이나 태양과 같이 굉장히 밝은 천체들에도 그 기준을 적용해 사용하기 시작했다. 즉 1등성보다 2.512배 밝으면 0등성, 0등성보다 2.512배 밝으면 -1등성, 6등성보다 2.512배 어두우면 7등성, 그보다 또 2.512배 어두우면 8등성으로 정해진 것이다. 이런 식으로 표현하면 보름달은 -12등급, 태양은 -27등급으로 표시된다.

밝은 별들의 안시등급

고유명	약어	등급
시리우스(Sirius)	αCMa	-1.5
카노푸스(Canopus)*	αCar	-0.7
켄타우루스 알파(Alpha Centauri, Rigil Kentaurus)*	αCen	-0.3
아르크투루스(Arcturus)	αBoo	-0.1
베가(Vega)	αLyr	0.0
카펠라(Capella)	αAur	0.1
리겔(Rigel)	βOri	0.1
프로키온(Procyon)	αCMi	0.3
아케르나르(Achernar)*	αEri	0.5
베텔게우스(Betelgeuse)+	αOri	0.5
켄타우루스 베타(Beta Centauri, Hadar)*	βCen	0.6
알타이르(Altair)	αAql	0.8
남십자자리 알파(Alpha Crucis, Acrux)*	αCru	0.8
알데바란(Aldebaran)	αTau	0.9
스피카(Spica)	αVir	1.0
안타레스(Antares)	αSco	1.0
폴룩스(Pollux)	αGem	1.1
포말하우트(Fomalhaut)	αPsA	1.2
데네브(Deneb)	αCyg	1.2
남십자자리 베타(Beta Crucis, Mimosa)*	βCru	1.2
레굴루스(Regulus)	αLeo	1.4

* 한국에서는 보이지 않는 별. 단, 카노푸스Canopus(노인성)는 남부지방이나 높은 산 위에서 볼 수 있으며, 그 외의 별은 북위 20°보다 남쪽으로 내려가면 볼 수 있다.

+ 베텔게우스는 적색초거성으로, 밝기가 계속 변하고 있다.

아주 밝은 별에 대하여

눈에 보이는 별 중에서 안시등급이 1.5등급 이하인 별 21개는 정확한 등급에 관계없이 관습적으로 1등성이라고 부른다. -1.5등급인 시리우스나 0.0등급인 직녀도 모두 1등성이다. 이 책의 본문에서도 그 관습을 그대로 따랐다. 이 21개의 별은 전 하늘에 퍼져 제각기 자기가 속한 영역에서 그 밝기를 과시한다. 우리에게 잘 알려진 이 21개의 별 중 3개를 제외한 18개가 자신의 고유한 이름을 갖는다.

행성이나 달은 계속 밝기와 위치가 변하지만 항성은 그 위치나 밝기가 고정되어 있어서 언제나 같은 위치에서 같은 모습으로 보인다. 그리고 그 항성 중에서도 특히 이들 21개의 1등성은 그 밝기로 인해 눈에 잘 띄어 강한 인상을 주며, 우리에게 친숙하다. 이 21개의 별을 밝기 순으로 적으면 옆의 표와 같다. 이 목록은 앞 글자를 5개씩 끊어서 외워두면 좋다. 그러면 '시가센아베 / 카리프아베 / 센알남알스 / 안폴포데남 / 레'가 된다. 이 중 우리나라에서 볼 수 없는 켄타우루스자리 알파와 베타, 남십자자리 알파와 베타는 각각 '센'과 '남'으로 외우고, 차례로 알파, 베타임을 기억하자.

행성도 처음 보는 사람들에겐 아주 밝은 별로 여겨지는 경우가 많다. 그러나 어느 정도 경험이 쌓이면 다음과 같은 특징으로 항성과 구별할 수 있다. 항성은 워낙 멀리 있어서 면적이 없는 '점광원'이다. 그래서 대기가 조금만 불안정해도 반짝인다. 그러나 행성은 일정한 면적을 가진 면광원이어서 항성과 비교했을 때 깜박임이 아주 적거나 없다. 또 행성은 황도 근처에서만 움직이므로 황도 별자리에 속하지 않은 별이 황도 근처에 있다면 그건 행성일 가능성이 높다. 우리에게 알려진 태양계의 행성은 8개이지만 실제로 지구에서 맨눈으로 볼 수 있는 행성은 수성, 금성, 화성, 목성, 토성 5개 정도다. 꾸준히 살펴본다면 이들이 항성들 사이에서 그 위치를 계속 옮긴다는 사실을 확인할 수 있을 것이다.

③ 태양계를 이루는 천체

태양계란 좁게는 태양풍이 미치는 공간(약 180억 킬로미터), 넓게는 태양의 중력이 미치는 공간(약 1~2광년)을 의미한다. 태양계를 이루는 천체 중에서 고대부터 인류에게 알려져온 것은 일곱 개인데, 인간의 삶을 좌우한다고 여겼던 태양과 달, 그리고 다섯 개의 가장 밝은 행성이 그들이다. 이 다섯 별은 하늘을 천천히 불규칙적으로 움직이며 때때로 밝기가 변하기도 했다. 따라서 그리스 사람들은 이들 다섯 행성을 '고정된 별' **항성**恒星과 구별해서 **행성**Planetai, 즉 '떠돌이별'이라고 불렀다.

　행성은 그리스·로마의 신 이름으로 불렸는데, 신들의 관계를 알 수 있는 계보는 다음과 같다.

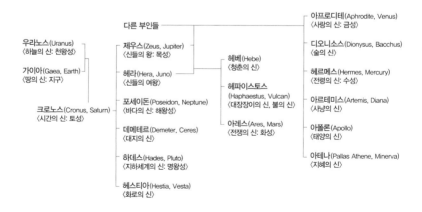

우라노스(Uranus)
〈하늘의 신: 천왕성〉

가이아(Gaea, Earth)
〈땅의 신: 지구〉

크로노스(Cronus, Saturn)
〈시간의 신: 토성〉

다른 부인들

제우스(Zeus, Jupiter)
〈신들의 왕: 목성〉

헤라(Hera, Juno)
〈신들의 여왕〉

포세이돈(Poseidon, Neptune)
〈바다의 신: 해왕성〉

데메테르(Demeter, Ceres)
〈대지의 신〉

하데스(Hades, Pluto)
〈지하세계의 신: 명왕성〉

헤스티아(Hestia, Vesta)
〈화로의 신〉

헤베(Hebe)
〈청춘의 신〉

헤파이스토스
(Haphaestus, Vulcan)
〈대장장이의 신, 불의 신〉

아레스(Ares, Mars)
〈전쟁의 신: 화성〉

아프로디테(Aphrodite, Venus)
〈사랑의 신: 금성〉

디오니소스(Dionysus, Bacchus)
〈술의 신〉

헤르메스(Hermes, Mercury)
〈전령의 신: 수성〉

아르테미스(Artemis, Diana)
〈사냥의 신〉

아폴론(Apollo)
〈태양의 신〉

아테나(Pallas Athene, Minerva)
〈지혜의 신〉

원래부터 알려진 행성의 이름이 어떤 이유로 붙었을지 생각해보는 것도 재미있을 것이다. 화성은 그 색이 붉어서 전쟁의 신 '마르스Mars'의 이름이 붙었을 것이고, 목성은 가장 크고 밝게 보였으므로 신의 제왕 '제우스'의 로마어 이름 '주피터Jupiter'가 붙었을 것으로 보인다. 금성은 소박하고 여린 아름다움이 있어 아름다움의 신 '비너스Venus'가 되었을 것이고, 수성은 아주 짧은 시간에만 볼 수 있어서 발이 빠른 헤르메스의 로마어 이름 '머큐리Mercury'가 되었을 것으로 추정된다. 아래는 지금까지 알려진 태양계의 천체이다.

태양계를 이루는 천체

별	태양太陽, Sun
행성과 그 위성	수성水星, Mercury
	금성金星, Venus
	지구地球, Earth − 달Moon
	화성火星, Mars − 포보스Phobos, 데이모스Deimos
	목성木星, Jupiter* − 이오Io, 유로파Europa, 가니메데Ganymede, 칼리스토Callisto, 아말테아Amalthea 등 총 95개(2023년 8월 기준)
	토성土星, Saturn* − 미마스Mimas, 엔켈라두스Enceladus, 테티스Tethys, 디오네Dione, 레아Rhea 등 총 146개(2023년 8월 기준)
	천왕성天王星, Uranus* − 코르델리아Cordelia, 오필리아Ophelia, 비앙카Bianca, 크레시다Cressida, 데스데모나Desdemona 등 총 27개(2023년 8월 기준)
	해왕성海王星, Neptune* − 나이아드Naiad, 탈라사Thalassa, 데스피나Despina, 갈라테아Galatea, 라리사Larissa 등 총 14개(2023년 8월 기준)
왜행성	명왕성冥王星, Pluto, 세레스Ceres, 에리스Eris, 하우메아Haumea, 마케마케Makemake 등. 2006년 명왕성이 행성에서 퇴출되면서 새롭게 생긴 분류로, 앞으로 계속 추가될 예정이다.
소행성	팔라스Pallas, 주노Juno, 베스타Vesta 외에 수십만 개 이상이 있다. 필자가 한국에서 최초로 발견한 통일Tongil도 그중 하나이다.
혜성	주기가 알려진 게 수백 개이며, 매년 수십 개가 새로 발견되고 있다.
유성물질	유성체流星體, Meteoroids(공간을 떠돌아다니는 것) 유성流星, Meteors 운석隕石, Meteorites(땅 위로 떨어진 것)

* 고리가 있는 행성

④ 관측할 때 알아두어야 할 점

관측 장소와 하늘의 상태

아주 당연하지만 맑고 어두운 하늘일수록 별을 더 많이 볼 수 있다. 이런 하늘을 만나려면 좀 불편하더라도 도시에서 멀리 떨어진 곳으로 가야 한다. 도시에서는 가능한 한 주위의 불빛이 직접 닿지 않는 어두운 장소를 찾는 것이 좋다. 그러나 설사 그러한 장소를 찾았다 하더라도 달이 보름에 가까울 때는 이러한 노력도 수포로 돌아가고 만다. 밝은 달밤에 희미한 별을 관측하기는 대낮에 달을 구경하기보다 더 힘들다. 따라서 별을 관측할 때는 달이 밝은 밤은 피하는 것이 좋다.

어둠에 적응하기

고양이의 눈에 전등을 비추어 본 적이 있는 사람이면 그 동공이 빛의 밝기에 따라 변하는 것을 보았을 것이다. 사람의 눈동자도 고양이의 눈과 마찬가지로 빛의 양에 따라 동공의 크기가 수시로 변한다. 즉, 어두울수록 커지고 밝을수록 작아진다.

　어두운 극장에 들어가면 이를 쉽게 느낄 수 있다. 극장 안에 들어서면 한순간 아무것도 보이지 않다가 잠시 시간이 지나면 사물이 어렴풋이 보이기 시작한다. 이는 눈이 어둠에 익숙해지는 데 시간이 좀 필요하기 때문이다.

마찬가지로 별을 볼 때도 우리 눈이 어둠에 적응하는 데 시간이 필요하다. 밤하늘을 보면 처음에는 밝은 별밖에 볼 수 없다. 5분 정도가 지난 다음에는 희미한 별도 볼 수 있게 된다. 그리고 15분쯤 지난 뒤 눈이 어둠에 완전히 적응하면 우리는 예상치 못했던 새로운 별의 세계에 놀라게 될 것이다.

관측 자세

하늘의 별을 바라보고 있노라면 자연히 고개를 뒤로 젖힌 자세로 서 있게 된다. 그러나 이런 자세는 익숙해지기 전까지는 아주 불편하며, 설사 익숙해졌다 하더라도 관측을 오래 하면 힘들 수밖에 없다. 처음으로 별을 보는 사람은 이런 자세가 불편해서 별과 친해지기를 쉽사리 포기해버리기도 한다. 장시간 별을 관측하려면 넓은 자리를 펼쳐놓고 그 위에 누워서 하늘을 쳐다보는 것이 가장 좋다. 이런 준비가 귀찮다면 익숙해질 때까지 목을 뒤로 젖힌 자세로 보되 가끔씩 목 운동을 해주는 수밖에 없다.

붉은 전등

별을 볼 때 성도를 찾아보거나 기록을 하기 위해 불빛이 필요할 때가 있다. 그러나 밝은 불빛은 눈동자를 다시 축소시켜 어렵게 어둠에 적응한 눈을 다시 원상태로 돌려놓는다. 이것을 막는 한 방법은 붉은 셀로판지를 씌운 전등을 사용하는 것인데, 이는 붉은빛이 다른 빛보다 눈동자에 미치는 영향이 작기 때문이다. 사진을 인화하는 암실에서 붉은 전등을 켜고 작업을 하는 것도 같은 이유에서이다. 그렇지만 붉은 등의 사용 시간도 가능한 한 줄이는 것이 좋다.

구름과 안개의 영향

관측하는 동안 새털구름과 같이 엷게 깔린 구름이 나타나면 그것을 쉽게 알아차리지 못하는 수가 많다. 이런 구름이 나타나면 밝은 별은 여전히 보이지만 어두운 별은 완전히 사라지고 만다. 따라서 처음 별을 보는 사람은 하늘의 상태 변화에 항상 주의를 기울여야 한다. 이때의 상태 변화는 구름이나 안개에만 국한된 것이 아니며 공기 중의 습도나 대기의 움직임 등 별을 보는 데 장애가 되는 모든 요소의 변화를 포함한 것이다.

투명도 측정

하늘의 상태 변화를 추정하는 방법 중의 하나로 작은곰자리를 이용하는 투명도 측정법이 있다. 작은곰자리는 도시의 불빛 속에서나 엷은 구름 속에서는 맨 끝의 별과 알파α별인 북극성 두 별만 확인된다. 만약 작은곰자리의 모든 별을 다 볼 수 있다면 하늘은 매우 맑고 어두운 것이다. 이 별자리의 별이 몇 개나 보이는지에 따라 하늘의 상대적인 상태를 알 수 있다.

충분한 시간

별을 보는 데 이제 갓 걸음마를 뗀 사람들이 범하는 가장 흔한 실수는 서두르는 것이다. 하늘의 어떤 대상이나 영역을 관찰할 때 단번에 모든 것을 알아보기는 거의 불가능하다.

한 대상에 집중하여 여유를 가지고 천천히 주의 깊게 살펴야 한다. 만약 관측 영역이 넓다면 작은 부분으로 나누어서 각 부분을 주의 깊게 관측하는 것이 필요하다.

아는 것에서 모르는 것으로

한 번에 모든 별자리를 다 익히기는 아주 힘들다. 북두칠성이나 카시오페이아 같은, 쉽게 찾을 수 있는 대상부터 시작해서 그것에 가까이 있는 다른 대상을 하나하나 찾아나가며 익혀야 한다. 물론 이때는 성도를 사용해야 한다.

우선 단순한 기하학적 모양들을 찾고 그것과 연관된 대상을 탐구하는 방법도 좋다. 성도에서 자신이 찾은 대상 간의 거리를 측정하고, 그것과 잘 아는 대상에 있는 거리를 비교해서 확인한다.

기록

관측한 내용은 될 수 있으면 모두 기록하는 것이 좋다. 섬세하고 정확한 기록은 하늘의 변화를 알아내는 데 큰 도움을 줄 것이다. 기록은 마치 일기를 쓰는 것과 같아서 순간순간 현장에서 즉시 거짓 없이 작성해야 한다. 이를 통해 점차 세련된 관측 방법을 익힐 수 있을 것이다.

별자리 찾기에 유용한 스마트폰 어플리케이션

- 스텔라리움Stellarium : 한국어로 사용 가능.
- 헤븐스 어보브Heavens-Above : 안드로이드 한정.
- 스타 워크 2 Star Walk 2 : 한국어로 사용 가능.
- 스카이사파리 레거시SkySafari Legacy : 안드로이드 한정.
- 스카이 맵Sky Map : 안드로이드 한정. 한국어로 사용 가능.

⑤ 천구에서의 각거리 측정

밤하늘의 별과 친숙해지려면 별 사이의 상대적인 거리 관계에 익숙해져야 한다. 이러한 거리 관계를 알려면 각거리의 개념을 이해하는 것이 중요하다.

우리가 그냥 보기만 하는 것이라면 하늘에서의 별의 위치는 실제 그 별이 우리에게서 얼마나 멀리 떨어져 있는지와는 특별한 관계가 없다. 우리는 천구에서의 기준점에 대한 상대적인 위치 관계만 알면 된다. 이런 위치 관계는 각도로 쉽게 나타낼 수 있는데, 이것은 별과 별 사이의 거리를 우리 눈과 두 별이 이루는 각도로 표시하는 것이다. 이 각도를 '각거리'라고 한다.

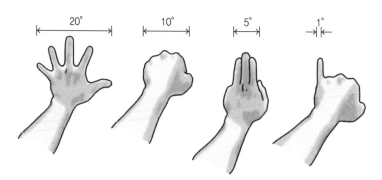

손을 이용해 각거리 재는 법

하늘 전체는 반구半球 즉 180도이고, 지평선으로부터 머리 위 하늘 꼭대기인 천정까지는 원의 4분의 1, 즉 90도이다. 그리고 각도 측정의 기본적인 단위는 '도'(°)인데 전통적으로 1도는 60분(′)으로 세분되고, 1분은 다시 60초(″)로 나누어져 사용된다. 이렇게 하면 12분은 60분의 12도와 같으며, 3도 12분은 3.2도로 나타낼 수 있다.

대략적인 각의 크기를 잴 때는 팔을 뻗은 채 손과 손가락을 사용하는 방법이 가장 편리하다. 팔을 쭉 뻗고 새끼손가락을 볼 때 새끼손가락 두께가 대략 1°에 해당한다. 그리고 검지, 중지, 약지를 붙였을 때 그 폭은 5° 정도이다. 주먹을 쥐었을 때 주먹의 폭은 10°이고, 손가락을 펼 수 있는 한 최대로 벌렸을 때 엄지손가락 끝에서 새끼손가락 끝까지는 약 20°이다. 만약 손의 폭보다 더 큰 각도를 재야 한다면, 신발을 벗어서 팔을 뻗어 잡으면 그 신발 길이가 대략 30°에 해당한다.

각거리를 측정하는 다른 방법으로는 잘 보이는 별 사이의 거리를 기준으로 다른 별들 간의 각거리를 추정해내는 것이 있다. 여기에 많이 쓰이는 별이 북두칠성으로, 북두칠성에서 각 별 간의 각거리는 다음 그림과 같다.

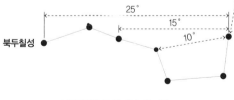

북두칠성으로 각거리 재는 법

⑥ 성도 사용법*

* 이부분은 책 맨 뒤에 수록된 〈전천 성도〉와 함께 보면 더욱 좋다.

천구에서의 위치를 나타내는 방법

지구에서 어떤 지형의 위치를 경도, 위도로 나타내는 것처럼 천구에서 별의 위치는 적경과 적위를 사용하여 나타낸다. 이것을 **적도좌표계**라 부르는데, 천구의 적도를 중심으로 붙여진 좌표계란 뜻이다.

천구의 북극과 남극 사이의 정중앙을 가로지르는 천구의 적도는 지구의 위도와 비슷한 **적위**赤緯, Declination의 원점이다. 별들의 적위는 각도로 표시되는데, 그것은 천구 적도에서 남쪽(−), 또는 북쪽(+)으로의 각거리를 뜻한다. 예를 들면, 천구의 북극은 적위 +90도(°)에 해당하고, 북두칠성은 적위 +50도와 +60도 사이에 위치한다.

지구의 경도와 유사한 좌표는 **적경**赤經, Right Ascension으로 그 원점은 천구의 양극과 춘분점을 잇는 대원이다. 적경은 24시(h)로 나누는데, 춘분점을 0시로 해서 동쪽으로 가면서 증가한다. 즉, 춘분점에서 동쪽으로 90도에 해당하는 하지점이 6시, 180도에 해당하는 추분점은 12시, 270도인 동지점은 18시가 된다.

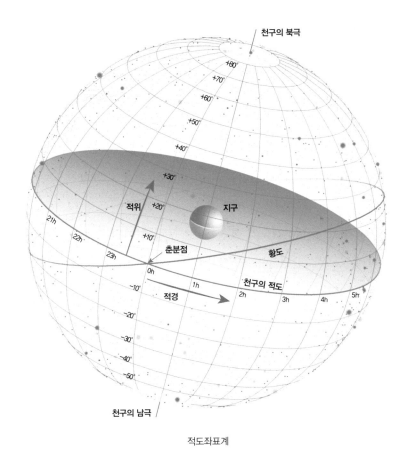

천구의 북극

+80°
+70°
+60°
+50°
+40°
+30°

적위 +20°

지구

21h
22h
23h
+10°

춘분점

황도

0h

-10°
1h

천구의 적도

적경
2h
3h
4h
5h

-20°
-30°
-40°
-50°

천구의 남극

적도좌표계

성도 사용법

성도에서는 먼저 방향을 이해해야 한다. 위쪽이 북쪽, 아래쪽이 남쪽, 그리고 오른쪽이 서쪽, 왼쪽이 동쪽이다. 땅에서도 적도인 남쪽을 바라볼 때 오른쪽이 서쪽이고 왼쪽이 동쪽인 것과 같다.

위쪽에 적어 놓은 날짜는 적경을 15도씩 나눠서 태양이 그 지점의 황도에 오는 날을 표시한 것이다. 예를 들어 추분인 9월 23일경에는 태양이 적경 12시(h)를 지난다.

지구는 하루 24시간에 적경(24시, 360도)을 한 바퀴씩 돈다. 따라서 1시간에 적경 1시(15도)가 움직인다고 생각하면 된다. 9월 23일 해가 적경 12시에 있기 때문에 서쪽으로 해가 질 때 90도(6시) 떨어진 남쪽에는 적경 18시(12시+6시)인 별들이 보이고, 동쪽에는 적경 24시(12시+12시)인 별들이 떠오른다.

해가 지고 6시간 정도가 흐른 자정 무렵에는 남쪽 하늘에 24시(12시+6시+6시)의 별들이 보인다. 태양과 180도(12시) 떨어진 정반대편의 별들로, 여기 별들이 가을철의 별자리이다. 이 시간에 서쪽 하늘로는 적경 18시(12시+6시)인 별들이 지고, 동쪽 하늘에는 적경 6시(12시+6시+12시-24시)인 별들이 떠오른다.

⑦ 황도와 황도대

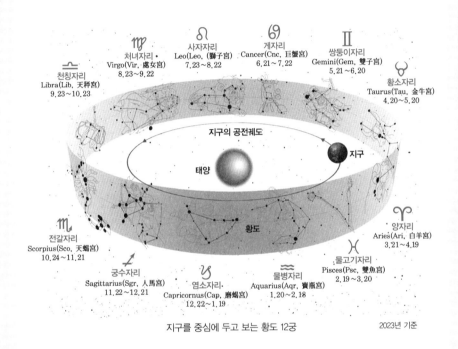

천칭자리
Libra(Lib, 天秤宮)
9. 23~10. 23

처녀자리
Virgo(Vir, 處女宮)
8. 23~9. 22

사자자리
Leo(Leo, 獅子宮)
7. 23~8. 22

게자리
Cancer(Cnc, 巨蟹宮)
6. 21~7. 22

쌍둥이자리
Gemini(Gem, 雙子宮)
5. 21~6. 20

황소자리
Taurus(Tau, 金牛宮)
4. 20~5. 20

지구의 공전궤도

태양

지구

황도

양자리
Aries(Ari, 白羊宮)
3. 21~4. 19

전갈자리
Scorpius(Sco, 天蝎宮)
10. 24~11. 21

궁수자리
Sagittarius(Sgr, 人馬宮)
11. 22~12. 21

염소자리
Capricornus(Cap, 磨蝎宮)
12. 22~1. 19

물병자리
Aquarius(Aqr, 寶甁宮)
1. 20~2. 18

물고기자리
Pisces(Psc, 雙魚宮)
2. 19~3. 20

지구를 중심에 두고 보는 황도 12궁

2023년 기준

하늘에서 태양이 1년 동안 지나가는 경로를 **황도**黃道, ecliptic라고 부른다. 이것은 지구의 공전운동으로 태양의 위치가 상대적으로 하루에 1도(°)씩 천구에서 이동하여 생기는 궤도이다. 따라서 실제로는 지구가 천구 위에서 움직이는 길이 황도이다.

태양은 항상 황도를 따라 이동하며, 태양계의 다른 천체도 황도를 중심으로 **황도대**黃道帶, zodiac라고 불리는 일정한 범위 내에서 움직인다. 이는 태양계 천체 대부분이 태양을 중심으로 거의 한 평면에서 태양 주위를 돌기 때문이다. 그래서 태양에서 지구를 본다거나 지구에서 해와 달, 또는 다른 행성을 볼 때 이들은 거의 예외 없이 황도대에 놓여 있게 된다.

황도대는 황도의 남북으로 8도씩 해서 총 16도의 너비를 가진 고리이다. 행성들이 황도에서 남북으로 움직이는 범위는 수성은 8도, 금성은 4도, 화성은 2도, 목성은 1.5도, 토성은 3도, 달은 5도, 금성은 8.5도 이내이다. 그리고 고대에 알려지지 않았던 천왕성은 1도, 해왕성은 2도이며, 왜행성인 명왕성은 황도에서 18도만큼 떨어진 곳에서도 발견될 수 있다.

황도대를 열두 개의 똑같은 부분으로 나누면 너비가 16도이고 길이가 30도인 장방형이 된다. 황도를 이렇게 똑같은 크기로 12개로 나눈 것이 바로 황도 12궁宮, sign이다. 12궁의 이름은 그곳에 위치한 별자리의 이름으로 붙였는데, 황도와 적도가 만나는 춘분점부터 시작해서 순서대로 양, 황소, 쌍둥이, 게, 사자, 처녀, 천칭, 전갈, 궁수, 염소, 물병, 물고기라고 부른다. 실제로 밤하늘에서 각각의 별자리가 차지하는 영역은 다르지만 황도대에서는 똑같이 30도씩이다.

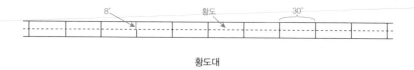

황도대

황도대의 출발점이라고 할 수 있는 춘분점은 기원전 100년경에는 양자리에 위치하고 있어서 태양의 위치를 비교적 정확히 나타낼 수 있었다. 그러나 현재는 세차운동으로 인해 춘분점이 물고기자리로 옮겨갔기 때문에 실제 천구에서의 태양 위치와 황도궁으로 나타낸 위치가 일치하지 않는다. 세차운동으로 춘분점이 옮겨가도 황도대는 항상 춘분점을 기준으로 첫 번째 구간을 양궁으로 보기 때문이다. 즉, 춘분날 태양이 위치한 천구의 별자리는 물고기자리지만 황도대에서는 첫 번째 궁인 양궁이 된다. 이런 이유로 현대 천문학에서는 황도대를 더 이상 사용하지 않는다.

황도대를 12개로 나누는 방식은 약 3천 년 바빌로니아에서 시작되었고, 그 후 그리스로 전해졌다. 황도 12궁은 천칭자리만 빼고 모두 살아있는 생명체인데, 그중에서도 동물이 많아서 그리스에서는 황도궁을 '작은 동물원'이라는 뜻의 '조디악zodiac'으로 부르게 되었다.

황도 12궁은 지금도 탄생 별자리를 정하는 기준으로 사용된다. 탄생 별자리는 태어난 날 태양이 위치한 황도 12궁의 이름이다. 지구의 공전주기가 365.25일 정도이기 때문에 매년 춘분점의 날짜가 하루 이틀 정도 차이 날 수 있고, 황도 12궁에 속하는 날짜도 그에 따라 조금씩 변한다.

별자리들 사이의 경계선은 1930년 국제천문연맹이 처음으로 확정하여 발표했다. 이때 발표한 별자리 경계선에 의하면 황도가 지나는 별자리는 모두 13개이다. 천구의 황도는 수천 년 전이나 지금이나 거의 똑같은 지점을 지난다. 따라서 지금의 별자리 경계선을 기준으로 보면 수천 년 전에도 황도 위에 걸친 별자리는 모두 13개였다.

태양이 이들 13개의 별자리를 통과하는 구간은 다음 그림과 같다. 태양이 가장 오래 머무는 별자리는 처녀자리이고, 가장 짧게 머무는 별자리는 전갈자리이다.

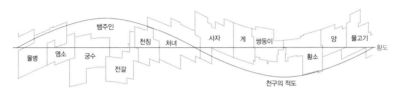

황도가 지나는 별자리

⑧ 탄생 별자리로 보는 나

여기에서 제시하는 날짜는 2023년 기준이며, 이는 매년 조금씩 변한다. 태어난 해의 달력에서 매월 하순에 있는 24절기가 그 해의 별자리 경계선이다. 절기가 시작되는 날부터 다음 별자리가 시작된다. 이것은 황도 12궁이 황도를 12등분하여 30도씩 나눈 것과 달리, 24절기는 황도를 24등분하여 15도씩 나눴기 때문이다. 두 별자리에 걸쳐 있거나 경계선 근처의 날짜에 태어난 사람은 양쪽의 성격을 함께 갖는다고 생각하면 된다. 물론 과학적 근거는 없다. 재미로 보고 센스로 믿길 바란다.

♎

천칭자리|Libra

9월 23일~10월 23일생

이 별자리에서 태어난 사람은 균형 잡힌 우아한 세계에 안주하기를 바란다. 온화한 인간관계로 다툼을 좋아하지 않고, 주위 사람들과 사회와의 조화를 생각하며, 그 누구라도 사랑할 수 있다. 아울러 천칭자리의 냉철한 이성은 극단적인 행동을 거부하고 항상 품위 있는 태도를 유지하려고 한다. 자신이 원하는 이러한 세계를 위해 자존

심과 욕망을 표면에 내세우지 않고 평화롭고 균형 잡힌 환경을 유지하는 데 최선을 다한다.

♏

전갈자리Scorpius

10월 23일~11월 22일생

사물의 이면성을 의식하며 탐구를 계속해나가는 것이 이 별자리에 속하는 사람의 특징이다. 이들이 가지고 있는 세계는 비밀이 가득 차 있어서, 그 속을 해석하기가 쉽지 않다. 침착한 태도, 통찰력, 신중한 행동은 밖으로 눈에 띄는 것이 아니며, 내면 깊은 곳으로 향하는 것이다. 비사교적이며 말수도 적고 늘 겸손한 태도이기 때문에 남들이 과소평가하기도 하지만, 일단 반격에 나서면 그 힘은 상대를 철저히 두들길 만큼 강렬하다. 전갈자리에는 겸허한 감각과 존엄함이 늘 함께하고 있다.

♐

궁수자리Sagittarius

11월 22일~12월 22일생

천진난만한 밝음과 다른 일에 일절 신경 쓰지 않고 한 곳으로 돌진하는 행동력을 가지고 있다. 이러한 성격은 온갖 경험을 원하며, 풍부한 지식을 획득하게 해 힘찬 생활인을 만들어낸다. 보다 넓게, 보다 멀리, 보다 깊게, 그리고 보다 많이 인생을 확실히 즐기려 할 것이다. 게다가 민첩한 행동력으로 목적을 향해 화살처럼 전진해나간다. 하찮은 것에 대해 고민하거나 과거의 상처 따위를 되돌아보는 일은 하지 않는 것이 또한 이 별자리에 속한 사람의 특징이다.

♑

염소자리Capricornus

12월 22일~1월 20일생

일견 온화하고 얌전하게 보이지만 그 이면에는 격렬한 공격성을 감추고 있다. 목표에 도달하기 위해 주의 깊게 한 걸음 한 걸음 안전한 방법을 선택하면서 결국에는 승리를 얻는다. 꾸준히 자신을 향상시키려는 마음으로 가능한 한 위험을 피하면서, 정해진 야망을 향해 참을성 있게 쉬지 않고 나아가려고 노력한다. 이러한 성격 때문에 마음에 드는 친구를 얻기가 어렵고 주위로부터 고립될 수 있다.

♒

물병자리Aquarius

1월 20일~2월 18일생

이 별자리에 속한 사람은 항상 집단 가운데 있으며, 대중과 함께 생각하고 행동하고자 한다. 물병자리 사람의 의지를 결정하는 것은 그 주위에 있는 사람들이다. 대중을 사랑하고, 그들을 위해서는 생명조차도 내던질 수 있다고 생각한다. 사회 일반의 도덕관보다는 인류 전반의 고뇌를 이해하려고 한다. 그리고 그것이 사회적으로 더 가치 있는 일이라고 본다. 결국은 혁명가가 되려고도 하지 않고 평범하게 인생을 마치려고도 하지 않는다.

♓

물고기자리|Pisces

2월 18일~3월 20일생

이 기간에 태어난 사람은 정신적으로든, 물질적으로든 철저하려고 하는 타입이다. 그렇게 함으로써 충분히 자기 자신도 만족할 수 있다. 가령 장사 등을 하면서 사람들과 사귈 경우 그 포용력이 진가를 발휘한다면 깊은 충족감을 맛볼 수 있지만, 만약 그렇지 못하면 예상치 못한 실패를 맛볼 수 있다. 주변 사람들과 좋은 인간관계를 유지하지만, 다른 사람들을 쉽사리 믿기 때문에 인생에서 여러 차례 속임을 당하거나 손해를 볼 수 있다.

♈

양자리|Aries

3월 20일~4월 20일생

이 별자리에 속하는 사람은 정의감이 넘치는 강한 생명력을 가진다. 어떠한 분야에서도 제1인자로서 실력을 발휘할 수 있는 통솔력이 있다. 그러나 그 방법이 성급하거나 이론이 앞서는 경우가 있으며, 주위 사람들을 배려하지 못해 예상하지 못한 실패를 하는 수도 있다. 그렇게 되면 모처럼 얻은 천부적인 재능을 다 써보지도 못하고 좌절할 수 있다.

황소자리Taurus

4월 20일~5월 21일생

온후한 성격과 성실한 인간관계를 유지하며, 위험하고 모험적인 삶을 추구하기보다는 신중하게 안전한 인생을 살아가려고 한다. 일을 심각하게 생각하지 않으며, 커다란 흐름에 거스르지 않고 주위와 조화를 이루려고 한다. 주변 사람들과 어울려 온화하고 평화로운 생활을 해나간다.

쌍둥이자리Gemini

5월 21일~6월 21일생

재치가 풍부하고 자유로운 생각과 결단력을 가지고 있다. 한곳에 정착하는 것을 좋아하지 않으며, 어디에 몰두하는 일이 드물다. 분위기에 맞는 적절한 생각과 행동을 하지만 단조롭고 따분한 환경은 좋아하지 않는다. 자기 안에 있는 여러 모순된 요소를 자신의 의지로 하나의 힘으로 합칠 수 있다면 뜻대로 진가를 발휘할 수 있다.

게자리Cancer

6월 21일~7월 23일생

마음이 굳고 성실하며, 가정적인 성격이다. 사람들과의 관계에서도 모가 나 있지 않으며 환경에 대한 순응력이 뛰어나다. 목표를 추구할 때도 타인의 행동과 의지에 융통성 있게 반응하여 안전한 결과를 얻으려고 노력한다. 자기와 남과의 구별이 명확하지 않으며 남의 일이나 물건에 대해서도 자신의 것인 양 책임감을 가지고 행동한다.

♌ 사자자리Leo

7월 23일~8월 23일생

명쾌한 성격과 뜨거운 열정을 가진 사자자리의 사람은 언제나 명랑하며 남의 관심 대상이 되는 것을 좋아한다. 천성의 순진함으로 때로는 자기만족에 빠지기도 하고, 허영에 찬 사교 세계에 젖어들 위험성도 있다. 그러나 의지에 따라 어떤 곤란한 난관도 이겨내고 목표를 향해 매진할 수 있으며, 사람들로부터 압도적인 인기를 얻을 수도 있다.

♍ 처녀자리Virgo

8월 23일~9월 23일생

감정이 섬세하며 순수한 정신을 간직하고 있어서, 자기를 희생하면서까지 모든 일에 헌신적인 사명감을 가지고 성의를 다한다. 일을 행함에 있어서는 보다 높고 완전한 수준을 추구하며, 결코 중도에 포기하거나 좋은 형편의 현실과 타협하지 않는 결벽증을 가지고 있다. 희망과 꿈의 세계는 늘 이런 사람들의 무한한 봉사 정신을 요구한다.

⑨ 노래로 익히는 별자리

밤하늘을 빛낸 별자리들

(원곡 | 한국을 빛낸 100명의 위인들)

1절 | 봄철의 별자리

아름다운 하늘에 별이 빛나고

양 치는 목동들이 밤 지새우며

신화 전설 토대로 별자리 만드니

계절 따라 재미있는 별들도 많아

* 국자 모양 북두칠성 남쪽 까마귀 컵자리와 바다뱀

목동자리 붉은 별 아르크투루스 처녀자리 스피카

사자 꼬리 데네볼라 봄철의 대삼각형

반원형의 왕관 정의 심판 천칭 계절은 흐른다

2절 | 여름철의 별자리

푸른 하늘 은하수 칠석 조각 달

견우직녀 오작교 남쪽 남두육성

여름철 대삼각형 베가 직녀별

알타이르 견우별 꼬리 데네브
 * 사랑의 별 돌고래 화살 에로스 알비레오 이중성
힘센 헤르쿨레스 전갈 안타레스 백조자리 제우스
뱀주인과 뱀자리 반양반어의 염소
오리온 죽인 전갈 반인반마 궁수 계절은 흐른다

3절 │ 가을철의 별자리

천고마비 계절에 하늘을 보자
별처럼 변치 않는 사람이 되자
페가수스 사각형 가을 길잡이
이웃 은하 안드로메다 우주는 팽창
 * 춘분점은 물고기 물병 가니메데 공주 구한 페르세우스
외롭구나 포말하우트 무서운 고래 악마의 별 알골
황금양피 양자리 삼각형과 조랑말
카시오페이아는 왕비 케페우스는 임금 계절은 흐른다

4절 │ 겨울철의 별자리

반짝반짝 시리우스 동쪽 프로키온
붉은 베텔게우스 겨울 대삼각형
사냥꾼은 오리온 황소 제우스
안짱다리 바차부 우애 쌍둥이
 * 충성심은 작은개 큰개 사냥개 겨울철의 육각형
카스토르 폴룩스 북쪽 카펠라 황소 등에 플레이아데스

못 찾겠다 외뿔소 하늘 적도 삼태성

게자리는 동쪽 노인성은 남쪽 계절은 흐른다

* 수금지화목토천해 행성 여덟 개

명왕성은 왜행성 울퉁불퉁 소행성 통일 우리별

꼬리 달린 별 혜성

청룡 백호 주작 현무 하늘 중심 북극성

동양에선 28수 서양에선 12궁 계절은 흐른다

*표는 후렴을 나타낸다.

계절별 으뜸별

(원곡 | 독도는 우리 땅)

1절 | 봄철의 별자리

봄철엔 북두칠성 손잡이 따라 별 여행

붉은색 별 하나 목동 별자리

처녀 사자 아무리 봄철의 대삼각형 우겨도

봄철엔 목동별

2절 | 여름철의 별자리

여름엔 머리 위 은하수 따라 별 여행

거문고 별자리 직녀의 고향
백조 독수리 아무리 여름철 대삼각형 우겨도
여름엔 직녀별

3절 | 가을철의 별자리

가을엔 카시오페이아 W자 따라 별 여행
네모난 별 무리 페가수스사각형
남쪽물고기 일등성 아무리 밝다고 우겨도
가을엔 천마별

4절 | 겨울철의 별자리

겨울엔 반짝반짝 일등성 따라 별 여행
장구 모양 오리온 사냥꾼 별자리
큰개 작은개 아무리 겨울철 대삼각형 우겨도
겨울엔 오리온

5절 | 북쪽 하늘의 별자리

북쪽 하늘 북극성 일주 따라 별 여행
국자 모양 북두칠성 큰곰 별자리
W자 카시오페이아 아무리 빛난다고 우겨도
북쪽엔 칠성별